航天资源规划与调度

低轨电磁探测卫星协同任务规划模型与方法

Collaborative Mission Planning Model and Method for Low-orbit Electromagnetic Detection Satellites

杜永浩 宋彦杰 邢立宁 陈英武 著

清华大学出版社
北京

内 容 简 介

本书创造性地提出了低轨电磁探测卫星协同任务规划模型与方法。本书从低轨电磁探测卫星协同任务规划的实际需求出发，详细阐述了协同任务规划基础模型与学习型进化算法框架；面向静止目标、低速移动目标、高速移动目标探测的协同任务规划，进一步扩展了任务规划模型并设计了针对具体问题特点的学习型进化算法。本书研究成果拓展了多类型资源协同规划问题的研究思路，可为设计实际任务规划系统提供方法指导。

本书可作为系统工程、管理科学与工程、航空航天工程、运筹学、人工智能等专业的高年级本科生、研究生和高校教师的参考用书，也可供航天工业部门的工程技术人员、相关科研机构的研究人员，以及对卫星任务规划领域感兴趣的科技工作者阅读和参考。

图书在版编目（CIP）数据

低轨电磁探测卫星协同任务规划模型与方法 / 杜永浩等著.
北京 ：清华大学出版社，2024. 9. --（航天资源规划与调度）.
ISBN 978-7-302-67405-4

Ⅰ. P412.27

中国国家版本馆 CIP 数据核字第 2024LS1428 号

责任编辑：陈凯仁
封面设计：刘艳芝
责任校对：薄军霞
责任印制：沈 露

出版发行：清华大学出版社
网 址：https://www.tup.com.cn, https://www.wqxuetang.com
地 址：北京清华大学学研大厦 A 座　　邮 编：100084
社 总 机：010-83470000　　邮 购：010-62786544
投稿与读者服务：010-62776969, c-service@tup.tsinghua.edu.cn
质量反馈：010-62772015, zhiliang@tup.tsinghua.edu.cn
印 装 者：天津鑫丰华印务有限公司
经 销：全国新华书店
开 本：170mm×240mm　印 张：13.25　插 页：4　字 数：250 千字
版 次：2024 年 10 月第 1 版　　印 次：2024 年 10 月第 1 次印刷
定 价：74.00 元

产品编号：102820-01

丛书序言

FOREWORD

2021 年 9 月 15 日，习近平总书记在驻陕西部队某基地视察调研时强调，太空资产是国家战略资产，要管好用好，更要保护好。人造地球卫星作为重要的太空资产，已经成为获取天基信息的主要平台，天基信息是大国博弈制胜的利器之一，也是各科技强国竞相角力的主战场之一。随着“高分辨率对地观测系统”“第三代北斗卫星导航系统”等国家重大专项工程建设及民营、商业航天产业的蓬勃发展，我国卫星呈“爆炸式”增长，为社会、经济、国防等重要领域提供了及时、精准的天基信息保障。

另外，受卫星测控站地理位置限制，我国卫星普遍存在的入境时间短、测控资源紧缺等问题日益突出。突发自然灾害、军事斗争准备等情况下的卫星应急响应已成为新常态。随着微电子、小卫星等技术的快速发展，卫星集成度越来越高、功能越来越多，卫星已具备一定的自主感知、自主规划、自主协同、自主决策能力，传统地面离线任务规划模式已无法适应大规模多功能星座发展和协同、高时效运用的新形势。这些问题都对卫星管控提出了新的更高要求。在此现状下，为应对飞速增长的卫星规模、有限的管控资源和应急响应的新要求，以现代运筹学和计算科学为基础的航天资源调度技术起到至关重要的作用，是保障卫星完成多样化任务、高效运行的关键。

近年来，在诸多学者与航天从业人员的推动下，航天资源调度技术取得了丰富的研究成果，在我国“北斗”“高分”“高景”等系列卫星为代表的航天资源调度系统中得到长期的实践与发展。目前，国内已出版了多部航天领域相关专著，但面向近年来发展起来的敏捷卫星调度、大规模多星协同、空天地资源协同调度、自主卫星在线调度等新问题，仍然缺乏详细和系统的研究和介绍。本套丛书涵盖航天资源调度引擎、基于精确算法的航天资源调度、基于启发式算法的航天资源调度、空天地资源协同调度、航天影像产品定价、面向应急救援的航天资源调度、航天资源调度典型应用等诸多内容，力求丰富航天资源调度领域前沿研究成果。

本套丛书已有数册基本成形，也有数册正在撰写之中。相信在不久以后会有不少新著作出现，使航天资源调度领域呈现一片欣欣向荣、繁花似锦的局面，这正是丛书编委会的殷切希望。

丛书编委会

2021 年 11 月

前言

PREFACE

低轨电磁探测卫星通过星载接收机对各类信号源进行探测以获取电磁信号数据。因其具有覆盖范围大、全天候工作、可全球范围执行任务等特点，在地震监测与预报、反海盗护航、海上搜救等军民领域有着广泛的应用。随着用户探测需求的高速增长，在轨运行卫星数量也与日俱增。如今，不仅要面对日益复杂的电磁环境挑战，还要面对不断增大的卫星管控压力。采用以低轨电磁探测卫星为主，其他类型卫星与之配合的工作模式，既能发挥不同类型载荷各自优势，有效降低环境因素影响，提升探测精度，又能相互补充共同完成复杂的探测任务。

针对静止目标、低速移动目标、高速移动目标的协同探测任务需求，本书以低轨电磁探测卫星和其他类型探测卫星为探测手段，从满足用户协同探测需求出发，对低轨电磁探测卫星协同任务规划模型和算法展开深入研究，建立了任务规划基础模型和算法框架，基于对具体问题场景的难点与特点的分析构建了相应的规划模型，设计了相应的学习型进化算法。本书主要研究内容和贡献如下：

（1）构建了低轨电磁探测卫星协同任务规划基础模型，建立了学习型进化算法框架。首先，在对卫星探测过程、协同探测需求、协同规划问题难点与特点、业务处理流程进行了梳理和分析的基础上，采用基础模型与具体问题场景模型扩展的设计思路，挖掘各类问题场景下协同探测任务规划问题的共性特征，提出了协同探测任务规划基础模型。模型采用混合整数规划模型形式，提出了利用一种探测收益统一化描述方法表示任务探测收益，根据卫星能力和任务执行要求对约束条件进行详细描述，并推导出上界条件有效缩减搜索范围。然后，参考任务规划模型的构建思路，结合深度强化学习方法智能决策和进化算法种群搜索的优势，建立了学习型进化算法框架，充分利用搜索获得的信息提升算法搜索表现。该任务规划基础模型和算法框架是针对各类目标协同探测任务规划问题建模与求解的基础，为构建相应的任务规划模型，设计学习型进化算法提供了理论依据。

（2）构建了静止目标协同探测任务规划模型，提出了一种基于算子自适应选择

的进化算法。首先，基于任务规划基础模型并考虑目标重复探测需求，构建了静止目标协同探测任务规划模型，设计了包含基本与额外收益的目标函数，补充了目标探测次数限制的约束条件。然后，采用深度强化学习方法指导进化算法进行算子选择的思路，提出了一种基于算子自适应选择的进化算法（adaptive operators selection based evolutionary algorithm，AOSEA）。AOSEA 使用深度 Q 网络（deep Q network，DQN）模型决策每次种群搜索时所进行的交叉操作，并依据获取的搜索信息动态调整搜索策略。AOSEA 中还加入了个体淘汰机制，提升算法搜索效率。最后，为了完成个体解码获得任务执行方案，提出了一种能够确定执行时间的探测任务时间窗选择方法。大量仿真实验的结果表明，AOSEA 算法在搜索表现、目标探测成功率等多个方面优于对比算法，可以得到更高质量的静止目标探测方案。

（3）构建了低速移动目标协同探测任务规划模型，提出了一种混合型学习进化算法。首先，考虑低速移动目标运动特点并基于任务规划基础模型提出了低速移动目标协同探测任务规划模型，设计了最大化协同探测收益的目标函数，补充了任务之间接续关系的约束条件。然后，提出了一种混合型学习进化算法（hybrid learning based evolutionary algorithm，HLEA），使用深度强化学习方法生成种群搜索和邻域搜索的解，通过对抗深度 Q 网络（dueling deep Q network，DDQN）模型逐步决策构成染色体与邻域结构的探测任务。算法中使用了基于聚类的交叉和变异方法，将任务集合根据特征分为多个簇，在簇的基础上进行相应的个体进化操作。最后，设计了不同任务规模的仿真实验场景，验证了 HLEA 的有效性，并分析了算法参数配置、改进策略对算法搜索表现的影响。

（4）构建了高速移动目标协同探测任务规划模型，提出了一种基于参数自适应学习的进化算法。首先，通过高速移动目标协同探测任务规划模型对任务规划基础模型进行扩展，设计了考虑误差影响的目标函数，补充了任务探测间隔时间要求的约束条件。然后，提出了一种基于参数自适应学习的进化算法（parameter adaptive learning based evolutionary algorithm，PALEA），使用深度强化学习方法动态调节种群进化的控制参数，采用门控循环单元（gate recurrent unit，GRU）模型根据搜索表现调整搜索策略。算法中还使用了启发式初始化方法、自适应交叉机制和精英个体保留策略加速算法收敛。最后，设计了包含不同目标数量的探测场景检验算法求解效果，通过算法规划结果对比可以看出，PALEA 不仅可以获得高的探测收益，还可以明显缩短探测间隔时间达到提升探测精度的效果。

本书凝结了研究团队在电磁探测卫星协同任务规划领域多年以来的学术积累和主要研究成果。感谢西安电子科技大学邢立宁教授、国防科技大学陈英武教授的悉心指导及对本书内容的把关，感谢宋彦杰博士在问题与方法创新方面所做的积极探索，感谢课题组各位老师、同学的大力支持，感谢清华大学出版社陈凯仁编辑为本书出版的辛勤付出。另外，本书的研究内容还得到了国家自然科学基金青年科学基金项目（项目编号：72201272）和广西高校并行分布与智能计算实验室开放课题（IDSOP2305）的资助。在此，由衷地感谢对本书给予支持与帮助的专家学者！虽然作者已尽全力提高内容质量，但由于水平有限，书中难免存在错误和值得改进之处，恳请各位读者提出宝贵意见，不胜感激！

作　者

2024 年 6 月

目录

CONTENTS

第1章

绪　论

低轨电磁探测卫星之间以及与其他类型卫星的有效协同配合为在复杂电磁环境下满足各类用户需求、获取更强的信号源搜索和信号发现能力提供了足够的技术支撑手段。首先，本章从目前低轨电磁探测卫星协同任务规划难点出发，分析了现有规划技术与协同规划应用需求之间的差距；其次，分析了研究低轨电磁探测卫星协同任务规划问题的理论意义与现实意义；再次，梳理了电磁探测卫星任务规划模型、学习型进化算法、深度强化学习方法的国内外研究现状，梳理了研究的必要性；最后，介绍了本书的研究内容、主要创新点与组织结构。

1.1　研究背景

近年来，我国航天事业飞速发展，取得了一系列举世瞩目的成就，探月工程、载人航天、北斗卫星导航系统、高分辨率对地观测系统、火星探测等重大航天工程的成功实施，标志着我国航天从第二梯队迈入第一梯队，进入世界航天先进行列。探测卫星作为航天领域中最重要的航天器之一，从第一颗卫星发射至今，已经对社会、经济、军事等各方面产生了深远影响，并在推动社会发展和科技进步上发挥着越来越重要的作用。探测卫星不仅能够获取位于地面、海上、空中及太空中有关于具体物体或环境的各类信息，而且能够对获取的数据进行专业处理生成相应的数据产品。作为一种天基平台，探测卫星具有很多其他信息收集平台难以比拟的独特优势，在国土探测、气象预报、海洋监测、精准农业、公共安全等领域日益发挥着难以替代的作用。

探测卫星是一类具备对海、陆、空中各类静止或移动物体利用其载荷探测并获得相应数据能力的卫星。探测卫星所能完成的任务与发挥的作用取决于自身搭载的载荷，如光学探测卫星[1] 搭载的是可见光、红外成像设备；雷达探测卫星[2] 通过合成孔径雷达捕获有用信息；电磁探测卫星则依靠接收机和天线完成信号处理和传输。电磁探测卫星并不能够像光学探测卫星一样获得图像，而是通过星上搭载的天线与接收机设备从各类环境中获取物体电磁信号经过加工后生成数据产品。电磁探测卫星可以根据卫星轨道细分为同步轨道电磁探测卫星、中低轨电磁探测卫星。同步轨道电磁探测卫星只能获取固定区域内电磁信号，而低轨电磁探测卫星可以充分利用其探测范围广、重访周期短的特点对全球范围内的电磁信号进行探测。

低轨电磁探测卫星在正常运行的基础上要想顺利完成探测任务并为用户提供数据产品，需要依靠科学有效的任务规划做支撑。现阶段，我国存在多家电磁探测卫星管控单位，每一家管控单位拥有一定数量卫星的管理和使用权。但由于每一家单位是相对独立的体系，并且一颗卫星使用一套单独的管控系统，想要使用不同管控单位所管辖的卫星合作完成任务存在一定的困难。即使合作关系建立起来，也会在确定分工、业务沟通方面浪费时间，影响任务执行的效率。卫星探测产业蓬勃发展，伴随而来的是在轨卫星数量激增、模式多样且复杂的卫星平台和探测载荷、种类繁多的应用场景、用户更高的期望和探测要求，这些客观事实要求卫星应用朝着更加科学和智能的方向发展。如今的卫星管理与使用体制已经难以有效满足各类用户的需求。想要突破各卫星管控单位独自管理的卫星管理与使用体制所面临的瓶颈，统一化管控和协同规划势在必行。统一化管控能够对卫星资源统筹管理，及时了解每颗卫星的运行状态。协同规划则可以根据任务特点从众多卫星中选择最为合适的资源执行任务[3]。我国卫星统一化管控体制正在逐步建立和完善，如何通过规划让卫星相互配合完成任务也将成为未来管控体制下的关键决策问题。协同规划虽面临规划资源多、任务复杂程度高等难点，但相比于卫星独立规划，协同规划完成任务探测的工作模式具有三个明显的优势。

（1）突破卫星探测时长限制，实现对探测任务区域持续探测。低轨探测卫星都在各自预设的轨道绕地球飞行，只能够探测到轨道下与轨道附近的区域。同时，低轨探测卫星需要足够的电量保证卫星正常运行，只有一部分时间可以用于区域探测[4]。加之卫星存储容量限制与无法实时数据传输的现实条件，使得一颗卫星在一天内所能探测的范围极为有限。而通过卫星协同探测可以有效调动卫星资源，突破卫星探测时长限制，填补卫星探测区域的空白，实现全球高效覆盖[5]。

（2）资源相互补充，提升探测精确程度。电磁卫星探测效果很大程度上受探测任务区域附近电磁环境条件的影响。而光学探测卫星则不会受到电磁环境的影响，可以作为补充探测手段配合电磁探测卫星工作[6]。同样，合成孔径雷达（synthetic aperture radar，SAR）探测卫星也可以与电磁探测卫星相互配合。多种类型卫星相互配合完成探测任务可以有效提升对任务区域探测的准确程度，并可以通过图像数据与信号数据综合分析得到更有价值的信息。

（3）增加卫星探测模式的组合形式，完成复杂环境下的任务探测工作。单个卫星资源具有一定数量的探测模式，这些探测模式在卫星建造时已经确定并且无法修改。当卫星需要执行任务时，一个卫星载荷一次只能选择一种探测模式，而单一的模式很有可能无法满足复杂任务的需要，只能重复探测才可以达到任务预期的要求[7]。采用多星协同工作完成任务的方式可以减少对目标探测的次数，缩短完成探测任务所用的时间。

目前，我国已经开展了一系列多种类型卫星协同探测的相关实验。在协同探测应用中，通常需要完成三类现实业务：静止目标探测业务、低速移动目标探测业务和高速移动目标探测业务。针对这三类现实业务，需要解决三个规划问题：面向静止目标的同构电磁探测卫星协同任务规划问题、面向低速移动目标的异构电磁探测卫星协同任务规划问题和面向高速移动目标的异构电磁探测卫星协同任务规划问题。现实业务与规划问题的对应关系如图 1.1 所示。其中，同构协同是指只使用低轨电磁探测卫星；异构协同是指使用电磁探测卫星的同时还使用光学探测卫星和 SAR 探测卫星。协同任务规划问题通常被考虑为组合优化问题，能够运用运筹学和最优化理论，构建模型并设计相应的求解算法，在考虑资源能力与任务要求的前提下获得用户与决策者均满意的任务执行方案。由现实业务向科学问题的转变，一方面需要对现实问题进行抽象、凝练、简化以便于算法求解，另一方面则需要充分反映现实业务的核心特征，着力解决实际工作中最为突出也最影响工作效率的问题。这就要求问题转化既要考虑与协同任务规划问题最为密切的资源、任务，以及其他约束条件和影响规划的因素，又要突出问题特点将其描述成为便于设计算法求解的模型形式。

在低轨电磁探测卫星协同任务规划问题中，需要解决两个具体问题才可以得到卫星能够执行的任务探测方案。一是每一个探测任务由哪一个探测卫星资源执行，二是每一个任务由探测卫星资源在什么时间执行。第二个具体问题也可以称为单个探测卫星任务规划问题，该问题已经被证明是 NP-hard 问题[8]，无法保证在多项式时间内找到最优任务执行方案。相较于单个探测卫星任务规划问题，协同任务规划问题则面临着更多的探测卫星资源和探测任务，问题的搜索空间更大，使用算法找到高质量的解将会更加困难。卫星协同探测任务规划问题已有一系列研究成果，与本书所研究的低轨电磁探测卫星协同任务规划问题均具有资源相互可替代、超额订购等特点。在具有与其他协同任务规划研究共性特征的同时，低轨电磁探测卫星协同任务规划问题还具有一些独有的特点。多种类型卫星协同完成探测任务是研究的协同探测任务规划问题中的一个重要特点，探测卫星资源类型不同，卫星执行任务需要满足的限制条件存在明显差异。想要构建任务规划模型并设计算法求解问题，需要厘清限制条件之间的关系，并采用相应的约束条件形式加以描述。约束条件的形式一致可以为构建使用部分协同资源的规划模型提供便利，能够根据规划问题中需要协同的卫星资源直接使用相应的约束条件，实现针对具体情况规划模型的快速构建。

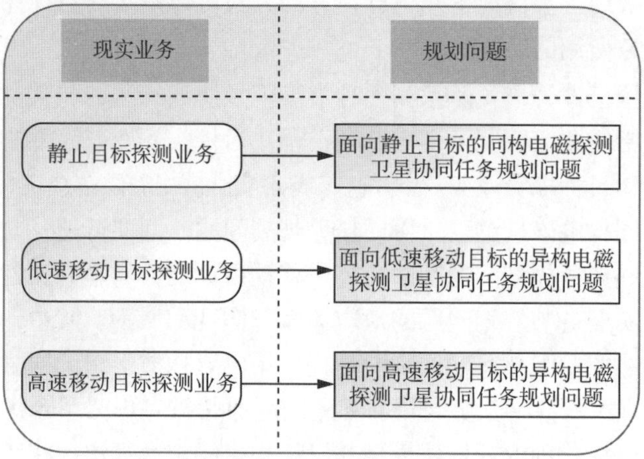

图 1.1　现实业务与规划问题的对应关系

本书提出的任务规划模型与规划算法是综合使用多种类型探测卫星资源，提升卫星综合应用效能的重要手段。多类型卫星共同完成探测任务需要考虑各种卫星载荷的工作能力与特性，从众多任务中选择容易获得高探测收益的任务去执行。高效率规划算法的应用将让卫星管控系统业务处理更为规范和科学，通过方案优选，从执行探测任务的候选方案中选出既能够满足用户需求又能够应对复杂电磁环境的最佳卫星任务执行计划。目前我国已有超过 500 颗卫星在轨运行，其中很大一部分为探测卫星，未来卫星数量将会更多，势必会造成卫星管控压力与难度的增大，只有通过统筹规划的方式才能实现卫星资源的综合管理与最佳应用，做到在保证系统正常运行与各类探测任务顺利完成的基础上推动卫星应用模式与应用场景的不断创新。

本书聚焦于我国卫星协同探测的重要现实需求，将协同探测中的三类现实业务凝练为科学问题并开展相关研究工作。通过模型构建与规划算法设计可以减小卫星管控系统的建设与运行压力，充分发挥电磁、光学、SAR 探测卫星探测优势，提升卫星资源的应用效率。本书能够为我国卫星探测事业的发展提供技术方法层面的支持，对满足复杂而多样的用户需求进行技术铺垫，具有一定的实践意义。此外，本书所采用的研究思路与方法对于其他资源管控系统的资源协同规划与优化问题也具有很好的借鉴意义。

1.2 研究意义

低轨电磁探测卫星与其他类型探测卫星协同探测可以发挥不同类型卫星各自的探测优势，有效克服由于单颗卫星固定飞行轨道及载荷工作能力因素导致大量任务无法完成的情况。多星协同在保证任务完成的基础上还可以有效获取待探测目标的信号特征，提升信号探测精确程度，具有广阔的应用前景。因此可以看出，低轨电磁探测卫星协同任务规划问题无论是在理论研究层面还是在实际应用层面均具有深入研究的价值。

1.2.1 理论意义

低轨电磁探测卫星协同任务规划问题来自工程型号项目中所面临的关键问题。本书通过对问题进行概括、整理、分析、转化与简化、推理，将静止目标、低速移动目标、高速移动目标三类目标的协同探测问题使用数学语言描述为采用模型和算法求解的数学规划问题。低轨电磁探测卫星协同任务规划问题属于一类NP-hard 问题，不仅需要对每一颗卫星制订任务计划，还需要考虑多颗卫星之间的协同关系。本书提出了协同探测任务规划基础模型，对目标函数、约束条件的基本形式和具体内容采用公式的形式进行描述。基础规划模型对协同探测规划问题有效解耦，可以根据具体所研究的问题灵活使用约束条件并进行模型扩展。模型中针对不同类型卫星的探测收益采用了一种统一化的收益表示形式，采用内外部因素区分并通过公式加以整合的方法，保证了方案决策的合理性与公平性。本书还对卫星任务规划问题的上界进行分析，推导出卫星在最优资源使用情况下所能完成的探测任务数量与任务探测的时间，有效实现解空间的缩减。本书提出的探测收益表示方式和规划问题上界分析方法不仅适用于低轨电磁探测卫星协同任务规划问题，还可适用于其他类型探测卫星任务规划的问题研究中，同时针对具体的多星协同探测任务规划问题从协同资源、探测任务角度展开深入而全面的研究。在对电磁信号规律和物体运动过程分析的基础上，本书分别提出了静止目标、低速移动目标和高速移动目标协同探测任务规划模型，以上三类目标分别存在需要持续探测、探测范围广、时效性要求高的特征，模型以约束条件的形式将问题特征准确地表示为可以使用算法求解的数学语言。

在协同探测任务规划问题求解方面，参考基础规划模型的构建思路提出了一种基于深度强化学习的进化算法框架。算法框架给出了多种深度强化学习方法与进化算法有效结合的形式，并且可以与其他局部搜索（local search，LS）策略结合使用提升算法的寻优能力。这种算法设计思路在保证好的搜索结果的基础上，有效提升了进化算法的泛化性能并增强了深度强化学习方法的可解释性。在学习型进化算法框架基础上，根据具体规划问题特点对算法进行扩展，分别针对静止目标、低速目标、高速目标协同探测任务规划问题设计了基于算子自适应选择的进化算法、混合型学习进化算法、基于参数自适应学习的进化算法，这三种学习型进化算法充分考虑了在种群搜索过程中兼顾探索与开发，融合知识驱动与数据驱动两种思路，实现搜索信息的充分利用。

通过研究，将多类型卫星资源统筹使用，共同完成复杂的探测任务，可以丰富多星协同任务规划理论，拓展多类型资源协同规划问题的研究思路。结合深度强化学习与进化算法的求解方法可以为求解其他卫星任务规划问题的算法设计提供指导，也对其他领域规划调度问题的求解具有一定的借鉴意义。

1.2.2　实践意义

需要解决的低轨电磁探测卫星协同任务规划问题聚焦于低轨电磁探测卫星实际应用需求，旨在通过研究，为实现低轨电磁探测卫星之间、低轨电磁探测卫星与其他类型探测卫星实现协同探测提供解决方案，提升卫星管控系统的管控水平和卫星综合应用效能。本书从实际应用的角度出发，提出了协同任务规划系统架构，在一种模型和一套算法框架的基础上有效解决了三种实际的低轨电磁探测卫星协同任务规划问题。所提出的任务规划模型目标函数、约束条件采用可灵活配置的形式，具有很强的根据实际业务需求快速调整能力。当任务执行要求、资源能力条件发生变化时，模型能够通过局部调整、快速构建的方式直接应用于新的应用场景中。管控系统采用提出的架构，可以满足日常协同任务规划的需要，并可根据系统建设与升级改造需要增加其他功能模块。

在实际管控系统中，卫星资源和任务需求在系统使用过程中均会出现不断增多的情况，这种情况是难以避免的，会给算法求解与生成方案造成很大的困难。算法能否应对大规模问题所带来的挑战就显得格外重要。本书提出的学习型进化算法能够以种群搜索的方式快速搜索解空间，可以有效解决大规模场景下探测卫星协同任务规划问题，找到令人满意的任务执行方案。学习型进化算法中使用的深度强化学习方法可以在新的任务数据到达时结合历史数据训练算法模型，提升算法对各种复杂情况的处理能力。算法中加入了搜索策略与改进机制，有效平衡了探索与开发之间的关系，在保证种群多样性的同时增强算法的搜索表现。本书提出的算法具备全局搜索能力和局部搜索能力，可有效应用于具有大量任务和卫星资源的复杂应用场景，在快速获得可行方案基础上寻找最佳探测任务执行方案，做到任务和卫星之间的合理匹配，从而充分发挥卫星协同所能带来的探测优势，获得能够发挥实际效益的数据产品。

本书提出的低轨电磁探测卫星协同任务规划模型与问题求解算法可以很好地应用于多类型卫星探测任务规划方案编排过程之中，能够充分满足探测任务执行要求，并有效使用探测卫星资源。低轨电磁探测卫星可以通过与其他卫星协同完成任务尽可能获得最佳探测表现，以最少的探测次数即可满足各用户的探测需求。本书的模型和算法具有很强的问题适应性和扩展性，这种在一般形式基础上根据具体规划问题做相应改进的思路可以做到与实际工程项目开发过程高度契合，可以根据实际应用需要进行相应的调整。本书的内容可以提升卫星管控系统的资源统筹能力，提升卫星综合应用效能，为我国航天事业发展提供技术支持，具有一定的实践意义。

1.3 国内外研究现状

本节围绕电磁探测卫星协同任务规划问题的核心研究内容，从电磁探测卫星任务规划模型、学习型进化算法和深度强化学习方法三个方面对国内外相关研究的主要进展进行梳理和分析。

1.3.1 电磁探测卫星任务规划模型研究现状

规划模型将需要解决的问题表述成算法可以求解的数学形式，构建起实际问题与求解算法之间的联系。由于相关研究考虑的情况与算法设计等存在差异，研究者提出了一系列采用不同求解目标和不同约束条件的规划模型。首先，本节对现有电磁探测卫星任务规划模型进行梳理，并从不同维度对模型类型进行划分。电磁探测卫星任务规划模型划分方式是多样的，从资源与任务的角度可以将模型划分为根据资源能力选择任务的规划模型和根据任务情况分配给卫星资源的规划模型；从优化目标数量的角度可以将模型划分为单目标模型和多目标模型；根据问题中任务执行时间这一决策变量，可以将模型划分为连续时间规划模型和离散时间规划模型；而根据模型所参考的经典问题模型形式可以划分为整数规划模型[9]、约束满足问题模型[10]、经典规划调度模型[11]等。下面本节将对电磁探测卫星任务规划模型相关研究现状进行详细介绍。

1. 整数规划模型

整数规划（integer programming，IP）模型是一类部分或者全部决策变量必须为整数的规划模型。其中，混合整数规划（mixed integer programming，MIP）模型是求解卫星任务规划问题所采用的一种主要模型形式。一般而言，求解卫星任务规划问题的整数规划模型主要包含两个决策变量，一个变量用于确定是否为卫星安排任务，另一个变量则用于确定被安排任务具体的开始时间。模型中如果存在额外的决策变量则通常为辅助变量，用于表示任务之间的关系等内容[12]。采用这样的模型形式可以从资源能力维度、任务要求维度清晰地表示各类约束条件。

较早采用 IP 模型对电磁探测卫星任务规划问题进行研究的是王慧林等[13]，他们构建了以最大化任务收益、最大化区域覆盖、最小化能量消耗为优化目标的数学模型，采用一种精英保留策略的改进进化算法，算法中引入模拟退火思路，提升经典进化算法的局部搜索能力。黄小军等[14] 则对电磁探测卫星动态规划问题、协同探测规划问题展开研究，模型均将最大化任务序列收益作为优化目标。最大化任务总体优先级与最小化任务最晚完成时间同样在相关研究中作为模型优化目标。数据下传与探测任务同时进行规划也是实际问题的一种解决思路，但是所构建模型的假设条件与卫星平台默认设定存在一定程度的冲突[15]。卫星平台的数据擦除方式、探测与数据下传优先关系、特殊情况处理规则作为模型硬约束更加符合实际情况。一部分研究者还考虑了电磁探测卫星之间、电磁探测卫星与其他类型探测资源协同执行探测任务的情况。光学探测卫星或地面探测资源与电磁探测卫星配合完成探测任务可以达到增大卫星探测范围与提升探测表现的效果。张冰[16] 设计了启发式算法和进化算法解决新任务到达后重新分配的协同任务规划问题，还分析了多类型探测卫星协同工作对任务区域的覆盖性能。宋彦杰等[17] 则考虑电磁探测卫星和地面探测资源协同完成任务，采用了一种改进人工蜂群算法规划获得协同探测任务计划。

采用整数规划模型可以很方便地构建卫星任务规划模型，采用这种方式表示的约束条件不仅理解难度低，还很容易将数学模型以程序语言形式描述并通过设计算法解决问题。整数规划模型存在的问题在于模型和问题耦合性强，模型与问题场景需要存在明确对应关系，不同问题之间可借鉴意义不大[18]。整数规划模型还存在约束条件数量多且复杂、约束限制苛刻等特点，需要采用问题约束松弛[19]、罚函数[20]、解码[21] 等方式处理约束条件。这就要求如果采用这种模型建模求解，需要对模型构建、约束处理、解空间分析、算法设计等方面均充分了解并可以灵活运用。

2. 约束满足问题模型

约束满足问题（constraint satisfaction problem，CSP）模型也是描述规划问题模型的一种重要形式，模型中以约束的形式表示规划问题中的变量取值关系与范围。约束满足问题模型的优势在于描述约束条件容易，并且通俗易懂，扩展性强。约束满足模型具有一系列消解约束条件、简化问题模型的约束处理方法，并有成熟的算法机制（如局部搜索、回溯搜索）找到问题的解决方案[22]。不少学者在电磁探测卫星任务规划领域研究的模型构建部分采用 CSP 模型[23-24]。

Harrison 等[25] 构建了以最大化任务权重值为优化目标的数学模型，并重点考虑了卫星与任务区域之间的角度关系对任务执行的影响。祝江汉等[26]、邱涤珊等[27]、李长春等[28]、李耀东等[29] 则分别针对应急规划、区域普查、移动目标探测、多区域覆盖问题场景，采用 CSP 模型对问题进行数学形式表示。祝江汉等[26] 针对电磁探测卫星应急任务规划问题构建了具有两级优化目标的 CSP 模型，并根据任务插入前已有任务计划状态分别设计了三种启发式任务插入算法实现任务方案快速调整。邱涤珊等[27] 构建了 CSP 模型用以表示面向普查任务的电磁探测卫星任务规划问题，优化目标为最大化区域覆盖率与最大化探测任务收益。李长春等[28] 虽然在研究中考虑了多个子任务之间的先后关系，但并未考虑到子任务之间存在其他关系的情形。

约束满足问题模型成功构建了多类规划场景下的电磁探测卫星任务规划模型，采用这种模型形式的早期研究相较于使用整数规划模型形式的相关研究更为深入且贴近实际工程应用。但随着问题约束条件趋于复杂、决策变量规模不断增大，约束满足问题模型的优势并不明显。处理模型约束条件的过程变得复杂，并且采用 CSP 的搜索算法求解效率不高。而相比之下，启发式算法、元启发式算法则更加适用于复杂和大规模场景问题的解决。

3. 经典规划调度模型

在使用整数规划模型和约束满足问题模型构建卫星任务规划数学模型之外，不少学者研究卫星任务规划问题采用对问题进行转化的思路，尝试将这一问题以经典规划调度问题的方式构建模型和问题求解，如车辆路径问题[30] 和生产车间调度问题[31]，并参照经典问题的求解思路方式构建模型和问题求解。

车辆路径问题（vehicle route problem，VRP）模型是一种基于图结构对车辆服务顾客路线规划的经典规划调度模型。在采用 VRP 模型描述的电磁探测卫星任务规划问题中，卫星等同于车辆而任务则被视作是顾客。电磁探测卫星任务规划问题中的时间窗转化为顾客服务时间的限制。由于卫星在规划周期内会有多个轨道圈次飞行，需要将整个飞行过程分为多个有向图求解，其中，每一张图对应一颗卫星飞行轨道圈次内待规划任务集合[32]。最终得到的方案也可以很容易地表示为一条条从起点到终点的路径。具体的模型形式包括解决单颗卫星单轨道圈次任务规划问题的 VRP 模型和多颗卫星多轨道圈次任务规划问题的 VRP 模型两种。郭玉华等[33] 将考虑探测和数据下传的光学与雷达探测卫星任务规划问题视作 VRP 问题中一类带时间窗约束的车辆装卸货问题（pickup and delivery problem with time windows，PDPTW）并构建模型，提出了一种基于动态装载概率与估计装载容量的启发式算法。该启发式算法规划效果优于实际使用的多星任务规划系统。VRP 模型描述卫星任务规划问题的方式可以清晰地表示任务之间的顺序关系以及各类约束。并且由于 VRP 模型已经有很多成熟的解决大规模问题的求解算法，这些求解算法的思路可以有效借鉴到电磁探测卫星任务规划问题中。采用 VRP 模型存在的问题是模型表述复杂、变量数量过多，描述问题的同时还需要维护图结构，图结构的流量平衡是额外需要考虑的约束条件。VRP 模型变种类型众多，求解算法需要根据具体模型特点设计策略，容易花费大量精力。

生产车间模型也是表述电磁探测卫星任务规划问题的一种模型形式[34]。在生产车间模型中，卫星任务规划被视作机器选择需要加工工件（工序）并指定每一个工件（工序）的开始加工时间。这种模型转化方式在一定程度上反映了卫星任务规划问题的特点。采用生产车间模型表述卫星任务规划问题的相关研究开展较早，Hall 等[35] 于 1994 年便提出了光学探测卫星任务规划的生产车间模型，并设计了一种包含启发式方法和上界求解的动态规划算法。参考该研究，李菊芳等[36] 进一步分析了卫星协同任务规划问题与生产车间调度问题的联系与区别，考虑了时间窗和数据存储约束，构建了生产车间调度模型并使用商业求解软件验证了模型求解效果。采用生产车间模型的优势在于以一种直观形式表示任务分配和任务执行过程，任务之间的关系，降低了构造卫星任务规划模型的难度。求解生产车间调度问题还有一系列成熟的规则与策略，可以借鉴在电磁探测卫星任务规划问题求解算法中[37]。而生产车间模型对于复杂的任务难以通过简洁的形式表述，并且对卫星以及任务的特点反映不够充分。如一些考虑重复探测、周期性探测的任务采用生产车间模型表述需要通过模型假设对原始问题进行一定程度的简化。这种简化处理的方式很可能导致原始问题的特点体现不充分，难以获得有足够说服力的任务执行方案。

1.3.2 学习型进化算法研究现状

卫星任务规划问题属于组合优化问题中的一种，单星任务规划问题已经被证明是 NP-hard 问题，多星任务规划问题的求解难度更大[38]。面对问题规模的增大，精确求解算法往往因为求解时间存在指数爆炸的问题而难以应用。相比而言，进化算法则不会因为问题规模庞大而导致算法求解时间无法接受。Barbulescu[39] 等则发现进化算法相对于启发式算法和邻域搜索算法在卫星任务规划问题上的优势更为突出。这也使得进化算法受到国内外卫星任务规划领域的相关学者[40] 广泛关注。

进化算法（evolutionary algorithm，EA），也称为遗传算法、遗传进化算法、遗传规划、演化策略等[41]。早在 20 世纪 40 年代，研究者就已经尝试使用进化算法来解决问题。而直至 1962 年，Bremermann 才首次在计算机上完成进化算法的实验。后来随着研究不断深入，产生了各种类型的进化算法。进化算法的常规流程主要包括初始化种群、适应度评价、个体选择、交叉、变异、保存最优个体并结束等步骤，进化算法流程图如图 1.2 所示。

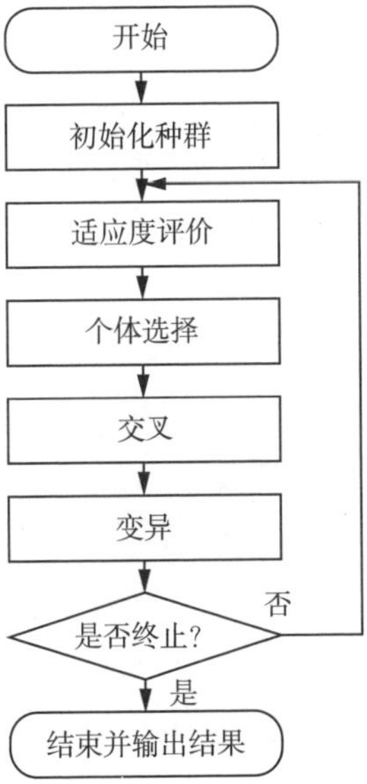

图 1.2　进化算法流程图

进化算法改进思路可以分为两种：算法搜索策略改进[42-43] 和算法流程改进[44-45]。算法搜索策略改进设置一些高效率的搜索策略以平衡算法的探索与开发表现，另外一种算法改进思路则将进化算法与其他搜索算法结合，其中，最为常见的结合方式是进化算法组合邻域搜索，这种算法也被命名为模因算法（memetic algorithm，MA）。通过这两种方式改进的进化算法在卫星任务规划问题中有着很好的应用[46-48]。学习型进化算法则在搜索策略设计或算法流程设计中引入学习机制，通过获取问题信息或者评价种群搜索表现使用相应的搜索策略。根据学习方法的信息来源不同将学习型进化算法划分为基于问题特征挖掘的学习型进化算法和基于搜索表现评估的学习型进化算法。下面，本节将对两类学习型进化算法在卫星任务规划领域的研究现状进行详细介绍。

1. 基于问题特征挖掘的学习型进化算法

基于问题特征挖掘的学习型进化算法由于将待解决问题特征信息经过分析、挖掘后引入到进化算法框架中而让算法生成解的过程更加贴合问题，减少因盲目搜索而造成的计算资源浪费。研究者通过对问题特征的分析通常将可以指导算法搜索的信息凝练成相应的规则。这些规则可以用在解构造方法和解结构表示中，采用特定的方式生成初始解或者限定解的结构。启发式初始化方法、编码（解码）方式、启发式进化算子是三种常见的将问题特征信息有效使用在进化算法中的学习方法。

启发式初始化方法是一种根据问题特征快速生成初始种群的方法，它将启发式规则与初始种群生成过程相结合，通常还需要使用部分随机的方式保证染色体结构差异。启发式初始化方法在设计时需要重点考虑使用哪些问题特征信息构成规则和规则如何使用两方面内容。姜维等[49] 在光学探测卫星协同任务规划问题中考虑了风险因素，提出了一种基于遗传禁忌协同的规划算法。算法在初始解生成方法中加入启发式信息，并使用了禁忌策略减少算法无效搜索。Tangpattanakul 等[50] 提出了一种求解敏捷光学探测卫星任务规划问题的学习型进化算法，该算法使用了一种带扰动机制的种群初始化方法，并根据问题特征设置了基于邻域搜索的任务调整位置与任务插入操作。进化算法中使用启发式初始化方法可能会出现生成初始种群耗费时间过久的情况，生成的个体之间还需要采取一定的策略保证相互之间的差异性。如果全部使用一样或者类似的规则很容易导致种群内个体的高度相似，这与采用进化算法的搜索机制相违背，使得算法难以做到对全部解空间进行有效搜索。

结合问题特征设计的编码（解码）也是在学习型进化算法中常用的一种方法。编码与解码之间存在紧密关联，当编码方式确定后解码方式需要参考编码方式进行相应的设计以保证获得解的正确性。由于卫星任务规划问题中存在大量的约束，约束满足情况的相关检查可以直接在解码过程中完成。Li 等[51] 设计了一种直接根据卫星地面站编号的编码方式以改进进化算法搜索效率，采用该算法求解卫星测控调度问题可以保证算法搜索质量的同时缩短算法搜索所用时间。韩鹏等[52]在求解卫星协同探测任务规划问题的进化算法中提出了一种改进编码方式，算法中根据任务成像时间的相对关系对染色体编码。Zhang 等[53] 为进化算法设计了一种新的编码方式以统一表示卫星探测和数据下传任务。算法中还设计了一种多点贪婪变异操作，对于没有成功规划的任务采用随机产生的任务替换。该算法在保证搜索效率的同时可以为卫星全球探测任务规划提供合理的解决方案。特定的编码（解码）方式可以在某些特定的问题场景下帮助算法短时间内找到合适的任务执行方案，这样的学习型进化算法在特定问题下的搜索表现是其他算法很难达到的。但是如果问题场景发生改变或者一些约束条件进行调整，则原有的编码（解码）方式难以用于新的问题场景，会导致搜索得到的解表现不佳或无法获得满足要求的解。

启发式进化算子与启发式初始化方法相类似，进化算子不再采用进化算法中一些常见的交叉变异方法，而是根据问题特征进行设计。在卫星任务规划问题中，每一个任务均包含多种属性信息，这些属性信息可以直接或者间接用于个体染色体结构改进。Song 等[54] 针对卫星测控调度问题提出了一种基于非支配排序的多目标进化算法，算法中设计了学习机制引导启发式算子搜索，并对违反约束的情形设计了相应的修复操作。Wei 等[55] 构建了双目标敏捷光学探测卫星任务规划模型并设计了一种基于非支配排序/指标的进化算法框架。在进化算法部分，该研究设计了一种池化选择算子和启发式交叉算子，算子的使用有效提升了种群的多样性。邻域搜索方法用于在进化算法所搜索得到的结果基础之上搜索更优的解。单独使用启发式进化算子可能会导致进化算法搜索随机性不高，存在重复搜索的可能性。因此，启发式进化算子应当与其他进化算子结合使用，以实现对解空间的高效率搜索。

基于问题特征挖掘的学习型进化算法将卫星任务规划问题中的特征信息使用在进化算法框架中，根据问题特征设计的方法可以在一定程度上提升问题的搜索效率。但是，这样的算法设计很可能导致进化算法全局搜索性能的下降，进而会影响到算法所找到最优解的适应度函数值。因此，在设计基于问题特征挖掘的学习型进化算法时，需要重点考虑如何平衡对问题有指导性的搜索与搜索随机性之间的关系。

2. 基于搜索表现评估的学习型进化算法

基于搜索表现评估的学习型进化算法同样经常用于求解卫星任务规划问题。这类学习型进化算法根据搜索过程的表现信息调整算法种群搜索或构成下一代种群的方式。在基于搜索表现评估的学习型进化算法中，种群更新策略和自适应算子选择方法是两种常见的学习方法。

种群更新策略决定了下一代种群内个体组成，后续的种群迭代搜索将在新的种群中进行。精英个体机制、多种群策略、种群规模动态调整方法、个体随机生成方法、参数动态调整方法等均在求解卫星任务规划问题的学习型进化算法使用并取得了好的规划表现。精英个体策略是一种经常用于加快种群搜索速度的算法改进策略。王慧林等[56] 设计了一种使用精英策略的进化算法求解电磁探测卫星任务规划问题，种群搜索所找到的最优解将被无条件保留在下一代种群中，这样的精英个体策略会使得对表现不佳的解接受度较低。Han 等[57] 则在使用精英个体策略的同时对精英个体进行邻域搜索，有效保证了种群的多样性。学习型进化算法也可以使用多种群策略增加搜索所能获得的信息量，利用有用信息获得更高质量的解。Li[58] 等和 Du 等[59] 分别针对光学探测卫星任务规划问题和导航卫星星间链路任务规划问题提出了多种群并行进化算法。Li 等[58] 主要考虑了最优个体和最差个体在子种群中采取不同的策略，并设计了子种群迁移方法。Du 等[59] 则在算法中加入了竞争机制加速算法收敛。多种群搜索可以增加对解空间搜索的全面性，但是也需要耗费更多的计算资源。动态调整种群规模则是另一种通过种群结构调整达到搜索表现提升的改进方法[60]。个体随机生成方法可以单独使用，也与其他学习方法配合使用，随机生成的新个体补充进种群后将增加个体结构的多样性[53]。除对种群规模和种群内个体动态调整外，还可以根据搜索表现调整进化算法中的相关控制参数[61-62]。种群更新策略能够有效根据当代种群搜索表现选择进入下一代种群中的个体，使用复杂的种群更新策略则需要进行频繁的个体适应度值计算与结果比较，新的种群还可能需要使用额外的数据结构存储。平衡算法的复杂程度与算法的搜索效率是在学习型进化算法中使用种群更新策略所要考虑的重要因素。

自适应算子选择方法将轮盘赌选择个体的思路引入到算子选择过程中，让算法从众多的进化算子中优先选择在以往搜索过程中表现好的算子，以加快算法搜索速度[63]。这样的算子选择方式既能让算法选出更优秀的算子，也能让每一种算子均有一定被选中的可能性。Zheng 等[64] 考虑星群数据传输中的规划问题，在进化算法中设计了一种混合动态变异机制。变异算子可以根据种群搜索表现选择合适的变异策略，在保证算法可靠性的同时提升算法搜索速度。Zheng 等[65] 同样在求解光学探测卫星星上任务规划问题的进化算法中使用了动态变异机制并取得了好的效果。Lee 等[66] 设计了一种循环交叉算子来提升交叉操作的多样性，进而提升种群搜索表现。Du 等[67] 提出了多目标混合进化算法框架求解卫星测控调度问题，问题的优化目标设定为最小化任务失败率和最小化资源负载。混合进化算法采用了一种基于概率的变异算子和一种邻域搜索方法。邻域搜索方法中设计了多种启发式和随机邻域搜索算子。自适应算子选择方法增加了算子选择过程，在一定程度上可以降低算法设计和参数调试的工作量，但是需要额外考虑自适应选择算子的计算依据和算子表现评价机制。设计使用自适应算子选择方法的学习型进化算法时，还需要科学确定所使用的进化算子数量，算子数量过多可能会导致表现好的算子优势不明显，而数量过少则容易导致自适应选择无法帮助进化算法提升搜索表现。

基于搜索表现评估的学习型进化算法所采用的算法改进方法不仅可以用在卫星任务规划问题中，也可以用于其他组合优化问题中。根据搜索评估结果采取相应的策略可以有效平衡探索与开发的关系，充分发挥进化算法种群搜索的优势。但是这类学习型进化算法很少考虑适应度函数值较低的解，如何利用这些解增强算法在解空间搜索的全面性值得进一步深入分析和研究。

学习型进化算法通过对问题特征挖掘或搜索表现评估采用相应的学习方法以提升算法搜索效率和效果，已经广泛应用于卫星任务规划问题中并取得了很好的规划表现[68-69]。设计学习型进化算法需要着重注意学习方法中所采取的策略和方法触发机制。方法中所采取的策略应当同时考虑待求解卫星任务规划问题和进化算法搜索的特点，提升算法搜索性能的同时保证算法具有很强的泛化性。方法触发机制需要格外关注全局搜索与局部搜索、策略生成个体与种群内其他个体之间的关系，实现算法学习过程与种群进化过程的有效结合。

1.3.3 深度强化学习方法研究现状

深度强化学习（deep reinforcement learning，DRL）方法是一种智能体通过选择动作在环境中评价表现从而实现准确决策的人工智能方法[70]，智能体与环境交互的过程如图 1.3 所示。相较于决策树、线性回归模型、人工神经网络模型等机器学习或深度学习方法，深度强化学习方法具有一套独特的训练方法，在构建模型输入和输出映射的基础上通过价值函数反馈模型表现。这与机器学习模型的监督、半监督和无监督学习方法均存在明显的区别。

深度强化学习方法根据不同的划分依据可以划分为不同的类别[71]：根据是否基于模型可以划分为基于模型（model-based）的深度强化学习方法和无模型（model-free）的深度强化学习方法；根据模型的动作选择方法，可以划分为基于策略（policy-based）的深度强化学习方法、基于价值（value-based）的深度强化学习方法以及价值与策略结合（actor-critic）的深度强化学习方法；根据模型训练是否使用当前策略获得的数据可以划分为基于在线策略（on-policy）的深度强化学习方法和基于离线策略（off-policy）的深度强化学习方法。

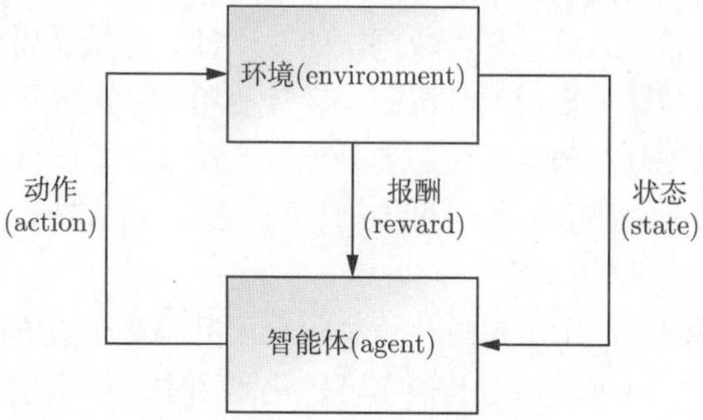

图 1.3　智能体与环境交互过程

深度强化学习方法在规划调度问题的相关研究中也有广泛的应用。深度强化学习方法解决规划调度问题根据是否使用方法组合的方式可以划分为深度强化学习直接求解方法和深度强化学习与优化算法组合求解方法。下面将分别对深度强化学习直接求解方法和深度强化学习与优化算法组合求解方法在规划调度问题中的研究现状进行介绍。

1. 深度强化学习直接求解方法研究现状

深度强化学习直接求解方法根据生成规划方案的所采用策略不同可以分为端到端规划方案生成方法和逐步式策略学习方法两种。端到端规划方案生成方法可以通过输入的数据直接得到规划方案，而逐步式策略学习方法将生成方案分为多个步骤，采用迭代更新的策略逐渐形成完整的任务计划。采用这两种策略的深度强化学习方法均在规划调度问题的应用中取得了很好的规划表现。

1）端到端规划方案生成方法研究现状

端到端规划方案生成方法是一种根据模型输入的规划资源、任务等各类信息一次性直接得到全部的任务计划，整个网络既可以实现智能体的科学决策，也可以检查约束满足情况，生成规划方案。采用端到端深度强化学习方法网络模型的选择主要包括指针网络模型和图神经网络模型两种。指针网络（pointer network，PN）模型由 Vinyals 等[72] 于 2015 年提出，主要包含编码层（encoder layer）和解码层（decoder layer）两部分，模型中还可以使用门控循环单元（gate recurrent unit，GRU）、卷积层、全连接层、注意力层等神经网络结构提升模型规划效果。这项研究工作开创了深度强化学习方法求解规划调度问题的先河，后续研究所采用的模型绝大多数都源于对该模型的改进；图神经网络（graph neural network，

GNN）模型解决规划调度问题的方法最早由 Khalil 等[73] 于 2017 年提出，根据图结构计算可选节点的 Q 值，并采用深度 Q 网络（deep Q network，DQN）选择向图结构中加入新节点的位置，直至构造得到最终解。两种模型之间所采用的决策机制不同，模型的差异进一步体现在不同的适用问题上，指针网络在考虑任务序列顺序关系的规划问题上表现更为突出，而图神经网络基于节点概率选择更加适用于与任务顺序无关的规划问题。

在卫星任务规划领域，Chen 等[74] 在指针网络模型基础上使用 xavier 初始化方法获得初始网络模型参数，并设计了 Actor-critic 算法更新模型参数。实验结果验证了算法的规划速度，为快速得到任务探测方案提供了一种新的求解方法。Zhao 等[75] 参照先分配、后规划的思路设计了一种两阶段的网络模型规划方法用于解决敏捷光学探测卫星任务规划问题。在这两个阶段中，分别使用基于策略梯度和基于深度确定性策略梯度（deep deterministic policy gradient，DDPG）的模型训练方法。实验分别对提出的两阶段方法和各个阶段算法表现进行了验证。马一凡[76] 采用指针网络模型解决敏捷光学探测卫星任务规划问题，模型中使用 Mask 机制对复杂约束条件处理，实验证明了提出的算法具有很强的泛化能力，并且求解表现优于蚁群算法。Wei 等[77] 提出一种求解多目标敏捷光学探测卫星任务规划问题求解框架，使用问题分解方法将问题分解为多个子问题，设计了基于指针网络的编码–解码网络模型。

在其他规划调度领域，Li 等[78] 采用了一种指针网络模型求解异构车辆路径问题，设计了一种基于注意力机制的车辆选择方法，有效解决了由于车辆不同所带来求解困难的问题。指针网络模型采用基于策略梯度的方法训练模型参数。仿真实验结果表明，该算法规划表现优于很多 DRL 方法和启发式算法，并具有很强的泛化能力。Park 等[79] 针对作业车间调度问题提出一种基于 GNN 的 DRL 算法，设计了一种基于图嵌入的决策方法为机器选择需要加工的工件。该研究提出了一种近端策略优化（proximal policy optimization，PPO）的模型训练方法，训练方法的使用有效减少了模型训练次数并提升了模型的泛化性能。

端到端深度强化学习方法经过训练后可以在新问题上快速得到规划方案，这种方法的求解速度是其他算法所难以达到的。通过巧妙的模型与算法设计，深度强化学习方法的结果可以接近最优解或元启发式算法的结果，并在一部分场景超过对比基准算法。采用深度强化学习的端到端规划方案生成方法的主要缺陷在于模型结构复杂、可解释性差、训练时间过长、求解效果受问题规模和场景等因素影响而不稳定。

2）逐步式策略学习方法研究现状

逐步式策略学习方法与搜索方法、启发式方法获得解的方式相类似，从第一个需要安排的任务分多步得到完整的任务计划。逐步式策略学习方法的提出是由于端到端规划方案生成方法在很多场景的规划调度问题中，无法达到与成熟求解方法（如启发式算法、工业求解器）相等或者接近的规划结果。因此，学者们采用逐步式策略学习方法通过深度强化学习让算法寻找类似于搜索策略的模型参数配置。逐步式策略学习方法在卫星任务规划问题、车辆路径问题、生产车间调度问题等很多规划调度问题上得到了很好的应用。下面将对逐步式策略学习方法在规划调度问题研究中的研究现状进行介绍。

在卫星任务规划领域，陈奇丰[80] 尝试使用双重深度 Q 网络（double DQN, DDQN）方法求解光学探测卫星协同任务规划问题，该研究使用了一种基于搜索窗口的剪枝策略和逐级择优方法提升任务安排的效率和质量。另外，他提出的方法还可以通过竞争策略提升多颗卫星之间任务分配的表现。仿真实验采用密集点任务数据集检验了算法的规划性能。He 等[81] 构建了逐步生成卫星探测任务方案的马尔可夫决策模型，采用 DQN 方法训练网络模型。为了提升网络模型对未知情况的判断能力，该研究在模型训练中使用了一种随机场景生成方法，并且该算法在测试集上的表现要优于对比的基准算法。在此项研究基础之上，He 等[82] 提出了 DQN 与动态规划的两阶段通用光学探测卫星任务规划问题求解框架。在 DQN 动作选择中，该研究考虑到探索和开发之间的平衡关系，提出了一种动作选择方法。动态规划方法则用于生成每颗卫星的探测计划。使用动态规划方法的优势在于当满足一定条件时得到的方案是最优的。

在其他规划调度领域，Basso 等[83] 考虑到电动汽车路径规划的安全性，提出了一种基于安全 Q-learning 的路径规划方法，该方法对值函数估计、安全策略、训练方法等部分进行改进。提出的规划方法可以有助于改善交通运行情况。Lee 等[84] 针对机器人移动工件的生产车间调度问题采用一种基于 Q-learning 的方法生成生产计划。该研究使用 Petri 网模型对问题建模，并通过智能体动作选择确定工件在机器之间的位置移动先后顺序。他们提出的算法优于多种求解车间调度问题的基准算法，并且与问题下界之间差距较小。吴迪[85] 采用 DQN 方法解决混合流水车间调度问题，在 DQN 模型中使用噪声网络自适应选择合适的任务调度规则，并根据实际生产问题设置马尔可夫决策过程。Brammer 等[86] 采用了一种基于 PPO 的 DRL 方法训练神经网络模型，网络模型在不同的时刻为机器选择需要加工的工件类型。实验比较采用 Gurobi 求解器、构造启发式算法、元启发式算法作为对比算法，验证了提出的算法对置换流水车间调度问题的求解表现。

逐步式策略学习方法与端到端的深度强化学习方法不同之处在于，逐步式策略学习方法往往不需要使用网络模型处理约束条件，而可以通过单独的约束检查办法保证规划方案的可行性。逐步式决策需要考虑短期目标与长期目标的相关性，反映在智能体的决策上体现为短期报酬与长期报酬之间的关系。短期报酬与长期报酬有可能并不完全一致，这是由于智能体决策可能具有短视性，可能存在过多关注短期报酬而导致最终的任务执行方案并不理想。以上两种直接求解规划调度问题的方法虽然在搜索时间上明显短于其他算法，但是均面临着模型参数多、训练调参时间长等问题，并且算法的规划表现大多数只能达到与问题的基准算法基本不存在差距或者差距较小的程度。因此，如何让深度强化学习方法在发挥自身优势的同时成为问题求解的基准算法成为了一个重要研究方向，很多采用深度强化学习方法与优化算法组合的新算法也应运而生。

2. 深度强化学习与优化算法组合求解方法研究现状

深度强化学习方法与优化算法组合的问题求解方法是近年来兴起的一种新的规划调度问题解决思路。这种问题求解方法将数据驱动与知识驱动的问题解决方案充分整合，结合优化算法全局搜索能力与深度强化学习的信息利用能力共同完成解的搜索[87-88]。相较于单独使用深度强化学习方法或者优化算法，算法组合需要充分考虑设计的科学性，保证智能体在某一时刻所选择动作与优化算法搜索进程一致是算法设计的关键。这样才能做到深度强化学习方法根据搜索获得的信息及时调整智能体的策略，实现两种方法充分地信息交互。

根据与优化算法组合的深度强化学习方法类型，可以划分为 Q-learning 方法和深度 Q 神经网络方法两类深度强化学习方法。Song 等[89]、Zhang 等[90]、Karimi-Mamaghan 等[91]、Zhao 等[92] 分别采用 Q-learning 方法与其他优化算法组合的方式解决规划调度问题。Song 等[89] 将 Q-learning 方法与进化算法组合来求解电磁探测卫星任务规划问题。他们提出了一种状态空间与动作组合的动作选择机制，通过这样的状态与动作组合方式，算法可以根据每次搜索的表现动态调整搜索策略，以获得具有最大探测收益的任务方案。Zhang 等[90] 针对多无人机路径规划问题提出一种 Q-learning 方法与多目标粒子群算法组合的改进算法。该算法采用深度强化学习方法判断粒子群搜索所采用的模式。搜索模式具体包括探索、开发以及搜索与开发搜索混合模式。经过实验验证，他们提出的算法可以在保证安全飞行的基础上有效降低飞行成本。Karimi-Mamaghan 等[91] 利用 Q-learning 方法为迭代贪婪算法选择搜索算子用于解决可打断流水车间调度问题。算法中 Q-learning 选择的扰动算子会将工件从机器上移除，并重新插入到新的位置。仿真实验从优化表现、收敛结果、与理论最优值之间差距等多个角度检验了算法的表现。Zhao 等[92] 采用与文献 [93] 类似的 Q-Learning 方法，通过选择低等级启发式规则构建超启发式算法求解节能分布式阻塞流水车间调度问题，所选择的规则使用了 ε-greedy 策略从而可以让 Q-Learning 算法尝试新的规则。他们还定义了问题的关键路径，在关键路径对任务延迟时间进行优化而在非关键路径对能量消耗进行优化。

Du 等[94]、Liu 等[95]、Zhang 等[93] 则采用深度 Q 神经网络模型与其他优化算法组合的算法设计思路解决问题。Du 等[94] 在柔性作业车间调度问题中考虑了用电成本的影响，并提出了一种知识型分布估计算法。该算法使用 DQN 选择工序调整的规则，并通过这种方式构成种群内一半的个体，另一半个体通过分布估计算法优化。算法使用非支配排序方法和拥挤距离排序方法获得帕累托解集。该算法的规划表现在大量的数据集上得到验证，并优于多种经典多目标优化算法。Liu 等[95] 通过将 DRL 方法与多目标进化算法（multi-objective evolutionary algorithm，MOEA）相结合来求解多目标指派问题，他们使用一种动态指针网络模型即根据 MOEA 选择出的城市集合构建路径，最终实现每一个子路径的最小化。该 MOEA-DRL 算法通过与两种非支配排序算法使用大量测试集比较检验了算法的求解效果。Zhang 等[93] 尝试通过使用 DRL 方法选择低等级启发式规则帮助构建超启发式算法来解决集装箱码头卡车在线路径规划问题。他们提出了一种基于 DDQN 的矩阵式低等级启发式规则选择策略，以这样的方式实现启发式规则的快速组合。实验结果表明，提出的算法规划表现优于基准算法。

深度强化学习与优化算法组合将深度强化学习方法的学习能力与优化算法对问题探索和开发的能力有效整合，实现两种算法之间的信息共享与合适的搜索策略选择。深度强化学习与优化算法组合求解规划调度问题的研究还在探索阶段，这种算法设计思路解决规划调度问题需要分别考虑优化算法、深度强化学习方法各自的算法设计，以及两种算法之间结合与搜索信息分享的形式，这对算法设计提出了很高的要求。此外，最佳组合方式、信息交互机制、特定的算法训练方式等内容还有待进一步深入研究。

1.3.4 研究现状分析

目前，研究者在这三个方面已经取得了很多高质量的研究成果，但仍有许多内容值得进一步深入研究和探索。下面对本节所介绍的三个方面相关国内外研究现状作进一步分析。

1. 电磁探测卫星任务规划模型研究现状分析

在现有电磁探测卫星任务规划问题研究中，所采用的模型形式主要是整数规划模型和约束满足模型，而经典规划调度模型则主要集中于早年的研究中。随着研究的不断深入，不少研究者发现经典规划调度模型并不能完全反映卫星任务规划问题的特点，因此在近几年的研究中几乎不再被使用。卫星类型增多、探测能力增强、任务规模增大、约束条件更为复杂，一系列变化给模型构建提出了很高的要求。

在现有的相关任务规划模型研究中，研究者往往很少考虑任务之间的关系，并且只有个别研究针对多种类型的卫星资源构建了协同任务规划模型。模型设计的关键在于能否充分体现问题特征的同时有效降低问题的求解难度。低轨电磁探测卫星协同任务规划问题涉及的变量、参数众多，简洁而清晰地表示变量的约束关系是构建模型所需要考虑的重要因素。本书在现有研究基础上考虑所研究规划问题的特性，构建混合整数规划模型，深入分析协同任务之间的关系，挖掘各类问题场景下协同任务规划问题的共性特征，构建协同任务规划基础模型，并在此模型基础上进一步扩展得到具体问题场景下的协同任务规划模型。模型还重点分析了卫星类型与探测收益之间的关系，采用统一化方式描述探测任务收益，有效解决了任务收益难以在同一基准下评价影响模型构建的问题。

2. 学习型进化算法研究现状分析

学习型进化算法根据学习方法的信息来源可以划分为基于问题特征挖掘的学习型进化算法和基于搜索表现评估的学习型进化算法两类。基于问题特征挖掘的学习型进化算法根据待规划求解的问题中的有用信息设计特定的种群初始化方法、编码（解码）规则、启发式进化算子等学习方法，快速获得高质量的问题解决方案。基于搜索表现评估的学习型进化算法设定特定的触发规则，在满足条件时使用相应的方法增强进化算法的搜索能力。这两类学习型进化算法在设计时的出发点存在差异，在有效求解卫星任务规划问题的同时存在一定的局限性，根据问题特征设计学习方法很容易造成算法只能求解特定的问题，泛化能力较弱；而根据搜索表现使用相应的规则策略则增加了算法在搜索时的计算量，会造成计算时间的增加。如果将以上两类学习型进化算法的设计思路有效结合，既可以及时调整进化算法的搜索策略，又可以结合问题特征采取高效率的搜索策略。本书将综合以上两种思路，提出一种学习型进化算法框架，并针对静止目标、低速和高速移动目标协同探测任务规划问题设计相应的学习型进化算法，同时根据问题复杂程度对算法流程进行改进，将邻域搜索方法与学习型进化算法结合以增强算法的局部搜索能力。

在进化算法框架中将同时考虑对问题特征进行挖掘和根据算法搜索表现设计相应的搜索策略，并考虑策略的复杂程度和使用次数，有效提升算法全局和局部搜索表现。在算法设计时将充分考虑策略泛化性不强和搜索算法时间代价高的两个算法改进所会产生的问题，设计复杂程度低的策略与算法，在实现种群搜索探索与开发平衡的基础上找到最为合适的探测任务执行方案。机器学习、深度强化学习方法与进化算法结合已经有效解决了多类组合优化问题，但应用于卫星任务规划问题的相关研究还处于起步阶段[88]。参考这类学习型进化算法成功解决规划调度问题的设计思路，使用深度强化学习方法挖掘问题或搜索过程中的有效信息，配合进化算法实现高效率搜索。深度强化学习方法应用在进化算法框架中可以将智能体智能决策与进化算法种群搜索充分结合，充分利用问题场景信息和搜索过程中所获得的信息。算法中还设计了个体淘汰机制、种群扰动机制和精英个体保留机制等，这些机制不仅适用于本书研究的问题场景，也可以用在其他求解规划调度问题的优化算法中。通过对算法的研究可以为设计其他进化算法提供思路。

3. 深度强化学习方法研究现状分析

深度强化学习方法通过直接求解或者与其他优化方法组合的方式在规划调度问题的求解中取得了很好的效果。直接求解方法可以根据生成方案是否需要很多步骤划分为端到端方案生成方法和逐步式策略学习方法两种。端到端方案生成方法可以实现只使用深度强化学习方法直接通过输入数据获得最终的方案。逐步式策略学习方法则会通过其他机制判断每一次决策的正确与否并给出相应反馈。端到端方案生成方法在求解速度方面远远超越其他算法，但往往模型结构复杂，并且需要大量的训练与超参数调整才能得到表现较好的规划结果。逐步式策略学习方法则需要通过剪枝、限制等方法缩减策略搜索空间，否则很容易导致学习过程出现偏差而效果不理想的情况。在对直接求解方法进行设计时，如何保证模型的泛化性能也会耗费大量的时间。深度强化学习与其他优化方法组合可以结合两者的优势，发挥搜索算法全局或局部搜索能力，并利用深度强化学习方法与环境交互的结果调整策略以提升算法搜索的效率。

深度强化学习方法与其他优化算法组合的研究还处在起步阶段，主要采用针对问题场景设计算法的方式，而对算法设计的系统性分析不多[96]。在第 2 章所提出的学习型进化算法框架将对算法组合方式和所能达到的预期表现进行详细介绍，系统性分析算法框架的特点与优势，并在提出的算法框架基础之上，设计了三种学习型进化算法，用于求解低轨电磁探测卫星协同任务规划问题。

1.4 研究内容与创新点

1.4.1 研究内容

本书在对国内外有关电磁探测卫星任务规划问题、学习型进化算法、深度强化学习方法等相关文献研究分析的基础上，结合协同任务规划所面临的困难与挑战，对低轨电磁探测卫星协同任务规划问题进行深入的探索与研究。首先，构建了低轨电磁探测卫星协同任务规划基础模型，建立了学习型进化算法框架。其次，针对静止目标、低速移动目标、高速移动目标协同规划问题，分别构建了具体问题场景下的协同探测任务规划模型并提出了相应的学习型进化算法。学习型进化算法能够有效利用种群搜索获得的信息为搜索提供解或搜索策略，提升算法的搜索表现，有效地完成预期探测任务。本书中主要包含四项研究内容：

1. 低轨电磁探测卫星协同任务规划基础模型和学习型进化算法框架研究

根据实际业务处理流程，考虑协同任务规划中任务和资源种类与数量繁多、任务协同关系与约束条件复杂等特点，构建了协同探测任务规划基础模型。任务规划基础模型给出了模型的通用化形式，并从卫星运行、执行单个探测任务、任务协同与资源综合利用等角度对优化目标函数、约束条件进行详细描述。模型对一般化协同探测任务规划问题进行表示，为后续章节在基础模型基础上针对具体问题场景对模型扩展奠定了基础。为了实现对协同探测任务规划问题的高效率求解，得到令人满意的任务执行方案，本书提出了一种学习型进化算法框架。框架将深度强化学习方法使用在进化算法中，通过充分利用搜索过程的信息的方式提升算法整体的规划表现。

2. 静止目标协同探测任务规划模型与基于算子自适应选择的进化算法研究

静止目标探测的目的是获得目标信号源的工作状态，任务规划的主要难点在于需要对一个目标在一定时间范围内重复多次探测。为了合理利用卫星资源，要求多次探测之间的间隔时间在一定合理的范围之内。为此，我们根据协同任务规划问题的特征构建了静止目标协同探测任务规划模型。同时针对这一问题，提出了一种基于算子自适应选择的进化算法。该进化算法充分考虑了算子设计和搜索策略的影响，在进化算法框架中使用深度强化学习方法为种群搜索选择合适的算子，采用 DQN 模型进行决策并根据搜索表现及时调整搜索策略。当算法多次搜索表现不佳时，采用个体淘汰机制将种群中表现最差的个体替换为一个新的个体。本部分还提出了一种探测任务时间窗选择方法，时间窗选择算法可以根据从种群获得的探测任务方案，快速判断探测任务有无执行的可能性，并对可以执行的任务确定合适的执行时刻。

3. 低速移动目标协同探测任务规划模型与混合型学习进化算法研究

低轨电磁探测卫星可以获取低速移动目标的位置信息，及时了解目标位置变动情况。对低速移动目标探测的难点在于位置的变动具有很强的不确定性。首先，通过位置预测与优先级统筹将其转换为一系列探测任务，并根据优先级统筹后的任务构建协同探测任务规划模型。其次，为了求解这一问题，提出了一种混合型学习进化算法，算法中加入了种群扰动策略并通过深度强化学习生成种群搜索和邻域搜索的解，同时采用基于聚类的种群进化机制生成新的个体。最后，提出了基于 DDQN 的解生成方法和算法训练方法。在混合型学习进化算法中，还使用了一种基于深度强化学习的邻域搜索方法快速生成新的个体，达到提升算法局部搜索能力的效果。

4. 高速移动目标协同探测任务规划模型与基于参数自适应学习的进化算法研究

高速移动目标可以通过低轨电磁探测卫星获得其移动轨迹。协同探测规划问题的难点在于对高速移动目标探测的误差难以消除，只能够通过增加探测次数来缩小两次探测之间的时间间隔减小误差。首先，结合问题特点构建了协同探测任务规划模型并提出了一种基于参数自适应学习的进化算法。算法中的 GRU 模型根据种群进化所获得的信息控制自适应交叉和变异的发生概率来调整搜索策略。为了优化模型参数，使用了一种基于策略梯度的神经网络模型训练方法。基于参数自适应学习的进化算法还设计了启发式初始化方法、精英保留策略和基于贪婪思想的邻域搜索方法，以加快算法的搜索速度。

1.4.2 主要创新点

综合以上对电磁探测卫星协同任务规划模型与算法的研究内容，本书的主要创新点在于：

（1）构建了协同任务规划基础模型，建立了学习型进化算法框架。基于对探测卫星资源与任务、规划问题特点的分析，协同任务规划基础模型采用了混合整数规划模型形式，模型充分考虑了各类问题场景下规划问题的共性特征，并且可以根据具体问题场景进行灵活配置。模型中设计了卫星与任务匹配关系判断方法，通过两阶段判断对卫星执行任务进行限定。模型中提出了一种探测收益统一化描述方法，保证各类卫星探测收益在同一量纲下。模型还综合考虑了卫星姿态机动、固存和电量消耗因素，分析了规划问题的上界条件。学习型进化算法框架描述了深度强化学习方法用在进化算法框架中用于生成解或生成策略的两类算法结合形式，为求解特定问题场景下规划问题提供了理论基础。

（2）构建了静止目标协同探测任务规划模型，提出了一种基于算子自适应选择的进化算法。 首先，基于任务规划基础模型，构建了静止目标协同探测任务规划模型，模型中考虑静止目标重复探测的需求，设计了包含基本探测收益与额外探测收益的目标函数，补充了目标最少探测次数、探测间隔时间的约束条件。其次，通过对卫星执行任务能力分析增加了对目标最大探测次数的限制条件，缩减问题搜索空间。基于算子自适应选择的进化算法使用深度强化学习方法，并根据染色体结构和个体适应度改进情况使用 DQN 决策交叉算子。当搜索表现不理想时，该算法通过个体淘汰机制替换掉种群中表现最差的个体，增加了搜索的多样性。大量的实验结果表明，基于算子自适应选择的进化算法在任务方案收益值、目标探测成功率等多方面表现均优于对比算法。

（3）构建了低速移动目标协同探测任务规划模型，提出了一种混合型学习进化算法。 低速移动目标协同探测任务规划模型结合目标运动特点对任务规划基础模型进行扩展，设计了整体探测收益最大化的目标函数，补充了任务之间接续关系的约束条件。混合型学习进化算法使用深度强化学习方法挖掘目标特征信息生成初始解和邻域搜索的构造解，提出了基于 DDQN 的解生成方法和模型训练方法。在算法初始化时，DDQN 模型根据规划表现的状态空间以逐步选择的方式快速生成解。在进行邻域搜索时，使用具有相同参数配置的网络模型决策需要插入到任务序列中的任务，并使用一种计算成本低的邻域结构更新方法，实现任务快速插入并完成邻域结构改进。在种群搜索过程中，该算法依照任务特征的距离关系对任务分类，提出了一种基于聚类的交叉和变异方法进行种群进化。仿真实验结果表明，混合型学习进化算法相较于对比算法可以生成质量更高的任务执行方案。

（4）构建了高速移动目标协同探测任务规划模型，提出了一种基于参数自适应学习的进化算法。 首先，在任务规划基础模型的基础上，构建了高速移动目标协同探测任务规划模型，设计了考虑目标探测误差影响的目标函数，补充了同一目标探测任务间隔时间要求的约束条件。其次，基于参数自适应学习的进化算法使用深度强化学习方法动态调整交叉和变异的控制参数。在每次种群搜索开始前，GRU 模型根据由任务特征与搜索表现构成的状态值来预测控制参数值。最后，为优化 GRU 模型参数配置，提出了一种基于策略梯度的训练算法。该算法设计了一种启发式初始化方法生成初始种群，根据任务单位时间内收益排序和随机的方式快速构造种群内个体。该算法还使用了自适应交叉的种群进化方法，实现了自适应调整搜索方式，并在搜索初始阶段使用精英个体保留策略加速算法收敛。经过大量的实验检验，基于参数自适应学习的进化算法搜索得到的方案收益值明显优于对比算法，并可减少探测误差的影响从而达到提升探测精度的效果。

1.5 组织结构

本书聚焦低轨电磁探测卫星协同任务规划问题，对多类协同规划问题建模并设计学习型进化算法。根据研究的主要内容，本书主体部分主要包括协同任务规划基础模型和算法框架研究、面向静止目标的同构协同规划模型与规划算法研究、面向低速运动目标的异构协同规划模型与规划算法研究、面向高速运动目标的异构协同规划模型与规划算法研究四部分内容。本书共 6 章，组织结构如图 1.4 所示。

第 1 章为绪论。本章首先阐述了电磁探测协同任务规划问题的研究背景与研究意义，阐明了研究协同任务规划模型与方法的重要性；其次梳理了电磁探测卫星任务规划模型、学习型进化算法、深度强化学习方法的国内外研究现状；最后给出了本书的研究内容、主要创新点与组织结构。

第 2 章为低轨电磁探测卫星协同任务规划基础模型及学习型进化算法框架。本章首先系统性地介绍了协同任务规划相关概念与卫星探测过程等内容；其次对协同探测任务规划问题难点和业务流程特点展开了分析，并提出了低轨电磁探测卫星协同任务规划基础模型，分析了规划问题的上界条件；最后建立了学习型进化算法框架，为后续章节具体问题场景下的任务规划模型构建和算法设计提供理论基础。

第 3 章为面向静止目标探测的同构电磁探测卫星协同任务规划模型与算法研究。本章首先分析了静止目标协同探测任务规划问题的难点与特点，构建了静止目标协同探测任务规划模型，并提出了基于自适应选择的进化算法；其次为了将进化算法得到的任务序列生成为探测任务计划，提出了一种探测任务时间窗选择方法；最后通过仿真实验验证了算法的求解性能。

第 4 章为面向低速移动目标探测的异构电磁探测卫星协同任务规划模型与算法研究。本章首先针对低速移动目标探测问题所存在的挑战，构建了求解低速移动目标协同规划的数学模型；其次提出了目标位置预测算法、优先级统筹算法和混合型学习进化算法；最后通过设计的仿真实验证明了提出的算法可以获得高质量的探测任务方案。

第 5 章为面向高速移动目标探测的异构电磁探测卫星协同任务规划模型与算法研究。本章首先描述了高速移动目标协同探测问题的约束特点，给出了目标运动过程的数学语言表示，提出了问题的数学规划模型；其次设计了基于参数自适应学习的进化算法；最后采用不同任务规模的测试集验证了算法的有效性，本章提出的算法取得了相较于对比算法更优的规划结果。

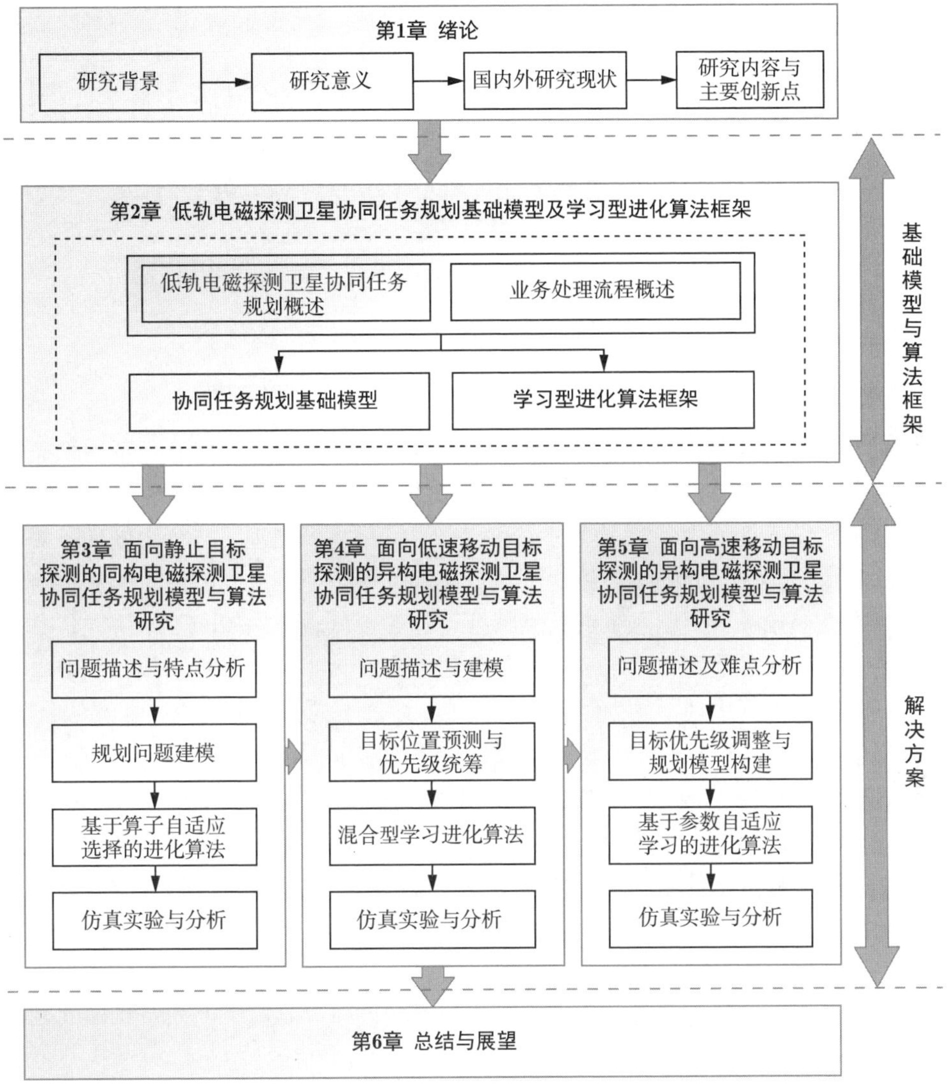

图 1.4　组织结构图

第 6 章为总结与展望。本章对全书研究内容和得到的结论进行总结，并结合现有研究给出了下一步的研究方向。

第2章

低轨电磁探测卫星协同任务规划基础模型及学习型进化算法框架

规划模型和求解算法是解决协同任务规划问题的关键，准确有效反映低轨电磁探测卫星协同的特点是构建模型和设计算法的前提。首先，本章对低轨电磁探测卫星协同任务规划中资源工作过程和特点进行描述、梳理，分析协同任务规划问题的难点。其次，介绍了电磁探测业务流程，厘清业务之间的逻辑和数据流关系。再次，挖掘各类问题场景的共性特征，构建了低轨电磁探测卫星协同任务规划基础模型，从满足用户需求和完成任务的角度设计了优化目标函数，从卫星能力和任务执行角度描述了约束条件。为了科学评价不同类型卫星协同探测的收益，在模型中提出了一种探测收益统一化描述方法。同时，通过考虑卫星姿态机动、固存消耗、电量消耗等影响因素分析出协同探测任务规划问题的上界条件，有效缩减问题搜索空间。最后，依照任务规划基础模型的构建思路，建立了一种学习型进化算法框架，算法中使用深度强化学习方法挖掘问题或搜索过程的有效信息，以生成解或辅助决策的方式达到提升算法搜索表现的效果。

本章所提出的任务规划模型和算法框架是后续章节研究的基础。后续所研究的各类场景下的电磁卫星协同规划问题均在本章的研究基础上，针对具体问题对本章提出的任务规划模型和求解算法进行相应的扩展和改进。

2.1 低轨电磁探测卫星协同任务规划概述

2.1.1 相关概念与解释

为了便于开展研究工作以及读者理解后续章节所研究的协同规划问题，本节先给出低轨电磁探测卫星协同任务规划问题中所涉及的专有名词的定义。

(1) **协同资源**：是指协同规划中为完成协同任务所需要调配的卫星资源。根据轨道类型，协同资源可以划分为高轨卫星和中低轨卫星。根据搭载的载荷，协同资源可以划分为电磁探测卫星、可见光探测卫星、合成孔径雷达探测卫星。任务规划所使用的协同资源均为低轨探测卫星。

(2) **协同任务**：是指需要两个或者两个以上协同资源按照协同要素以合作的方式共同完成的任务。

(3) **协同要素**：是指协同资源在执行元任务时需要按照协同任务所设定的必要因素，包括元任务之间的位置关系、时间关系、探测模式、频率设定、带宽设定等要素。

(4) **元任务**：是指经过拆分后的协同任务，无法再次拆分，并且只需要对探测资源进行一次探测活动即可完成的探测任务。任务规划过程确定由卫星资源所执行的任务均为元任务。

(5) **任务组合**：是指元任务按照分组关系而产生的组合形式，分组关系具体包括组内关系和组间关系。

(6) **同构多星协同任务**：是指只需要一类卫星即可完成的协同探测任务，即只由低轨电磁探测卫星配合执行的探测任务。

(7) **异构多星协同任务**：是指需要多种类型的卫星共同配合才可以完成的协同探测任务，即需要电磁探测卫星和光学探测卫星、SAR 探测卫星协作完成的探测任务。

(8) **协同规划**：是指统筹全部协同资源，在资源能力范围内按照任务要求使用规划算法确定执行元任务的具体资源和元任务执行时间，获得能够有效满足用户需求的协同任务探测方案。

2.1.2 卫星探测过程概述

在设计低轨电磁探测卫星协同任务规划方法前，本节将介绍卫星执行目标探测的过程，为协同规划框架和模型设计提供参考。这里所指的探测卫星包括电磁探测卫星、光学探测卫星和 SAR 探测卫星三种。电磁探测卫星采用被动接收方式获取目标信号数据，需要设定探测模式、频段、带宽、极化方式等参数。光学探测卫星和 SAR 探测卫星则采用主动探测方式获取图像数据，需要设定探测模式、分辨率等参数。虽然电磁探测卫星、光学探测卫星和 SAR 探测卫星所搭载的载荷不同，载荷工作原理也存在区别，但探测类卫星载荷工作过程基本相同。每颗卫星在各自的轨道绕地球飞行，轨道在地球表面的投影称为星下线。星下线与载荷探测范围（或称为视场角范围宽度）限定了卫星所能探测的区域[97]。任务在载荷探测范围内的时间区间构成了任务对于卫星的可见时间窗，任务执行只能够在可见时间窗内完成。

卫星在轨飞行时，根据地面上注的探测任务指令及任务参数设定，在相应的时刻打开卫星载荷，通过主动或者被动方式获取图像或信号数据，在完成探测任务后关机等待执行下一探测任务[98]。固定的飞行轨道与有限的探测范围，在一定程度上限制了卫星所能完成的探测任务[99]。随着卫星产业不断发展，平台与载荷技术取得巨大的突破，一类具有机动能力的卫星很大程度上提升了探测能力与范围。根据卫星是否具有灵活机动能力，探测卫星可分为非敏捷探测卫星和敏捷探测卫星两类[100]。非敏捷探测卫星是一类只能够探测星下线及其附近区域，且不具备姿态机动能力的卫星。敏捷探测卫星是一类可以通过姿态机动探测到相比于非敏捷探测卫星更远的位置、具有更长任务可见时间窗的卫星。姿态机动是指载荷工作前卫星通过执行相应动作调整载荷与任务区域之间的角度关系，将卫星调整到最佳探测角度以获得高质量的探测图像或数据。姿态机动主要包括侧摆、俯仰和轨道变更（偏航）三种方式[101]。侧摆是指探测卫星以其轨道前进方向为轴所发生的转动。俯仰是指探测卫星以垂直于轨道前进方向、平行于地球表面的轴所发生的转动。轨道变更是指探测卫星通过发动机推进使卫星偏离原始轨道而达到新的轨道。轨道变更一般只在特定情形下发生，以维持卫星正常的工作状态而几乎不会用于执行探测任务。图 2.1（a）和图 2.1（b）分别给出了非敏捷探测卫星探测过程和敏捷探测卫星探测过程。

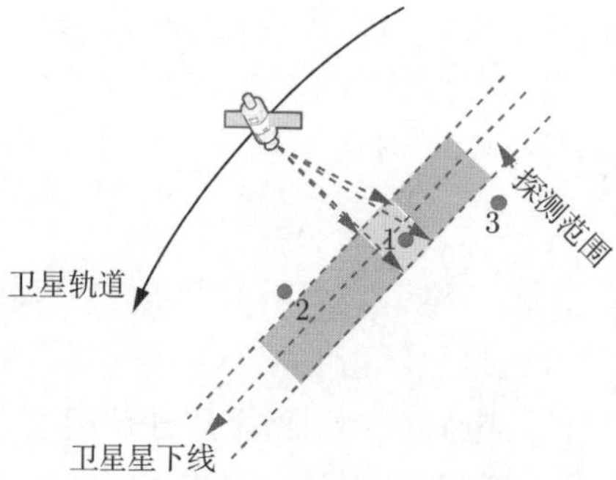

（a）非敏捷探测卫星探测过程

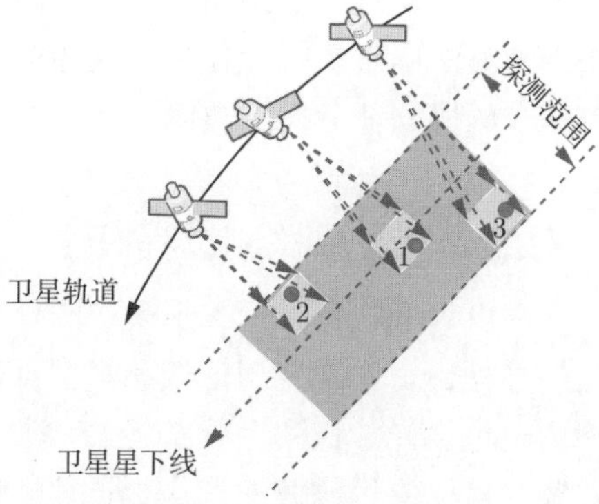

（b）敏捷探测卫星探测过程

图 2.1　卫星探测过程示意图

如图 2.1（a）所示，非敏捷卫星只能探测到星下线附近有限区域，且当目标位于卫星正下方时才可以对目标进行探测，因此在图 2.1（a）中卫星只能探测到目标 1 所在区域，而无法完成对其他四个目标的探测。敏捷卫星则可以通过侧摆和俯仰扩大卫星探测范围。在图 2.1（b）中，卫星可以通过侧摆探测到目标 3 所在区域，卫星还可以通过俯仰探测到目标 3 所在区域。对于目标 2 所在区域，卫星同时使用侧摆和俯仰两种姿态机动方式即可完成对该区域的探测。

电磁探测卫星成功执行任务不仅需要满足可见时间窗的要求，还需要保证卫星载荷参数设置与信号源参数一致。信号源参数通常提前已知或可以根据已有先验知识对参数进行推断获得。参数完备并且正确是探测任务成功执行的前提条件，这对任务处理提出了很高的要求。电磁探测卫星在执行任务前也必须按照任务参数配置对载荷参数进行相应设置，从而保证能够顺利获取信号数据。

2.1.3　探测卫星工作特点分析

探测卫星是执行对地探测的主体，其自身工作特点对任务的执行有着很大的影响。具体而言，探测卫星必须按照固定轨道飞行，使得卫星任务规划问题明显区别于其他资源（如无人机、卡车、火车等）规划问题。每颗卫星必须严格依照固有的轨道飞行，卫星所搭载的载荷也只能探测到一定的范围并且还要满足工作环境等特定要求[102]。因此，探测任务必须位于卫星的星下线或者星下线一定区域范围内，即在属于星地可见时间窗范围内才能执行任务。电磁探测卫星所设定的探测参数需要与信号参数保持一致，才能成功获取信号数据。在 2.1.2 节已经对非敏捷探测卫星和敏捷探测卫星进行过详细介绍，在此不再赘述。即便是具有很强的姿态机动能力的敏捷探测卫星，其单独可以探测到的范围仍是有限的。并且当任务区域与卫星载荷之间的夹角过大时，会严重影响到获得图像或者信号数据的质量。因此，可见时间窗是影响卫星执行探测任务的一个重要因素。

当任务计划已经确定时，探测卫星的载荷将会根据相应的指令模板完成相应的参数配置，并在规定的时间完成姿态机动、载荷开关机、固存开关机等一系列复杂的操作。这意味着卫星在执行探测任务之前需要一定的时间进行准备，两个相邻的探测任务之间需要保持足够的间隔时间才能确保任务均可以顺利完成。如果相关准备工作没有全部完成，则意味着两个相邻探测任务中处在时间靠后位置的任务无法执行。本书侧重任务规划问题本身的研究，因此将卫星探测活动前的各项准备工作以函数形式进行抽象，并使用简单的判断方法检验卫星工作状态能否执行将要执行的任务。

探测卫星的可用电量和固存容量严格限制了卫星在每一圈绕地球飞行过程中执行探测任务的总时间长度。卫星并不能保证实时电量充足，只有在卫星不会影响到自身正常运行的情况下才可以执行探测任务，当电量只能够维持正常运行时则不会执行探测任务，探测活动需要等待卫星充电后再进行。卫星每一次探测所产生的信号或图像数据在不采用实拍实传模式时均会存储在卫星固存内，而固存容量存在上限，当固存已满则无法存储新的数据直至固存数据下传至地面并执行数据擦除操作。卫星可用电量和固存容量属于确保卫星处于正常工作状态的前提条件，任何探测任务的执行均不能影响卫星的正常运行。

综合以上的分析可以看出，卫星轨道、复杂的工作模式、卫星工作条件与自身能力使得卫星观测任务规划问题具有鲜明的特征。

2.1.4 协同探测任务特点分析

协同探测任务涉及多类卫星资源，任务需求的具体执行要求之间也存在差距，如何有效地以一种低轨电磁探测卫星协同任务规划模型形式表示协同规划问题是应用算法对问题求解的基础。构建规划模型的关键是用数学形式描述协同任务和构成协同任务的元任务[103]。对协同探测任务的特点加以分析可以为构建模型以及设计算法提供思路。协同探测任务主要具有任务执行过程复杂、组合方案多样性和对元任务执行限制严苛三个特点。

协同探测任务具有任务执行过程复杂的特点。协同探测任务需要多个卫星资源对任务以相互配合的方式进行多次探测才可以完成，并且每次探测活动之间存在一定的关系[3]。这是单颗卫星执行探测任务所不会面临的一类复杂情况，需要从全局角度对探测任务的执行进行考虑，分析出能够执行任务的可行组合方案。可行组合方案既要满足每次探测活动的约束限制，也要满足多次探测活动之间的时间、位置、模式等各类因素限定。执行过程还要求任务在生成卫星指令之前对方案正确性进行反复确认，如果在生成指令后发现错误，将会耗费大量的精力来获得新的方案和指令。

协同探测任务具有组合方案多样性的特点。一个协同探测任务可以拆分为多个元任务，每个元任务都可能具有多个候选卫星资源，候选组合既增加了任务成功完成的可能性，也在一定程度上增加了规划问题的复杂程度[104]。每个元任务均有可能有一系列星地可见时间窗，而对于非周期性任务而言只需要执行一次即可满足要求，这就需要从中选出能够让整体方案最佳的一个时间窗用于执行任务。组合方案多样性的特点要求对问题建模需要足够准确，既要保证任务完成能够满足对规划所提出的要求，也要做到对资源的合理使用，防止在一个任务上浪费卫星资源而导致其他任务难以执行情况的发生。

协同探测任务具有对元任务执行限制严苛的特点。协同探测中受复杂的空间、时间以及卫星参数设定等多方面因素影响，这就需要多颗卫星之间相互配合完成[105]。这些因素一部分表示为探测卫星执行单个任务所需要满足的约束条件，另外一部分则表示为元任务协同所需要满足的关系。严苛的限制条件会使得在整个问题解空间内搜寻可行解存在很大的困难，找到局部或者全局最优解具有更大的难度。限制条件给求解算法提出了很高的要求，需要具备对全局和局部解空间快速搜索的能力，并通过策略设计防止算法陷入局部最优。

2.1.5　低轨电磁探测卫星协同任务规划问题难点分析

在对卫星探测过程描述后，本节对低轨电磁探测卫星协同任务规划的难点进行分析。低轨电磁探测卫星协同规划问题既需要有效解决以往卫星探测任务规划问题的难点，也更需要考虑卫星协同情况以更好地完成探测任务。低轨电磁探测卫星协同任务规划问题属于卫星任务规划问题中的一种，也具有与其他卫星规划调度问题很多相类似的特点，如超额订购、约束条件复杂、规划资源非完全可替代等[106-107]。

超额订购是指探测任务数量已经超过全部卫星资源所能完成的上限，这意味着即便全部可见时间窗用于执行任务也会存在很多任务无法成功安排的情况。卫星任务规划问题存在卫星能力水平、任务执行要求等一系列约束条件，并且由于存在可见时间窗的限制，使同时满足全部约束条件存在很大的困难。规划资源非完全可替代是指探测卫星搭载的载荷、具备的工作能力、所处的工作状态均存在一定的差异，不同任务的要求不尽相同，使能够执行任务的卫星资源也不尽相同。此外，在低轨电磁探测卫星协同任务规划问题中，分别在模型构建和算法求解两方面具有与其他类型规划调度问题不同的特点与难点。

在模型构建方面，设计模型优化目标函数需要深入分析用户、卫星管控单位所关注的重点，考虑在满足实际应用需求的基础上充分发挥卫星协同执行任务所带来的优势。优化目标函数中还涉及不同类型卫星的探测收益基准如何确定的技术难点，能否科学评价探测收益将直接影响到生成探测任务执行方案的质量。同时，多种类型卫星的协同工作使得模型中约束条件更为复杂，卫星工作能力、载荷参数设定要求、元任务组合关系等一系列因素均需要考虑在内。在具体问题场景中，模型中的约束还要能够根据问题的限制进行合理使用。如果模型不具备很强的可扩展性，很容易导致在求解具体问题时模型结构混乱与约束限制不准确。因此，构建模型要对问题本质足够了解，并具备能够对问题进行抽象描述、进行模型表示与约简的深厚数学功底。

在算法求解方面，由于难以获得协同任务规划问题内部任务执行的规律，从而很难保证设计的算法规则对于任意问题场景均适用。卫星协同任务规划存在大量的数据、约束条件输入，并需要通过算法计算与约束条件检查才能够得到合理的探测任务方案[108]。复杂的运算过程很难通过一系列简单的计算公式表示出来，给挖掘问题模型特征、提出适合问题场景的求解方法与规则造成了极大的困难。想要有效求解低轨电磁探测卫星协同任务规划问题，需要对问题场景进行分类，并根据场景各自的特点设计具有很强搜索能力的算法。场景分类、特征挖掘与算法设计对于求解低轨电磁探测卫星协同任务规划问题均至关重要。卫星协同任务规划模型优化目标多样化特点也增加了问题求解难度。这些优化目标与具体问题场景、问题考虑的角度、用户需求等因素密切相关，不存在优化目标优劣之分。设计与问题相契合的求解算法在尽可能短的算法运行时间下获得科学合理任务执行方案更为关键。了解实际问题中决策者的偏好与处理策略可以为改进算法搜索策略进而解决协同规划问题提供借鉴和参考。

通过对问题难点进行分析可以看出，低轨电磁探测卫星协同任务规划问题具有很大的求解难度。如果不能根据问题特点构建科学合理的协同任务规划模型，设计高效的求解算法，则无法得到满足用户需求的任务执行方案。因此，根据探测目标类型对问题场景分类，设置了对静止目标、低速移动目标、高速移动目标探测的三类问题场景，挖掘问题的共性特征构建了低轨电磁探测卫星协同任务规划基础模型，提出了学习型进化算法框架，为具体问题场景建模和算法求解提供了理论基础。

2.2 业务处理流程概述

在对卫星工作特点、协同探测任务特点、规划问题难点分析后发现，低轨电磁探测卫星协同任务规划问题具有卫星资源种类多、任务规模大、任务关系复杂、求解难度高等特点，如果不能设计科学的规划模型和问题求解方法，则难以达到电磁探测卫星、光学探测卫星与 SAR 探测卫星高效率协同工作的效果，也难以满足用户的探测需求。本节将从卫星地面管控系统入手，对电磁探测业务处理流程进行介绍，保证提出的模型和算法更容易满足实际应用的需要。

卫星地面管控系统由若干与卫星系统运行控制、卫星综合应用相关的分系统组成。其中，任务规划分系统是卫星地面管控系统的重要组成部分，主要负责处理用户探测需求、生成探测任务执行方案、监视任务执行进度并将数据产品发送给提出需求的用户。任务规划分系统的业务处理流程如图 2.2 所示，主要包括预处理阶段、模型构建阶段、算法求解阶段和方案校验与执行阶段四个阶段。

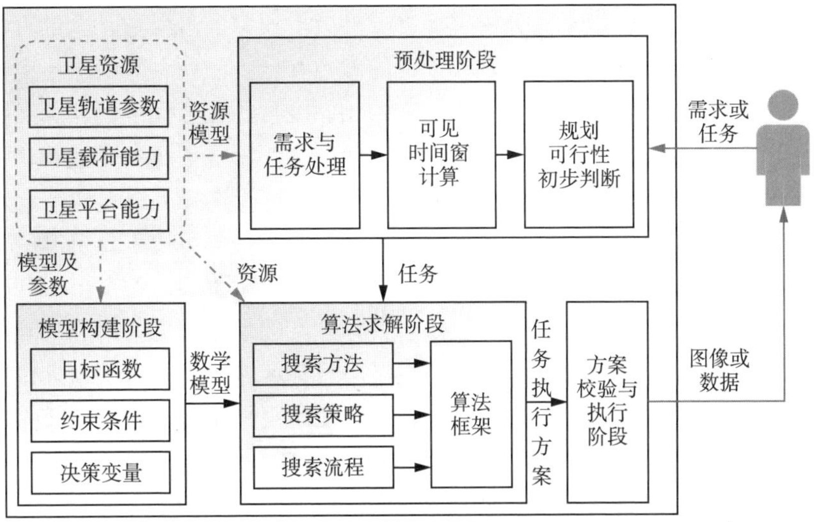

图 2.2 业务处理流程图

预处理阶段负责对用户提交的探测需求进行相应的处理，完成任务规划前的一系列准备工作。预处理能够将用户提出的需求转化为模型与算法便于处理的结构化数据，是生成高质量探测任务计划的必要前提。模型构建阶段根据输入模型的各项数据采用相应的数学规划模型，建立结构化任务数据和规划算法之间的联系，实现具体协同探测任务规划问题的数学形式表达。算法求解阶段使用规划算法生成探测任务执行方案，根据问题特点采用相应的学习方法与策略，通过迭代搜索获得卫星协同探测任务执行方案。方案校验与执行阶段检验任务执行方案的正确性，生成卫星指令，监控任务执行进程，发送数据产品，对方案和任务执行效果进行综合评估。下面本节将分别对预处理阶段、模型构建阶段、算法求解阶段、方案校验与执行阶段进行详细介绍。

2.2.1 预处理阶段

预处理阶段完成观测需求向观测任务的转化，并为任务指定载荷工作模式、探测任务持续时间、任务开始和结束的时间范围等各类具体信息。任务预处理需要完成需求与任务处理、可见时间窗计算、规划可行性初步判断等处理过程。

需求与任务处理是预处理阶段需要完成的首要工作，完成需求受理、参数补全、需求转化、参数推荐、任务拆分、任务合并等与需求或任务相关的处理。其难点在于很多需求在一开始提出时并不明确，很多具体的参数并未指定。在这种情况下，预处理阶段首先需要完成的工作是将转化为任务所需要的如信号接收通道、探测模式、频段、带宽、分辨率等参数补全。通常实现参数补全的方法包括根据历史数据的参数补全方法和基于推荐的参数补全方法两种。根据历史数据的参数补全方法通过分析新需求与历史需求的相似度将历史数据中的相关参数添加到新任务中；而基于推荐的参数补全方法则使用推荐算法提供一个或者多个备选方案作为参考，用户根据实际情况从推荐的参数中进行选择完成参数补全。

预处理阶段在完成需求与任务处理后还涉及每个任务可用卫星资源的可见时间窗计算。可见时间窗计算根据每颗卫星运行轨迹与星下线，通过搭载载荷探测范围与待探测区域的位置关系确定卫星对目标区域的最早可见时间和最晚可见时间。获得卫星对目标可见性关系后，将卫星与目标区域之间复杂的地理位置关系转化为清晰明确的时间关系。这种时间关系是使用规划算法求解模型获得合理任务执行方案的依据。在算法的约束检查部分中，与时间相关的检查是其中的一个重要环节，只有任务满足与时间相关的全部约束条件后才需要进一步检查其他约束条件。可以说，时间相关的约束在后续任务规划的众多约束中具有重要地位，可见时间窗计算则是约束判断的先决条件。

规划可行性初步判断在完成可见时间窗计算后进行，对后续模型构建与算法求解具有一定的帮助作用。规划可行性初步判断主要对卫星与任务所要求的时域、空域、频域能否一致，分辨率能否满足任务要求进行判断。当卫星能够满足任务相应要求时，则通过判断作为任务规划模型的输入数据，否则该卫星无法作为执行任务的候选资源。初步判断只是对能够执行任务的候选资源所进行的筛选，并不意味着任务一定能够成功执行。详细的约束条件判断将在模型构建阶段和算法求解阶段完成。

预处理阶段得到的结果将作为模型构建和算法求解的输入条件，用于后续的规划求解过程。预处理阶段的质量会影响到后续规划的结果，精准的探测需求或者科学的预处理阶段对有效的任务规划均是有帮助的。

2.2.2 模型构建阶段

模型构建是指建立协同探测任务规划问题的数学形式模型，输入到模型中的数据主要包括卫星数据、任务数据和可见时间窗数据。协同探测任务规划问题涉及对静止目标、低速移动目标和高速移动目标的多类探测目标，且每类目标探测要求之间存在差异。协同探测任务规划问题对模型构建提出了很高的要求，只有构建层次结构清晰、耦合程度低的任务规划模型才可以得到令人满意的探测任务执行方案。如果模型中约束条件关联程度高，势必会造成一系列不必要的约束条件判断。所需要解决的具体问题场景任务规划问题存在很强的共性特征，而优化目标与约束条件又各有不同。因此，构建协同探测任务规划基础模型，采用基本规划模型与具体特定问题场景的扩展模型相结合的形式更为合理。

构建协同探测任务规划基础模型需要充分考虑常规情况下协同探测任务规划问题与具体问题场景之间的关系，保证模型中的目标函数和约束条件可以根据具体待求解规划问题灵活设置。从卫星资源应用、响应用户需求的角度出发，优化目标函数可以设置为面向探测收益优先和面向任务完成优先的两种目标函数形式。约束条件根据其在各类目标协同探测任务规划问题中是否普遍存在划分为通用性约束条件和关联于特定问题的约束条件两类。通用性约束条件在每种协同探测规划问题中均会存在，这些约束条件不会因为问题不同而存在明显的差异。关联于特定问题的约束条件与问题中的任务、资源以及其他因素存在很强的关联性，在不同问题中约束条件的具体形式存在一定的差异。协同探测任务规划基础模型中所给出的约束条件为一般问题场景下的通用性约束条件，并可根据卫星能力和执行任务的相关限制将通用性约束条件划分为卫星能力约束和任务执行约束两类。低轨电磁探测卫星任务规划基础模型的优化目标函数、约束条件、上界分析等内容将在 2.3节给出。

2.2.3　算法求解阶段

算法求解阶段使用合适的算法求解规划问题获得任务执行方案，求解速度和求解质量是评价算法表现的两个重要因素。低轨电磁探测卫星协同任务规划问题需要在满足严苛的各类约束条件情况下，对众多的卫星资源和探测任务进行合理规划以获得探测任务执行方案。问题规模大与约束条件复杂的问题特性要求规划算法具备很强的全局和局部搜索能力，并能够有效应对大规模场景下的规划问题。一般而言，求解规划调度问题的算法可以划分为精确求解算法、启发式算法、元启发式算法、超启发式算法四类。精确求解算法在小规模问题情况下可以获得最优解和近似最优解，但随着问题规模增大计算时间会呈指数趋势增长，使得精确求解算法难以用于解决大规模问题。启发式算法所使用的规则简单，对于复杂约束条件的处理能力较弱。而元启发式算法和超启发式算法具备很强的全局搜索能力，可以很好地解决大规模规划问题。相比于超启发式算法对问题结构特征依赖程度高的特点，元启发式算法泛化能力更强，更加适用于解决低轨电磁探测卫星协同任务规划问题。

设计算法对规划问题求解还需要考虑如何让算法进行有指导性的搜索，通过挖掘问题和解空间特征提升算法求解效率。在静止目标、低速移动目标、高速移动目标协同探测任务规划问题中，由于问题特征和约束条件特点不同，很难从中找到一般性规律，采用算法通过获得的信息学习并采用相应的搜索策略更加适用于这种情形。因此，针对低轨电磁探测卫星协同任务规划问题，仿照任务规划模型的构建思路，建立了一种学习型进化算法框架，在算法框架基础上进一步设计求解静止目标、低速移动目标、高速移动目标协同任务规划问题的学习型进化算法。

学习型进化算法框架在进化算法框架基础上使用深度强化学习方法和其他的搜索策略实现对任务规划问题的高效率求解。深度强化学习方法具有很强的学习能力，并可以根据环境反馈的信息评价动作表现进而调整后续决策。两种算法之间的结合方式是多样的，可以根据待求解问题的特征进行相应的设计，并可以额外使用一定的搜索策略进一步提升算法的搜索表现。这种求解算法具有很强的泛化性，并可以根据新问题场景对深度强化学习方法进行进一步训练。

2.2.4 方案校验与执行阶段

在生成规划方案后将进入到方案校验与执行阶段，规划系统对方案的正确性进行检查，根据卫星指令模板生成相应的指令，通过地面站或者中继方式发送至卫星执行并将产生的数据或图像分发给提出需求的用户。方案校验与执行阶段包含规划方案正确性检验、指令生成、指令反编与发送、任务执行状态监视、数据分发、方案执行效果评估六项具体业务。

规划方案正确性检验对规划算法生成的卫星探测方案能否满足卫星能力要求、任务相关要求进行相关的判断，如果出现违反约束的情况任务将会从执行方案中剔除。只有正确无误可以执行的任务才可以生成指令，指令生成依据的是每颗卫星的指令模板，生成后的卫星指令将通过指令反编进行再次检验。指令反编会根据生成的卫星指令反推出卫星任务执行方案，并与用于生成指令的卫星任务执行方案进行比较，保证指令与方案中每个任务的具体执行情况一致。指令反编通过的方案将发送至地面天线，以直接上注或者中继上注的方式传输到对应执行任务的卫星。

任务执行状态监视负责及时跟踪每个任务的执行状态，并对执行过程中所发生的各种情况反馈给管控单位。数据分发负责将接收到的图像数据、信号数据发送给提出探测需求的用户。方案执行效果评估根据评估指标采用合适的评价方法对方案整体表现、任务完成情况、用户需求完成率等方面进行综合评价。

2.3 协同探测任务规划基础模型

任务规划模型能够将低轨电磁探测卫星协同任务规划问题转化为算法可以求解的数学语言。本书所研究的规划问题涉及变量、约束条件众多，为了直观而清晰地表示相关的目标函数与约束条件，并能够根据具体问题场景灵活使用与场景相关的内容，可以采用针对一般化问题建模与特定问题场景对模型进一步扩展的思路实现模型的灵活配置。本节设计的协同探测任务规划基础模型为根据一般探测情况所构建的数学模型形式，后续章节所提出的静止目标、低速移动目标、高速移动目标协同探测任务规划模型均以本章所提出的模型为基础，并对模型进行进一步扩展。具体问题场景下任务规划模型与协同探测任务规划基础模型之间的衍生关系如图 2.3 所示。

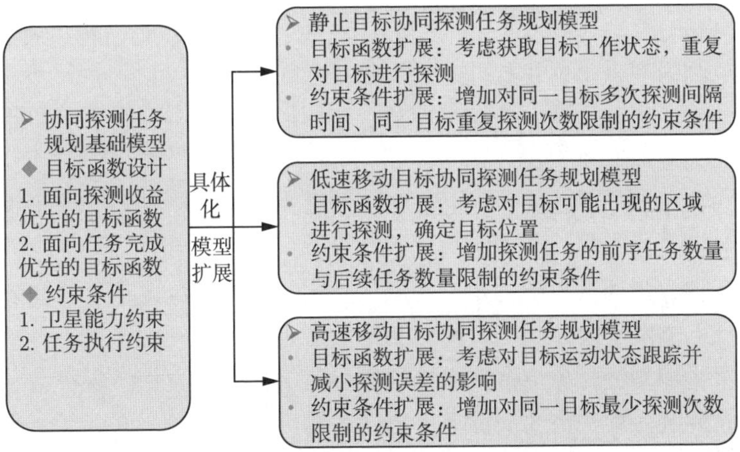

图 2.3 具体问题场景下任务规划模型与协同探测任务规划基础模型之间的衍生关系

本节将首先给出规划模型的通用化形式，之后在模型通用化形式基础之上对目标函数与约束条件细化，分析梳理优化目标函数和与卫星能力、任务执行相关的约束条件。规划模型通用化形式为

$$
\begin{aligned}
\max \quad & F(\mathbf{opro}, \boldsymbol{x}) \\
\text{s.t.} \quad & \mathrm{Con}_n(\boldsymbol{x}, \mathbf{st}) \leqslant 0, n = 1, 2, \cdots, g \\
& [\boldsymbol{x}, \mathbf{st}] \in \Psi
\end{aligned}
\tag{2.1}
$$

在模型中，**opro** 表示探测收益矩阵；$\boldsymbol{x}$ 和 **st** 表示决策变量矩阵；n 表示规划问题

的第 Con_n 项约束条件；g 表示规划问题中约束条件的总数量；Ψ 表示决策变量的可行域。

在式 (2.1) 所给出的模型通用化形式的基础上，下面将从模型假设条件、优化目标函数设计、卫星能力约束、任务执行约束和规划问题上界分析等方面对协同探测任务规划基础模型进行介绍与深入分析。

2.3.1 模型假设条件

任务规划问题涉及众多的探测卫星资源，这些卫星在实际运行过程中通常需要面对复杂的环境，存在各类影响卫星正常工作、任务执行的内部因素和外部因素。为了突出低轨电磁探测卫星协同任务规划问题的本质特征、保证本研究达到预期的理论和实际应用效果，本节通过一系列模型假设条件对问题研究范围加以界定，使模型和算法更加关注于与任务规划密切相关的内容。低轨电磁探测卫星协同任务规划问题假设条件有：

（1）探测卫星均为低轨卫星，飞行轨道已知，全部卫星均沿各自轨道飞行，在规划时间范围内不会出现轨道机动的情况；

（2）每颗卫星均搭载一个探测载荷，探测的某一时刻只能使用一种探测模式对一个目标区域进行探测；

（3）协同探测任务均经过拆分处理为一系列元任务，不考虑周期性执行的协同探测任务；

（4）元任务各项参数经过预处理后已经完备，任务执行要求、卫星参数设定要求已知且不会发生改变；

（5）每个探测元任务最多只能够被执行一次；

（6）在满足各项约束的前提下探测任务可以成功执行，不会由于其他各类因素导致任务在执行过程中失败；

（7）设备保持稳定的工作状态，在正常工作期间不会发生故障；

（8）卫星在每一轨道飞行后可以快速重新获得探测所需的电量并清除固存；

（9）探测任务为确定性任务，在规划和任务执行过程中不会出现新任务到达或待执行任务临时取消的情况；

（10）卫星所需要执行的任务可以通过星地链路或中继卫星系统成功传输给相应的卫星，卫星在完成探测任务后可以成功将数据下传至地面。

2.3.2 优化目标函数设计

优化目标函数设计需要从卫星资源应用、响应用户需求的角度进行综合考虑。使用卫星资源执行探测任务一方面需要充分利用卫星资源，另一方面需要满足用户的需求。整体而言，协同探测任务规划模型中所采用的目标函数大致上可以划分为面向探测收益优先的优化目标函数和面向任务完成优先的优化目标函数。为了科学评价不同类型卫星执行任务所能获得的探测收益，提出了一种探测收益描述方法。

1. 面向探测收益优先的优化目标函数

面向探测收益优先的优化目标函数是现有研究中采用较为广泛的一种目标函数形式，规划在满足各项约束条件基础上寻找任务方案整体收益最大化的方案。探测收益水平也反映着对卫星资源的利用能力，收益值高的方案整体探测收益可以反映出卫星管控单位对卫星的充分把握和合理调配能力。一个探测任务的探测收益值是多方面信息综合汇总后的结果，探测收益的主要确定依据是探测任务所能得到数据产品的实际价值。在此基础之上，规划系统根据用户的重要程度、用户对该任务期望程度、任务的紧急程度确定每个任务的优先级，并根据得到的优先级对初始探测收益值调整后得到综合收益值。综合收益值越高意味着任务在规划过程中需要被优先考虑。假设所使用的探测收益值已经是经过优先级调整后的综合收益值。

面向探测收益优先的协同探测任务规划问题优化目标定义为：在综合考虑资源能力、任务要求的基础上，统筹卫星资源，通过高效、合理地规划调度，确定每颗卫星所需要执行的任务和具体每个任务执行的时刻，从而使得全部需要执行任务的收益值最大。面向探测收益优先的目标函数为

$$\max \sum_{i \in \mathrm{Sat}} \sum_{j \in T} \sum_{k \in \mathrm{TW}} \sum_{o \in O_i} f_a\left(\mathrm{opro}_j\right) \cdot x_{ijko} \tag{2.2}$$

其中，opro_j 表示任务 task_j 的原始探测收益值，通过调整后收益值为 $f_a\left(\mathrm{opro}_j\right)$，收益调整方法在 2.3.2 节中给出；决策变量 x_{ijko} 表示卫星 i 是否在轨道 o 的第 k 个时间窗执行第 j 个任务。

本节的面向探测收益优先的目标函数可以与卫星能力约束和任务执行约束构成完整的任务规划模型。具体所使用的约束条件可以是以上的全部或者部分约束条件，具体需要使用的约束条件要根据具体问题、规划场景、卫星、任务要求等各方面内容综合确定。

2. 面向任务完成优先的优化目标函数

面向任务完成优先的优化目标函数主要考虑如何通过规划完成任务探测的最低要求，在任务完成的基础之上才会考虑合理优化方案所获得的额外的表现提升。因此，此时评价任务收益应当根据协同探测任务的要求判断，如果元任务满足协同探测任务的要求则可以获得相应的任务收益，否则将无法获得任何收益。任务完成目标往往从卫星综合使用与卫星管控的角度出发考虑，每天管控单位制订任务计划都会面临着巨大的工作压力。工作压力主要来自于以下几方面：每天需要完成的任务数量众多，相较于任务数量和要求而言，仅靠现有的卫星是难以全部满足的；每个用户探测目的不同，且每个用户都会认为自己的探测需求很重要，需要优先满足自己所提出的探测需求。任务优先完成策略制订任务执行方案的思路可以让求解算法先侧重于任务完成，后对其执行计划进行改进。

面向任务完成优先的协同探测任务规划问题优化目标定义为：在综合考虑资源能力、任务要求的基础上，统筹卫星资源，通过高效、合理地规划调度，实现在尽可能多协同探测任务完成的基础上提升整体收益水平。在这类规划模型中，目标函数为

$$\max \sum_{i\in \mathrm{Sat}} \sum_{j\in T_c} \sum_{k\in \mathrm{TW}} \sum_{o\in O_i} \sum_{c\in C} f_m\left(x_{ijko}\right)\cdot Y_c \tag{2.3}$$

$$Y_c = \begin{cases} 1, & \text{若所有要求得到满足} \\ 0, & \text{其他} \end{cases} \tag{2.4}$$

其中，Y_c 为辅助决策变量，用于判断是否满足协同探测任务执行的要求；$f_m\left(x_{ijko}\right)$ 为元任务收益值计算函数，可以采用收益值累计或者基础收益与额外收益加和等形式表示。

无论是采用面向探测收益优先还是面向任务完成优先的目标形式表示协同探测任务规划问题的优化目标，均会面临着不同类型卫星执行任务收益的评价标准不一致的问题。为此，下面提出了一种探测收益统一化描述方法，达到了任务收益评价不受卫星类型影响的效果。

3. 探测收益统一化描述方法

光学探测卫星、SAR 探测卫星和电磁探测卫星由于载荷不同，载荷工作模式、影响探测任务所产生收益的因素也不尽相同，如光学探测卫星对云层、光照条件要求严格，而 SAR 探测卫星和电磁探测卫星则不会受到云层和光照的影响[109]。在以往的有关研究中，如文献 [110] 和文献 [111]，分别针对具体的载荷给出了探测收益计算方法，而未考虑模型的可扩展性和统一性，使其只能用于求解一个或

者一类卫星探测任务规划问题。针对现有收益计算方法难以评价由不同类型卫星所完成的任务中存在计算标准不一致、收益之间相互割裂、缺乏相关性等不足，基于影响探测收益的因素分析，提出了一种探测收益统一化描述方法。该收益描述方法可以降低多类型卫星资源协同规划任务计算收益时的复杂程度，将对不同协同资源的收益统筹在同一量纲下，以便于综合评价协同所产生的收益。

影响卫星探测收益的因素分为两类，一类为外部环境因素（主要包括云层、电磁环境等相关因素）[37]，另一类统称为内部因素（主要包括与探测卫星、任务等相关因素）。外部环境因素和内部因素均会对探测收益产生影响，但两者彼此相对独立，可以完全区分开来，这便为构建统一化的探测收益模型提供了依据。在不受到任何外部环境和内部各项因素影响时，一个探测任务 task_j 可以获得的原始探测收益，用 opro_j 表示，此时也是最佳情况下的最大探测收益。之后，通过最佳情况下的最大探测收益，结合外部环境因素与内部因素得到各类型卫星 sat_i 实际探测收益 apro_{ijk} 的统一化计算形式，实际探测收益的计算公式为

$$\mathrm{apro}_{ijk} = \mathrm{opro}_j \times \mathrm{OI}_{ijk} \times \mathrm{II}_{ijk} \tag{2.5}$$

其中，opro_j 表示任务 task_j 在不受到外部环境影响和内部各项因素为最佳条件时所能得到的原始探测收益值；OI_{ijk} 表示外部环境因素的影响，II_{ijk} 表示内部因素的影响；$\mathrm{OI}_{ijk} \in [0,1]$，$\mathrm{II}_{ijk} \in [0,1]$。实际探测收益取决于执行任务的卫星资源以及执行任务所在的时间区间。外部环境因素的影响可以进一步表示为

$$\mathrm{OI}_{ijk} = \prod_{l=1}^{N_{\mathrm{OI}}} \left[1 - \mathrm{oi}_l\left(\mathrm{sat}_i, \mathrm{task}_j, \mathrm{tw}_k\right)\right] \tag{2.6}$$

其中，$\mathrm{oi}_l\left(\cdot\right)$ 表示当卫星 sat_i 执行任务 task_j 时所受外部环境因素影响的函数表现形式；N_{OI} 表示各类型卫星受到外部环境因素影响的数量。$\mathrm{oi}_l\left(\mathrm{sat}_i, \mathrm{task}_j, \mathrm{tw}_k\right)$ 值越小表示受到该因素的影响越小，反之受到的影响越大。当探测任务未受到外部环境因素影响时，相应函数项的值为 0，即 $\mathrm{oi}_l\left(\mathrm{sat}_i, \mathrm{task}_j, \mathrm{tw}_k\right) = 0$。

同样，内部因素的影响可以进一步表示为

$$\mathrm{II}_{ijk} = \prod_{l=1}^{N_{\mathrm{II}}} \left[1 - \mathrm{ii}_l\left(\mathrm{sat}_i, \mathrm{task}_j, \mathrm{tw}_k\right)\right] \tag{2.7}$$

其中，$\mathrm{ii}_l\left(\cdot\right)$ 表示第 l 种内部因素影响函数表现形式；N_{II} 表示各类型卫星受到内部因素影响的数量。$\mathrm{ii}_l\left(\mathrm{sat}_i, \mathrm{task}_j, \mathrm{tw}_k\right)$ 值越小表示受到该因素的影响越小，反之

受到的影响越大。当探测任务未受到第 l 种内部因素影响时，相应函数项的值为 0，即 $\mathrm{ii}_l\left(\mathrm{sat}_i, \mathrm{task}_j, \mathrm{tw}_k\right)=0$。

采用探测收益统一化描述方法可以将属于不同类型卫星执行任务的任务收益转化至相同的确定标准下，对具体收益值根据内外部影响进行相应的调整，最终得到实际情况下成功执行任务可以获得的任务收益。

2.3.3 卫星能力约束

卫星能力约束反映的是执行探测任务需要满足的卫星工作能力要求。只有在满足卫星能力约束的情况下，探测卫星才能够成功执行任务并获得相应的数据。卫星能力约束包括载荷工作能力约束、卫星平台约束、载荷工作环境约束三类。下面，将对卫星能力约束所涉及的符号和变量、具体约束条件分别进行详细介绍。

1. 变量与符号

卫星能力约束涉及的符号和变量的具体含义如表 2.1 所示。

表 2.1 卫星能力约束符号与变量

变量	含义
Sat	探测卫星资源集合，卫星数量
T	探测任务集合，任务数量
TW	探测时间窗集合，时间窗数量
O_i	属于卫星 sat_i 的轨道集合
type_i	卫星 sat_i 的类型
Mem_i	卫星 sat_i 的固存容量
Eng_i	卫星 sat_i 的电量上限
mode_i	卫星 sat_i 所支持的探测模式
res_i	卫星 sat_i 所支持的分辨率（光学、SAR）
band_i	卫星 sat_i 所支持的带宽设置 (电磁探测)
fre_i	卫星 sat_i 所支持的频段设置（电磁探测）
pol_i	卫星 sat_i 所支持的极化方式（电磁探测、SAR）
ϑ_i	卫星 sat_i 所支持的最大探测角度
LS_i	卫星 sat_i 载荷开/关机时间
clo_j	任务 task_j 云量信息
env_j	任务 task_j 电磁环境情况
$a_j^{\max}$	任务 task_j 最大允许探测角度
d_j	任务 task_j 的探测时长
mem_j	任务 task_j 固存消耗
eng_j	任务 task_j 电量消耗

续表

变量	含义
r_j^{t}	任务 task_j 卫星类型要求
r_j^{m}	任务 task_j 探测模式设定要求
r_j^{b}	任务 task_j 带宽设定要求
r_j^{p}	任务 task_j 极化方式设定要求
r_j^{r}	任务 task_j 分辨率设定要求
r_j^{f}	任务 task_j 频段设定要求
$C_{\mathrm{type}}(\cdot)$	任务与卫星类型匹配关系判断函数
$C_{\mathrm{band}}(\cdot)$	任务带宽要求判断函数
$C_{\mathrm{res}}(\cdot)$	任务分辨率要求判断函数
$C_{\mathrm{pol}}(\cdot)$	任务极化方式要求判断函数
$C_{\mathrm{fre}}(\cdot)$	任务频段设置要求判断函数
$C_{\mathrm{clo}}(\cdot)$	卫星受云量影响判断函数
$C_{\mathrm{env}}(\cdot)$	卫星受电磁环境影响判断函数
a_{ij}^{t}	在 t 时刻位于卫星 sat_i 对任务 task_j 的探测角度
revt_{ijko}	卫星 sat_i 在轨道 o 上对任务 task_j 的第 k 个时间窗最早可见时间
rlvt_{ijko}	卫星 sat_i 在轨道 o 上对任务 task_j 的第 k 个时间窗最晚可见时间
x_{ijko}	第 i 颗卫星是否在其第 o 轨道的第 k 个时间窗执行第 j 个任务，如果执行，$x_{ijko}=1$；否则，$x_{ijko}=0$
st_{ijo}	第 i 颗卫星在其第 o 轨道执行第 j 个任务的开始时间

2. 具体约束条件

探测任务需要由电磁探测卫星、光学探测卫星、SAR 卫星等多类卫星资源完成，任务的成功执行需要建立在对卫星在轨运行没有影响的前提下。无论是哪一种类型的协同探测任务，均需要在卫星自身固有能力范围内才具有成功执行的可能性。卫星能力约束包括卫星类型与任务类型匹配、探测时间窗、分辨率、探测模式、云层遮挡、电量、固存消耗、探测角度等方面的各类具体约束。这些约束中有一部分是每种探测卫星执行任务都需要满足的约束，也有一部分是与卫星搭载的载荷密切相关，还有一部分与执行任务的环境密切相关。卫星能力约束主要由卫星载荷工作能力约束、卫星平台约束、卫星载荷工作环境约束三类约束条件组成。

1）卫星载荷工作能力约束

卫星载荷工作能力约束是指卫星载荷执行探测任务时必须在其设计的能力水平范围内，超过能力水平的任务无法顺利执行。卫星载荷的探测范围是影响其工作的一类重要约束。这一类约束存在大量的卫星与任务区域位置关系、覆盖关系的计算，会影响到算法规划效率。因此，这一约束条件在规划模型中转化为卫星与任务时间要求相关的约束。卫星载荷工作能力约束条件如式 (2.8)~ 式 (2.12) 所示。

$$\begin{aligned}&a_{ij}^{t}\cdot x_{ijko}\leqslant\min\left\{\vartheta_i,a_j^{\max}\right\},\forall i\in\mathrm{Sat},j\in T,\\&k\in\mathrm{TW},o\in O_i,t\in\left[\mathrm{st}_{ijo},\mathrm{st}_{ijo}+d_j\right]\end{aligned}\tag{2.8}$$

$$\mathrm{st}_{ijo}\leqslant\mathrm{revt}_{ijko}\cdot x_{ijko},\forall i\in\mathrm{Sat},j\in T,k\in\mathrm{TW},o\in O_i\tag{2.9}$$

$$\left(\mathrm{st}_{ijo}+d_j\right)\cdot x_{ijko}\leqslant\mathrm{rlvt}_{ijko},\forall i\in\mathrm{Sat},j\in T,k\in\mathrm{TW},o\in O_i\tag{2.10}$$

$$x_{ijko}\in\{0,1\},\forall i\in Sat,j\in T,k\in\mathrm{TW},o\in O_i\tag{2.11}$$

$$st_{ijo}\in Z^{*},\forall i\in\mathrm{Sat},j\in T,k\in\mathrm{TW},o\in O_i\tag{2.12}$$

式 (2.8) 表示卫星探测与任务夹角需要小于最大允许的角度要求；式 (2.9) 和式 (2.10) 表示任务需要在可以被探测到的时间窗内执行；式 (2.11) 和式 (2.12) 表示决策变量取值范围。

2）卫星平台约束

卫星平台约束是指由于探测任务的要求以及为了保证探测活动不影响卫星正常运行和使用而设定的约束。卫星电量剩余情况和卫星固存容量的占用情况同样是卫星平台约束中需要重点考虑的约束条件，如果违背这两个约束条件会导致卫星无法正常工作。为了保证不影响卫星正常工作，约束条件中设定的电量和固存上限往往为了确保卫星正常运行而比实际上限值低。卫星电量和固存约束表示为

$$\sum_{j\in T\backslash\{j'\}}\sum_{k\in\mathrm{TW}}\mathrm{eng}_j\cdot x_{ijok}+\mathrm{eng}_{j'}\cdot x_{ij'ok'}\leqslant\mathrm{Eng}_i,\forall i\in\mathrm{Sat},o\in O_i,k'\in\mathrm{TW}\tag{2.13}$$

$$\sum_{j\in T\backslash\{j'\}}\sum_{k\in\mathrm{TW}}\mathrm{mem}_j\cdot x_{ijok}+\mathrm{mem}_{j'}\cdot x_{ij'ok'}\leqslant\mathrm{Mem}_i,\forall i\in\mathrm{Sat},o\in O_i,k'\in\mathrm{TW}\tag{2.14}$$

式 (2.13) 表示卫星在每个轨道中飞行完成任务均不能超过卫星电量上限；式 (2.14) 表示卫星在每个轨道中飞行完成任务均不能超过卫星固存容量上限。

卫星平台约束中还存在一些探测任务对卫星类型的限制。很多任务只能够由指定的一种或者多种卫星类型完成，如电磁信号发现任务只能够由电磁探测卫星完成，而光学探测卫星和 SAR 探测卫星则无法完成。卫星平台限定了卫星所携带的载荷同时也限定了所能完成的任务类型，如何快速判断卫星所能完成的任务类型将会在一定程度上影响任务规划效率。在协同任务规划问题中，虽然存在多种类型的探测卫星资源，但是这些探测卫星资源可能在具体规划场景下只需要使

用其中的一种或者多种。如果对全部可能的情形在每一种场景下均进行一次判断，不仅判断难度大还会造成计算资源的浪费。

因此，提出了一种卫星与任务匹配关系的判断方法。卫星与任务匹配关系判断方法共包含两个阶段的判断过程，第一个阶段是判断卫星类型与任务类型的匹配关系，第二个阶段是判断卫星与具体任务执行参数设定的匹配关系。这样的判断过程可以快速判断卫星是否满足执行任务的参数要求。卫星类型与任务类型匹配判断函数是具体任务要求判断的基础，当卫星类型与任务要求的类型不一致时，则无须对卫星是否满足具体的约束条件进行进一步的判断，在一定程度上可以减少判断约束是否满足的工作量。只有在卫星类型与任务要求类型一致时，才会进一步判断更为具体的约束条件。卫星类型与任务类型判断函数具体表示为

$$C_{\text{type}}\left(\text{type}_i, r_j^{\text{t}}\right) = \begin{cases} 1, & \text{若两种类型一致} \\ 0, & \text{其他} \end{cases} \tag{2.15}$$

为了方便表示，采用 Δ 记录函数判断结果，可以简记为

$$\Delta \leftarrow C_{\text{type}}\left(\text{type}_i, r_j^{\text{t}}\right) \tag{2.16}$$

在卫星类型与任务要求类型判断函数的基础上，设计了带宽、分辨率、极化方式、频段的任务参数配置判断函数，分别为

$$C_{\text{mode}}\left(\text{mode}_i, r_j^{\text{m}}, \Delta\right) = \begin{cases} 1, & \text{若所有要求得到满足}, \quad \Delta = 1 \\ 0, & \text{其他} \end{cases} \tag{2.17}$$

$$C_{\text{band}}\left(\text{band}_i, r_j^{\text{b}}, \Delta\right) = \begin{cases} 1, & \text{若所有要求得到满足}, \quad \Delta = 1 \\ 0, & \text{其他} \end{cases} \tag{2.18}$$

$$C_{\text{res}}\left(\text{res}_i, r_j^{\text{r}}, \Delta\right) = \begin{cases} 1, & \text{若所有要求得到满足}, \quad \Delta = 1 \\ 0, & \text{其他} \end{cases} \tag{2.19}$$

$$C_{\text{pol}}\left(\text{pol}_i, r_j^{\text{p}}, \Delta\right) = \begin{cases} 1, & \text{若所有要求得到满足}, \quad \Delta = 1 \\ 0, & \text{其他} \end{cases} \tag{2.20}$$

$$C_{\text{fre}}\left(\text{fre}_i, r_j^{\text{f}}, \Delta\right) = \begin{cases} 1, & \text{若所有要求得到满足}, \quad \Delta = 1 \\ 0, & \text{其他} \end{cases} \tag{2.21}$$

式 (2.17) 表示任务探测模式判断函数；式 (2.18) 表示带宽设置判断函数；式 (2.19) 表示分辨率判断函数；式 (2.20) 表示极化方式判断函数；式 (2.21) 表示频

段设置判断函数。下面给出任务类型对卫星类型限制以及任务参数对卫星参数设定要求的相关约束条件：

$$x_{ijko} \leqslant \Delta, \forall i \in \text{Sat}, j \in T, k \in \text{TW}, o \in O_i \tag{2.22}$$

$$\Delta \cdot x_{ijko} \leqslant C_{\text{mode}}\left(\text{mode}_i, r_j^{\text{m}}, \Delta\right), \forall i \in \text{Sat}, j \in T, k \in \text{TW}, o \in O_i \tag{2.23}$$

$$\Delta \cdot x_{ijko} \leqslant C_{\text{band}}\left(\text{band}_i, r_j^{\text{b}}, \Delta\right), \forall i \in \text{Sat}, j \in T, k \in \text{TW}, o \in O_i \tag{2.24}$$

$$\Delta \cdot x_{ijko} \leqslant C_{\text{res}}\left(\text{res}_i, r_j^{\text{r}}, \Delta\right), \forall i \in \text{Sat}, j \in T, k \in \text{TW}, o \in O_i \tag{2.25}$$

$$\Delta \cdot x_{ijko} \leqslant C_{\text{pol}}\left(\text{pol}_i, r_j^{\text{p}}, \Delta\right), \forall i \in \text{Sat}, j \in T, k \in \text{TW}, o \in O_i \tag{2.26}$$

$$\Delta \cdot x_{ijko} \leqslant C_{\text{fre}}\left(\text{fre}_i, r_j^{\text{f}}, \Delta\right), \forall i \in \text{Sat}, j \in T, k \in \text{TW}, o \in O_i \tag{2.27}$$

式 (2.22) 表示卫星执行任务需要与任务要求的卫星类型相一致。式 (2.23)~式 (2.27) 对卫星执行任务的参数配置进行了进一步限定：式 (2.23) 表示卫星执行任务所采用的探测模式需要保证与任务要求的探测模式相同；式 (2.24) 表示卫星执行任务所采用的带宽大小需要保证与任务要求的带宽设定相同；式 (2.25) 表示卫星执行任务所采用的分辨率需要保证与任务要求的分辨率设定相同；式 (2.26) 表示卫星执行任务所采用的极化方式需要保证与任务要求的极化方式相同；式 (2.27) 表示卫星执行任务所采用的频段需要保证与任务要求的频段设置相同。

3）卫星载荷工作环境约束

卫星载荷工作环境约束是指卫星载荷执行探测任务时的环境条件要有利于卫星完成探测得到产品，过于极端的环境条件即便执行任务也无法得到满足用户所提出的探测需求。光学探测卫星如果受到云层遮挡会影响探测获得图像的质量，而电磁探测卫星和 SAR 探测卫星待探测目标附近存在大量其他信号干扰，很可能导致获得的数据无法加工和处理。参考上一部分中判断函数的设计思路，本部分提出了云量影响判断函数和电磁影响判断函数：

$$C_{\text{clo}}\left(\text{clo}_j, \Delta\right) = \begin{cases} 1, & \text{若不受影响}, \quad \Delta = 1 \\ 0, & \text{其他} \end{cases} \tag{2.28}$$

$$C_{\text{env}}\left(\text{env}_j, \Delta\right) = \begin{cases} 1, & \text{若不受影响}, \quad \Delta = 1 \\ 0, & \text{其他} \end{cases} \tag{2.29}$$

式 (2.28) 表示云量影响判断函数；式 (2.29) 表示电磁影响判断函数。下面给出任务所处环境对卫星工作影响的相关约束条件：

$$\Delta \cdot x_{ijko} \leqslant C_{\text{clo}}\left(\text{clo}_j, \Delta\right), \forall i \in \text{Sat}, j \in T, k \in \text{TW}, o \in O_i \tag{2.30}$$

$$\Delta \cdot x_{ijko} \leqslant C_{\text{env}}\left(\text{env}_j, \Delta\right), \forall i \in \text{Sat}, j \in T, k \in \text{TW}, o \in O_i \tag{2.31}$$

式 (2.30) 表示卫星执行任务不受云层遮挡的影响；式 (2.31) 表示卫星执行任务不受电磁环境的影响。

2.3.4 任务执行约束

任务执行约束反映的是单个任务执行所要满足的要求，以及元任务之间因存在的协同关系而产生的相关限制约束条件。元任务协同关系主要包括兼容关系、一致性关系、相互排斥关系、组合限定关系、顺序依赖关系、确定性关系、选择关系、偏好关系八种类型。本节介绍任务执行约束所涉及的符号和变量，并对具体约束条件进行详细介绍。

1. 变量与符号

任务执行约束涉及的符号和变量的具体含义如表 2.2 所示。

表 2.2 任务执行约束符号与变量

变量	含义
$\mathrm{TC}_i^{\mathrm{m}}$	卫星探测模式转换时间计算函数
$\mathrm{TC}_i^{\mathrm{b}}$	卫星带宽设定转换时间计算函数
$\mathrm{TC}_i^{\mathrm{p}}$	卫星极化方式转换时间计算函数
$\mathrm{TC}_i^{\mathrm{r}}$	卫星分辨率设定转换时间计算函数
$\mathrm{TC}_i^{\mathrm{f}}$	卫星频段设定转换时间计算函数
$\mathrm{tr}_{ijj'}^{\mathrm{m}}$	卫星 sat_i 在任务 task_j 和任务 task_j' 之间的探测模式转换时间
$\mathrm{tr}_{ijj'}^{\mathrm{b}}$	卫星 sat_i 在任务 task_j 和任务 task_j' 之间的带宽设定转换时间
$\mathrm{tr}_{ijj'}^{\mathrm{p}}$	卫星 sat_i 在任务 task_j 和任务 task_j' 之间的极化方式转换时间
$\mathrm{tr}_{ijj'}^{\mathrm{r}}$	卫星 sat_i 在任务 task_j 和任务 task_j' 之间的分辨率设定转换时间
$\mathrm{tr}_{ijj'}^{\mathrm{f}}$	卫星 sat_i 在任务 task_j 和任务 task_j' 之间的频段设定转换时间
$\mathrm{tr}_{ijj'}$	卫星 sat_i 在任务 task_j 和任务 task_j' 之间的转换时间
rest_j	任务 task_j 最早允许开始时间
rlet_j	任务 task_j 最晚允许结束时间
I	一个很大的整数
T_{C}	属于协同探测任务 C 的元任务集合
COM_j	与任务 task_j 的相互兼容元任务集合
CON_j	与任务 task_j 状态一致的元任务集合
EXC_j	与任务 task_j 的互斥元任务集合
GRO_j	与任务 task_j 所在分组的元任务集合
AFT_j	探测时间必须晚于任务 task_j 的元任务集合
BEF_j	探测时间必须早于任务 task_j 的元任务集合
iDeter_j	任务 task_j 是否为探测任务中的确定任务

2. 具体约束条件

下面给出执行单个或多个元任务需要满足的约束条件，以及当元任务需要满足兼容关系、一致性关系、相互排斥关系、组合限定关系、顺序依赖关系、确定性关系、选择关系以及偏好关系时的约束条件。

对于单个元任务而言，存在对每个探测任务的执行时间范围和执行次数要求，具体约束条件为

$$\mathrm{st}_{ijo} \leqslant \mathrm{rest}_j \cdot x_{ijko}, \forall i \in \mathrm{Sat}, j \in T, k \in \mathrm{TW}, o \in O_i \tag{2.32}$$

$$(\mathrm{st}_{ijo} + d_j) \cdot x_{ijko} \leqslant \mathrm{rlet}_j, \forall i \in \mathrm{Sat}, j \in T, k \in \mathrm{TW}, o \in O_i \tag{2.33}$$

$$\sum_{i\in\mathrm{Sat}} \sum_{k\in\mathrm{TW}} \sum_{o\in O_i} x_{ijko} \leqslant 1, \forall j \in T \tag{2.34}$$

式 (2.32) 和式 (2.33) 表示任务要在要求的时间范围内执行；式 (2.34) 表示每个任务最多只能够被探测一次。

对于多个元任务而言，存在一般情况和协同关系情况的两类约束条件。下面，首先介绍一般情况下需要满足的约束条件。如果同一颗卫星先后执行两个探测任务，需要在执行一个探测任务后对卫星载荷参数设定进行相应的调整以满足下一个探测任务相关的参数设定要求，参数设定的调整需要一定的转换时间。卫星 sat_i 在任务 task_j 和 task_j' 的转换时间计算公式为

$$\mathrm{tr}_{ijj'}^{\mathrm{m}} = \mathrm{TC}_i^{\mathrm{m}}\left(r_j^{\mathrm{m}}, r_{j'}^{\mathrm{m}}\right) \tag{2.35}$$

$$\mathrm{tr}_{ijj'}^{\mathrm{b}} = \mathrm{TC}_i^{\mathrm{b}}\left(r_j^{\mathrm{b}}, r_{j'}^{\mathrm{b}}\right) \tag{2.36}$$

$$\mathrm{tr}_{ijj'}^{\mathrm{p}} = \mathrm{TC}_i^{\mathrm{p}}\left(r_j^{\mathrm{p}}, r_{j'}^{\mathrm{p}}\right) \tag{2.37}$$

$$\mathrm{tr}_{ijj'}^{\mathrm{r}} = \mathrm{TC}_i^{\mathrm{r}}\left(r_j^{\mathrm{r}}, r_{j'}^{\mathrm{r}}\right) \tag{2.38}$$

$$\mathrm{tr}_{ijj'}^{\mathrm{f}} = \mathrm{TC}_i^{\mathrm{f}}\left(r_j^{\mathrm{f}}, r_{j'}^{\mathrm{f}}\right) \tag{2.39}$$

$$\mathrm{tr}_{ijj'} = \max\left\{0, \mathrm{LS}_i, \mathrm{tr}_{ijj'}^{\mathrm{m}}, \mathrm{tr}_{ijj'}^{\mathrm{b}}, \mathrm{tr}_{ijj'}^{\mathrm{p}}, \mathrm{tr}_{ijj'}^{\mathrm{r}}, \mathrm{tr}_{ijj'}^{\mathrm{f}}\right\} \tag{2.40}$$

其中，$\mathrm{tr}_{ijj'}^{\mathrm{m}}$ 表示卫星 sat_i 在任务 task_j 和任务 task_j' 之间的探测模式转换时间；$\mathrm{tr}_{ijj'}^{\mathrm{b}}$ 表示带宽设定转换时间；$\mathrm{tr}_{ijj'}^{\mathrm{p}}$ 表示极化方式转换时间；$\mathrm{tr}_{ijj'}^{\mathrm{r}}$ 表示分辨率设定转换时间；$\mathrm{tr}_{ijj'}^{\mathrm{f}}$ 表示频段设定转换时间；LS_i 表示卫星载荷开/关机时间；$\mathrm{tr}_{ijj'}$ 表示卫星在两次探测任务之间的转换时间。同一卫星执行两个任务所需要满足的转换时间约束为

$$\begin{aligned}&(\mathrm{st}_{ijo} + d_j) \cdot x_{ijko} + \mathrm{tr}_{ijj'} \leqslant \mathrm{st}_{ij'o} + I \cdot (1 - x_{ij'k'o}),\\&\forall j \neq j', i \in \mathrm{Sat}, j, j' \in T, o \in O_i, k, k' \in \mathrm{TW}\end{aligned} \tag{2.41}$$

式 (2.41) 表示两个任务之间的转换需要满足间隔时间要求，这一约束条件在各种情况下均需要满足。在给出任务转换间隔时间的约束条件后，将介绍元任务之间存在特定协同关系时所需要满足的约束条件。

1）兼容关系

兼容关系是对协同任务中元任务执行限定最为宽松的一种类型，具体是指属于一个协同任务的元任务至少有一个执行则判定协同任务成功执行。这也意味着不同元任务之间并不会相互影响，在不违反其他约束条件的基础上全部元任务均具有执行的可能性，最理想的情况是全部元任务均可以成功执行。当元任务之间存在兼容关系时，需要满足以下约束：

$$\sum_{i\in \text{Sat}}\sum_{k\in \text{TW}}\sum_{o\in O_i} x_{ijko} + \sum_{j'\in \text{COM}_j}\sum_{i'\in \text{Sat}}\sum_{k'\in \text{TW}}\sum_{o'\in O_{i'}} x_{i'j'k'o'} \geqslant 0, \forall j \in T_c, j' \in \text{COM}_j \tag{2.42}$$

2）一致性关系

一致性关系是指协同任务要求全部元任务保持观测状态的一致性，即只存在全部被完成和全部均不执行两种情况。如果存在一部分元任务被执行，而另一部分元任务无法执行的情况，意味着无法完成协同任务要求，则取消全部元任务的执行。当元任务之间存在一致性关系时，需要满足以下约束：

$$\begin{aligned}&\left(|T_\text{C}| - 1 - \sum_{j'\in \text{CON}_j}\sum_{i'\in \text{Sat}}\sum_{k'\in \text{TW}}\sum_{o'\in O_{i'}} x_{i'j'k'o'}\right)\cdot \sum_{i\in \text{Sat}}\sum_{k\in \text{TW}}\sum_{o\in O_i} x_{ijko} +\\&\left(1 - \sum_{i\in \text{Sat}}\sum_{k\in \text{TW}}\sum_{o\in O_i} x_{ijko}\right)\cdot \sum_{j'\in \text{CON}_j}\sum_{i'\in \text{Sat}}\sum_{k'\in \text{TW}}\sum_{o'\in O_{i'}} x_{i'j'k'o'} \geqslant 0,\\&\forall j \in T_\text{C}, j' \in \text{CON}_j\end{aligned} \tag{2.43}$$

3）相互排斥关系

相互排斥关系在协同任务中广泛存在，表示多个元任务相互排斥的关系，即当构成协同任务的一个元任务能够被成功规划并执行时其他的元任务无法执行。换言之，存在元任务之间具有互斥关系要求的协同任务最多只能完成一个元任务的探测。当元任务之间存在相互排斥关系时，需要满足以下约束：

$$\sum_{i\in \text{Sat}}\sum_{k\in \text{TW}}\sum_{o\in O_i} x_{ijko} \cdot \sum_{j'\in \text{EXC}_j}\sum_{i'\in \text{Sat}}\sum_{k'\in \text{TW}}\sum_{o'\in O_{i'}} x_{i'j'k'o'} = 0, \forall j \in T_\text{C}, j' \in \text{EXC}_j \tag{2.44}$$

4）组合限定关系

属于一个协同任务的元任务根据相互之间的关系被划分在不同的集合中，每个集合即表示一种组合。组合限定关系是指协同任务要求属于同一任务组合内的元任务共同完成协同任务，当元任务不全部属于同一组别时则无法执行协同任务。同时，一个协同任务最多只能够由一个任务组合完成，选定一个任务组合后其他任务组合不能执行该协同任务。当元任务之间存在组合限定关系时，需要满足以下约束：

$$\sum_{j\in \mathrm{GRO}_j^1}\sum_{i\in \mathrm{Sat}}\sum_{k\in \mathrm{TW}}\sum_{o\in O_i} x_{ijko}\cdot \sum_{j'\in \mathrm{GRO}_j^2}\sum_{i'\in \mathrm{Sat}}\sum_{k'\in \mathrm{TW}}\sum_{o'\in O_{i'}} x_{i'j'k'o'}=0, \tag{2.45}$$

$$\forall j\in T, \mathrm{GRO}_j^1, \mathrm{GRO}_j^2\in \mathrm{GRO}_j, \mathrm{GRO}_j^1\neq \mathrm{GRO}_j^2$$

5）顺序依赖关系

顺序依赖对一个协同任务的多个元任务之间严苛限定了先后执行次序和执行时间之间的关系，顺序依赖关系具体可以分为两种表现形式。第一种要求一个元任务必须在另一个元任务之前或者之后执行，可以称为次序顺序依赖。第二种要求一个元任务必须在两个元任务之间完成，可以称为区间顺序依赖。当元任务之间存在顺序依赖关系时，需要满足以下约束：

$$\sum_{i\in \mathrm{Sat}}\sum_{k\in \mathrm{TW}}\sum_{o\in O_i} x_{ijko}\cdot \mathrm{st}_{ijo}\leqslant \sum_{i'\in \mathrm{Sat}}\sum_{k'\in \mathrm{TW}}\sum_{o'\in O_{i'}} x_{i'j'k'o'}\cdot \mathrm{st}_{i'j'o'}, \forall j\in T, j'\in \mathrm{AFT}_j \tag{2.46}$$

$$\sum_{i'\in \mathrm{Sat}}\sum_{k'\in \mathrm{TW}}\sum_{o'\in O_{i'}} x_{i'j'k'o'}\cdot \mathrm{st}_{i'j'o'}\leqslant \sum_{i\in \mathrm{Sat}}\sum_{k\in \mathrm{TW}}\sum_{o\in O_i} x_{ijko}\cdot \mathrm{st}_{ijo}, \forall j\in T, j'\in \mathrm{BEF}_j \tag{2.47}$$

6）确定性关系

确定性关系是指对协同任务中设定了必须执行的元任务，当该任务成功执行则意味着协同任务成功执行，反之则意味着协同任务未能成功执行。此外，还在之前所述的确定性关系基础上存在另一种限制，即当必须执行的元任务成功执行时，要求其他一个或者多个元任务必须为不执行的状态。当元任务之间存在确定性关系时，需要满足以下约束：

$$\sum_{i'\in \mathrm{Sat}}\sum_{k'\in \mathrm{TW}}\sum_{o'\in O_{i'}} x_{i'j'k'o'}\leqslant \mathrm{iDeter}_j\cdot \sum_{i\in \mathrm{Sat}}\sum_{k\in \mathrm{TW}}\sum_{o\in O_i} x_{ijko}, \forall j, j'\in T_{\mathrm{C}} \tag{2.48}$$

7）选择关系

选择关系是指在一个协同任务中存在两个元任务均可以成功执行时，从中选择一个元任务执行，而另一个元任务则无须执行。选择的方式可以采取随机或者其他方式确定。当元任务之间存在选择关系时，需要满足以下约束：

$$\text{if}\quad x_{ijko}=1\quad\text{and}\quad x_{i'j'k'o'}=1,\ \text{then sche}=j\ \text{or}\ j',\forall j,j'\in T_{\mathrm{C}}\tag{2.49}$$

其中，sche 表示卫星探测任务方案。

8）偏好关系

偏好关系是在选择关系的基础上对元任务执行加以设定。当一个协同任务中的两个元任务均可以成功执行，且不影响其他任务时，根据分别包含两种元任务的规划方案选择元任务。将具有更高评价值的方案作为被保留的规划方案，同时，该方案中的元任务确定为需要执行的元任务，并取消另一元任务的执行。当元任务之间存在偏好关系时，需要满足以下约束：

$$\text{if}\quad \mathrm{EVA}\left(\mathrm{sche}_1,j\right)<\mathrm{EVA}\left(\mathrm{sche}_2,j'\right),\quad\text{then}\quad\mathrm{sche}=\mathrm{sche}_2,\forall j,j'\in T_{\mathrm{C}}\tag{2.50}$$

其中，$\mathrm{EVA}\left(\mathrm{sche}_1,j\right)$ 表示包含元任务 task_j 的方案 sche_1 的评估值。

通过以上的任务规划约束条件描述可以看出，低轨电磁探测卫星协同任务规划问题存在大量的限制任务执行的条件，这意味着虽然问题解空间庞大但是满足约束条件的可行解的所在区域则是有限的，如果能够分析出探测卫星执行任务的边界条件则可以缩减问题搜索空间，减少算法的无效搜索。下面，将对规划问题的上界进行分析，推导出卫星在一定规划时间范围内所能执行的最大探测任务数量。

2.3.5　规划问题上界分析

低轨电磁探测卫星协同任务规划问题在对任务分配完成后需要进行单星任务规划。单星任务规划是对单颗卫星所分配的任务确定任务具体执行时间的过程。单星任务规划问题对多星协同规划问题的求解有着重要的影响，如果能够估计出单颗卫星在一个轨道圈次内所能执行任务的最大次数，则可以很容易计算得到整个协同探测任务规划问题的上界。本节将对卫星在一个轨道圈次内探测的最大次数、探测的最大时间长度以及轨道机动的最大时间长度进行分析。规划问题上界分析所涉及的符号和变量如表 2.3 所示。

表 2.3 规划问题上界分析符号与变量

变量	含义
H	规划时间范围
t_{d}	单次探测任务时间长度
t_{s}	载荷参数设定时间长度
t_{a}^1，t_{a}^2	姿态机动时间
e_{d}	探测单位时间电量消耗
e_{a}	姿态机动单位时间电量消耗
e_{s}	载荷参数设定单位时间电量消耗
m_{d}	探测单位时间固存消耗
θ_1	向前（后）姿态机动角度（俯仰角度）
θ_2	向左（右）姿态机动角度（侧摆角度）
ω_{a}^1，ω_{a}^2	卫星姿态机动单位时间角度变化
R	地球半径
h	卫星高度
v	卫星飞行线速度
g	万有引力参数
b_1，b_2	弦长
d_{d}	对角线长度
d_{h}	星下线与目标水平距离

本研究中同时涉及电磁探测卫星、光学探测卫星和 SAR 探测卫星三类卫星，卫星搭载的载荷和机动能力存在差异。选择具有很强机动能力的敏捷探测卫星作为单星任务规划边界问题的研究对象，所得到的结论同样适用于其他类型的探测卫星。敏捷探测卫星可以根据卫星和地面任务的位置关系执行姿态机动，调整观测角度以达到最好的观测效果。相比于敏捷探测卫星，其他类型卫星的探测过程则较为简单。

本节的上界分析所基于的问题场景：一颗敏捷探测卫星在绕地球飞行的过程中完成一系列的探测任务。当卫星在完成一个任务的探测后，需要设定参数并姿态机动以满足下一个探测任务的执行角度要求。姿态机动包括前后姿态机动（俯仰）和左右姿态机动（侧摆），取卫星飞行方向为前方向。卫星在轨道内飞行过程中重复任务探测、参数设定和姿态机动三个阶段。任务探测会占用卫星固存容量，而探测、参数设定和姿态机动均会消耗卫星的电量。场景平面几何关系如图 2.4 所示。图中 A_1, A_2 表示卫星探测开始和结束位置，A_3 表示探测任务所在位置。

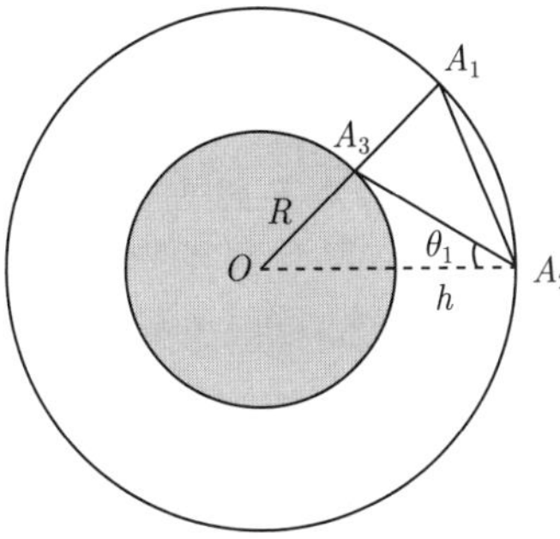

图 2.4 场景平面几何关系图

基于以上问题场景，本节将对规划问题的上界进行分析。在不影响结论正确性和适用性的前提下，通过问题假设对卫星运动和探测过程进行适当简化，有利于问题分析和计算。问题上界分析的假设条件有：

（1）卫星按照轨道飞行并一直处于正常工作状态；

（2）卫星的飞行轨道为圆形开普勒轨道（Keplerian orbit）；

（3）每一个任务的探测时间均保持相等，均为探测任务的平均执行时间；

（4）卫星在每一个轨道飞行前保持电量充足和卫星固存没有被占用，即在每一个轨道飞行前卫星已经调整至最佳状态；

（5）卫星每次执行探测任务前的参数设定时间为恒定值；

（6）两个方向姿态机动相对独立，不会相互影响。

不同的探测任务要求执行时间往往是不相等的，但可以通过统计分析得到任务的平均执行时间，本研究的分析建立在每个任务探测时间均等于平均执行时间的基础上，这样可以保证与卫星在一个轨道内的任务总时间相等且有利于相关内容的证明。同时，卫星执行全部任务均保持相同的参数设定，即以最小的单位时间固存写入速率和最小的单位时间电量消耗。

下面将从时间、固存、电量消耗三个维度分析轨道内探测总时长和卫星角度转换的总时长。文献 [112] 在分析单星任务规划上界时假设条件过于苛刻，且并未考虑卫星左右姿态机动以及电量和固存的消耗情况，而本节的研究在其现有研究基础上将考虑更贴近真实的情况，得到更具通用性的结论。

首先，根据规划时间范围 H，当任务探测时间为 t_{d}，探测设定时间长度为 t_{s}，姿态机动时间为 t_{a}，可以得到时间维度、固存消耗维度、电量消耗维度的探测次数上界分别为

$$N_{\mathrm{d}}^{\mathrm{t}} = \left\lfloor \frac{H - t_{\mathrm{d}}}{t_{\mathrm{d}} + t_{\mathrm{a}} + t_{\mathrm{s}}} \right\rfloor + 1 \tag{2.51}$$

$$N_{\mathrm{d}}^{\mathrm{m}}=\left\lfloor\frac{H-m_{\mathrm{d}}t_{\mathrm{d}}}{m_{\mathrm{d}}t_{\mathrm{d}}}\right\rfloor+1 \tag{2.52}$$

$$N_{\mathrm{d}}^{\mathrm{e}}=\left\lfloor\frac{H-e_{\mathrm{d}}t_{\mathrm{d}}}{e_{\mathrm{d}}t_{\mathrm{d}}+e_{\mathrm{a}}t_{\mathrm{a}}+e_{\mathrm{s}}t_{\mathrm{s}}}\right\rfloor+1 \tag{2.53}$$

通过以上三个维度的最大探测次数可以得到卫星在一定时间范围内探测的最大次数为

$$N_{\mathrm{d}}=\min\left\{N_{\mathrm{d}}^{\mathrm{t}},N_{\mathrm{d}}^{\mathrm{m}},N_{\mathrm{d}}^{\mathrm{e}}\right\} \tag{2.54}$$

在上述的上界计算公式中，未知变量为 t_{a}，需要根据卫星在轨运行和探测过程中卫星角度变化规律计算得到。由于卫星姿态机动在平行于星下线和垂直于星下线的方向上同时完成，因此存在以下关系：

$$t_{\mathrm{a}}^{1}=\frac{2\theta_1}{\omega_{\mathrm{a}}^{1}} \tag{2.55}$$

$$t_{\mathrm{a}}^{2}=\frac{2\theta_2}{\omega_{\mathrm{a}}^{2}} \tag{2.56}$$

可以根据式 (2.55) 或者式 (2.56) 得到姿态机动时间。通过式 (2.55)～式 (2.56) 可以将姿态机动时间 t_{a} 的计算转化为通过几何关系计算角度 θ。根据几何关系可以得到对角线长度为

$$d_{\mathrm{d}}=\sqrt{c_1c_2+h^2} \tag{2.57}$$

其中，c_1 和 c_2 的计算公式为

$$c_1=2R\sin\left(\frac{v}{2}\right) \tag{2.58}$$

$$c_2=2\left(R+h\right)\sin\left(\frac{v}{2}\right) \tag{2.59}$$

由于卫星位于开普勒轨道飞行，属于匀速圆周运动，服从匀速圆周运动的规律。因此，存在：

$$T=2\pi\sqrt{\frac{\left(R+h\right)^3}{g}} \tag{2.60}$$

$$\frac{v}{2\pi}=\frac{t_{\mathrm{d}}}{2}\cdot\frac{1}{T} \tag{2.61}$$

利用式 (2.60) 和式 (2.61) 可得速度 v 的计算为

$$v=\frac{t_{\mathrm{d}}}{2}\sqrt{\frac{g}{\left(R+h\right)^3}} \tag{2.62}$$

根据速度 v，可以求得 c_1，c_2。之后，可以根据 c_1，c_2 以及 h 得到对角线长度，计算公式为

$$d_{\mathrm{d}}=\sqrt{4R\left(R+h\right)\sin^2\left(\frac{v}{2}\right)+h^2} \tag{2.63}$$

关于角度 θ_1，其可由反三角函数得到，计算公式为

$$\theta_1=\arccos\left(\frac{d_{\mathrm{d}}^2+h^2-c_1^2}{2dh}\right) \tag{2.64}$$

对于垂直于星下线方向而言，θ_2 的计算公式为

$$\theta_2=\arctan\left(\frac{2d_{\mathrm{h}}}{c_2}\right) \tag{2.65}$$

结合式 (2.51)、式 (2.55)、式 (2.56)、式 (2.58)~ 式 (2.60)，可以得到姿态机动角度的计算公式，其具体计算公式为

$$\theta_1=\arccos\left(\frac{2R\left(R+h\right)\sin^2\left(\frac{t_{\mathrm{d}}}{4}\sqrt{\frac{g}{\left(R+h\right)^3}}\right)+h^2-2R^2\sin^2\left(\frac{t_{\mathrm{d}}}{4}\sqrt{\frac{g}{\left(R+h\right)^3}}\right)}{\sqrt{4R\left(R+h\right)\sin^2\left(\frac{t_{\mathrm{d}}}{4}\sqrt{\frac{g}{\left(R+h\right)^3}}\right)+h^2}\cdot h}\right) \tag{2.66}$$

$$\theta_2=\arctan\left(\frac{d_{\mathrm{h}}}{\left(R+h\right)\sin\left(\frac{t_{\mathrm{d}}}{4}\sqrt{\frac{g}{\left(R+h\right)^3}}\right)}\right) \tag{2.67}$$

在获得最大探测次数后，相应地也可以计算得到探测的总时间长度与姿态机动的总时间长度。探测总时间长度根据时间、固存和电量消耗三个维度探测时长的最小值得到：

$$t_{\mathrm{d}}^{\mathrm{total}}=\min\left\{N_{\mathrm{d}}^{\mathrm{t}}t_{\mathrm{d}},N_{\mathrm{d}}^{\mathrm{m}}t_{\mathrm{d}},N_{\mathrm{d}}^{\mathrm{e}}t_{\mathrm{d}}\right\}\approx N_{\mathrm{d}}t_{\mathrm{d}} \tag{2.68}$$

姿态机动的总时间长度可以分别由前后姿态机动时间或左右姿态机动时间、固存和电量消耗三个维度姿态机动时长的最小值计算获得。由前后姿态机动时间计算得到的姿态机动的总时间长度为

$$t_{\mathrm{a}}^1=\min\left\{\left(N_{\mathrm{d}}^{\mathrm{t}}-1\right)\frac{2\theta_1}{w_1^{\mathrm{a}}},\left(N_{\mathrm{d}}^{\mathrm{m}}-1\right)\frac{2\theta_1}{w_1^{\mathrm{a}}},\left(N_{\mathrm{d}}^{\mathrm{e}}-1\right)\frac{2\theta_1}{w_1^{\mathrm{a}}}\right\}\approx\left(N_{\mathrm{d}}-1\right)\frac{2\theta_1}{w_1^{\mathrm{a}}} \tag{2.69}$$

由左右姿态机动时间计算的姿态机动的总时间长度为

$$t_{\mathrm{a}}^{2}=\min\left\{\left(N_{\mathrm{d}}^{\mathrm{t}}-1\right)\frac{2\theta_2}{w_2^{\mathrm{a}}},\left(N_{\mathrm{d}}^{\mathrm{m}}-1\right)\frac{2\theta_2}{w_2^{\mathrm{a}}},\left(N_{\mathrm{d}}^{\mathrm{e}}-1\right)\frac{2\theta_2}{w_2^{\mathrm{a}}}\right\}\approx\left(N_{\mathrm{d}}-1\right)\frac{2\theta_2}{w_2^{\mathrm{a}}} \tag{2.70}$$

$$t_{\mathrm{a}}=\max\left\{t_{\mathrm{a}}^{1},t_{\mathrm{a}}^{2}\right\} \tag{2.71}$$

之后，根据式 (2.71) 可以得到姿态机动时间长度。至此，卫星在一定规划时间范围的探测上界条件计算完毕。根据上述分析结果，可以相应得到协同任务探测任务规划问题的探测上界条件。上界条件将作为额外的约束加入模型约束部分，需要满足以下关系：

$$\sum_{j\in T}\sum_{k\in \mathrm{TW}}\sum_{o\in O_i}x_{ijko}\leqslant N_{\mathrm{d}}^{i},\forall i\in \mathrm{Sat} \tag{2.72}$$

其中，N_d^i 表示卫星 i 所能执行的最大任务探测次数，通过一个轨道圈次内最大任务探测次数与轨道圈数的乘积计算得到。约束也可以采用探测总时长进行限制，具体表示形式为

$$\sum_{i\in \mathrm{Sat}}\sum_{j\in T}\sum_{k\in \mathrm{TW}}\sum_{o\in O_i}d_j\cdot x_{ijko}\leqslant\sum_{i\in \mathrm{Sat}}N_{\mathrm{d}}^{i}\cdot t_{\mathrm{d}} \tag{2.73}$$

本节综合考虑时间、固存消耗、电量消耗等因素，分析了卫星任务规划问题的上界条件。所采用的分析方法建立在一系列假设的基础之上，可能存在考虑的情形与具体问题存在差异的情况，在具体问题中可以根据实际情况进一步松弛或者收紧约束条件。得到的结果对后续卫星任务规划上界分析研究具有一定的借鉴意义，分析思路与方法为后续在卫星任务规划问题上界证明方面的研究提供了很好的参考。

2.4 学习型进化算法框架

低轨电磁探测卫星协同任务规划问题属于实际工程应用中的一类复杂组合优化问题，在算法设计过程中必须考虑问题规模大、问题场景复杂的现状。结合构建的任务规划基础模型可以看出，该问题的约束条件复杂、解空间庞大，对问题求解算法提出了很高的要求。求解组合优化问题的算法从最优性角度可以分为精确求解算法和近似求解算法两类。精确求解算法对小规模问题从理论上可以找到最优值或优化问题的边界，但这类算法严格受限于问题规模，当问题规模增大后

求解时间将呈指数趋势增长，无法在有限时间内完成对问题的求解。近似求解算法虽然难以保证得到解的最优性，但存在对解空间特性依赖程度低、全局搜索能力强、可以根据实际需要灵活设置搜索时间等特点。

进化算法（EA）是近似求解算法中具有代表性的一类算法，该算法通过借鉴达尔文进化理论而提出，在充分参考自然界各类生物群体进化的规律基础上求解问题并尝试找到问题的最优解。群体搜索是进化算法明显区别于其他算法的一个特点，群体中的每个个体均表示一个待求解问题的解，通过仿照生物种群竞争、繁殖、自然选择等进化规律寻找最优个体。参照生物进化规律，进化算法主要包括编码（encoding）与解码（decoding）、算法初始化（initiation）、选择操作（selection）、交叉操作（crossover）、变异操作（mutation）、终止条件判断（termination）等步骤。进化算法以一种新的形式完成了决策空间到目标空间的映射。在式 (2.1) 基础模型的通用形式中，给出了决策变量和优化目标函数之间的关系。当决策空间为 X，目标空间为 Y 时，可以由目标函数 $\boldsymbol{f}(\boldsymbol{x})$，约束函数 $\boldsymbol{\sigma}(\boldsymbol{x})$ 得到决策空间和目标空间之间的映射关系：

$$X \xrightarrow[\boldsymbol{\sigma}(\boldsymbol{x})]{\boldsymbol{f}(\boldsymbol{x})} Y \tag{2.74}$$

约束函数的存在使得其需要满足各项约束才能找到可行解，而通过进化算法求解组合优化问题则需要采用对决策空间编码构成染色体，评价适应度函数过程中检查约束满足情况的方式建立与目标空间之间的映射关系：

$$\text{coding}(X) \xrightarrow{\text{fit}(\boldsymbol{x})} Y \tag{2.75}$$

其中，$\text{fit}\,(\boldsymbol{x})$ 表示适应度函数。进化算法中每个个体均采用式 (2.75) 的映射关系通过种群进化操作搜索决策空间，获得目标空间内具有较高目标函数值的解。

目前，进化算法在各类组合优化问题如车间调度问题[113]、车辆路径规划问题[114]、卫星任务规划问题[63] 中已有广泛的应用，但其在实际应用中也反映出了一定的不足。通过相关研究现状发现，如何改进算法结构或流程、提升算法能力是国内外学者关注的重点。建立的学习型进化算法框架，在传统进化算法框架基础上使用深度强化学习方法改善算法搜索表现。下面，将深入分析进化算法的优点与不足，详细介绍基于深度强化学习方法的算法组合思路和算法框架的建立过程。

2.4.1　进化算法特点分析

根据进化算法求解组合优化问题的理论研究，进化算法的主要优势有：

（1）进化算法通用性强，对问题特征分析要求较低，可以高效地解决各种类型的问题，而传统搜索优化方法则根据问题特征设置，只适用于某一类问题。

（2）进化算法可用于大规模、超大规模问题，不会出现计算时间指数爆炸的情况。当问题规模较大时传统搜索优化方法求解时间过长、难以在有限时间内获得较优的解。

（3）进化算法全局搜索能力强，种群搜索让进化算法明显区别于擅长局部搜索的传统搜索优化方法，能够有效应对各类复杂约束。

（4）进化算法具有很强的兼容性和可扩展性，可以很好地与其他搜索方法、策略相结合，增强进化算法的搜索表现。

同时，进化算法也存在以下不足之处：

（1）高度依赖于进化操作的设计。进化算法搜索效果很大程度上受交叉、变异等进化操作所采用的方式影响，容易出现因进化操作不合理而导致重复搜索的情况。

（2）搜索效率较低，局部搜索能力差。进化算法的编码方式会对适应度评价产生影响，存在出现大量不可行解的可能性，影响算法搜索效率。种群搜索的方式更多关注全部解空间的探索，而对局部解空间开发不够充分，可能无法找到局部解空间内更优的解。

（3）对算法参数设置敏感。进化算法基于概率判断确定所执行的进化操作，参数设置会对算法求解效率和效果产生影响，但参数取值往往与具体问题相关联而没有通用性的取值规则。

（4）容易出现早熟。进化算法搜索容易出现种群在较高适应度函数空间聚集的情况，如果跳出局部最优的机制不够完善很容易导致算法出现“早熟”。

考虑进化算法存在的不足，发挥进化算法兼容性和可扩展性强的特点，采用学习思想改进算法搜索策略和流程已成为进化算法设计与研究的一个重要方向。采用深度强化学习方法与进化算法组合的思路，利用问题和搜索中的有效信息可以提升算法搜索表现。

2.4.2 基于深度强化学习方法的算法组合思路

虽然进化算法能够对于组合优化问题求解并得到好的结果，但也因算法搜索控制参数敏感、收敛速度慢等问题而影响其进一步推广和使用。通过对采用学习思想的进化算法相关研究分析可以发现，在众多与进化算法结合的方法中，深度强化学习方法因仿照人类学习过程、具备自主学习与决策能力而在近年来的研究中备受关注。将深度强化学习方法与传统进化算法结合可以让新的算法更加智能，充分利用已有知识和搜索过程中获得的信息实现对解空间的高效率搜索。采用这种算法组合思路，建立了一种可以有效求解低轨电磁探测卫星协同任务规划问题的求解算法框架，算法框架中采用深度强化学习（DRL）方法和进化算法组合的方式，通过算法之间的信息交互实现科学决策和有效搜索。

选择将 DRL 方法与进化算法相组合主要基于以下三点考虑：

（1）进化算法全局搜索性能强而局部搜索能力弱，算法对问题特征分析不足。算法改进经常采用的启发式规则可能存在对问题依赖过强的情况，急需一种智能化程度很高的方法来提升进化算法优化表现。

（2）DRL 方法可以有效挖掘知识信息，但根据著名的"没有免费的午餐"定律[115]，单独使用 DRL 方法求解规划问题想要获得好的规划效果不得不面临长时间训练、模型结构复杂等问题。"端到端"的求解模式可解释性不足，"逐步式"模型设计要求高。

（3）将 DRL 方法与进化算法组合可以改善进化算法对搜索获得的信息不能有效利用的情况，并让 DRL 方法通过简单的模型结构和短时间训练即可起到改善进化算法搜索表现的效果。相较于单独使用 DRL 方法，算法组合的方式可以让规划问题的求解具有很强的可解释性，也可以减少深度强化学习方法在训练过程中所投入的精力。

DRL 方法可以从两个方面对进化算法进行改进。一方面是从与算法进化操作中算子选择、参数设置等入手来改进搜索表现，另一方面是改变原有算法的搜索流程，如设计初始化方法、运用在邻域搜索过程中，实现算法种群搜索过程中探索和开发的平衡。无论从哪个方面进行改进，均要以进化算法种群搜索为主，紧密结合具体问题的特点设计 DRL 方法的基本要素、决策过程、训练方法、与进化算法交互机制等内容，发挥进化算法全局搜索的优势，提升算法搜索能力。

2.4.3　算法整体框架

基于以上算法组合思路，针对低轨电磁探测卫星协同任务规划问题建立了一种学习型进化算法框架，在算法框架中使用学习方法指导进化算法寻找高质量的解决方案，学习型进化算法框架如图 2.5 所示。

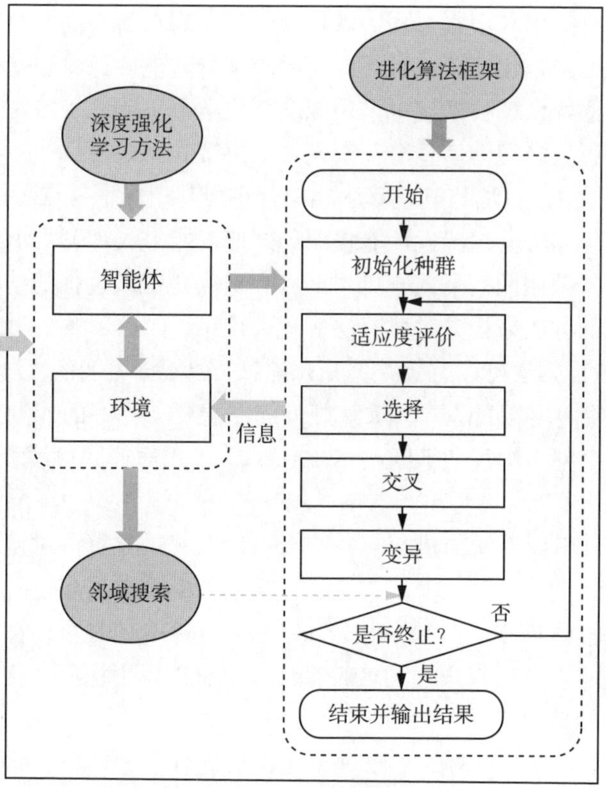

图 2.5 学习型进化算法框架

算法框架设计的关键在于确定 DRL 方法与进化算法组合的方式，这将影响到 DRL 方法在算法搜索过程中所发挥的作用。DRL 方法与进化算法的结合方式是多样的，可以在进化算法框架中的多个搜索和演化环节利用信息由智能体决策出合适的动作参与种群进化过程，也可以基于选择的动作直接得到任务执行方案。根据 DRL 方法和进化算法在学习型进化算法中所发挥的作用，算法组合方式主要分为两种：一种是由 DRL 方法单独生成解直接用于进化算法搜索优化，另一种是 DRL 方法帮助进化算法采用更为有效的种群进化操作对解空间搜索。生成的解可以是种群搜索的初始解也可以是过程解，为种群提供高质量的个体以加快搜索速度。此外，DRL 方法还可以结合邻域搜索方法应用于个体邻域结构改进的过程。邻域搜索是进化算法的一种常用改进策略，用于提升算法的局部搜索能力。DRL 方法为进化算法提供决策的形式也是多样的，可以为进化算法选择搜索策略也可以为算法选择具体的搜索规则。学习型进化算法框架如算法 2.1 所示。

算法 2.1 学习型进化算法框架

输入: 种群规模 Np, 深度强化学习算法 DRL, 交叉算子 O_c, 变异算子 O_m, 交叉概率 α, 变异概率 β
输出: 最优解 Solution*

初始化算法参数;
设置 $t \leftarrow 0$;
生成初始状态 S_0;
$P_0 \leftarrow$ 使用规则和（或）DRL 生成初始种群 (N_p);
while 未达到算法终止条件时 **do**
　$A_t \leftarrow$ 使用 DRL 选择合适的动作 (S_t);
　进行个体选择;
　if A_t 类型为解 **then**
　　//DRL 用于生成解
　　交叉操作 (P_{t-1}, O_c, α);
　　变异操作 (P_{t-1}, O_m, β);
　　$P_t \leftarrow$ 更新种群 (P_{t-1}, A_t);
　else
　　//DRL 用于生成策略
　　交叉操作 $(P_{t-1}, A_t, O_c, \alpha)$;
　　变异操作 $(P_{t-1}, A_t, O_m, \beta)$;
　end if
　$F_t \leftarrow$ 适应度评估 (P_t);
　$R_t \leftarrow$ 计算报酬;
　记录状态转移;
　if 满足 DRL 训练条件 **then**
　　训练 DRL 模型参数;
　end if
　if 满足邻域搜索条件 **then**
　　执行邻域搜索;
　end if
　$t \leftarrow t + 1$;
end while

不同层次的算法组合的出发点有所不同。直接由 DRL 方法完成解或者部分解生成的算法组合方法主要利用了学习方法通过训练后可以快速得到预期结果的优势，这种优势是使用精确求解算法、启发式算法和元启发式算法所无法比拟的。直接生成解的组合方式同样会面临新的问题，如果不能有效设定算法的使用条件，很容易造成算法搜索成本的快速增加，而这与算法组合的初衷是相违背的。另一种算法组合方式则更多地从 DRL 方法学习与泛化能力强的角度考虑，这可以有效弥补对算法参数过于敏感、对演化策略过于依赖的局限性。相较于生成解的集成方式，这种算法组合方式更加关注于如何让种群演化找到更好的解。

在后续 3 章的研究中均将使用学习型进化算法解决同构和异构电磁探测卫星协同规划问题。第 3 章中的学习型进化算法使用 DRL 方法辅助算法选择合适的种群进化操作。第 4 章中的学习型进化算法使用 DRL 方法生成初始解和生成解加速邻域搜索进程。第 5 章中的学习型进化算法使用 DRL 方法实现进化算法的参数自适应控制。这三种具体的学习型进化算法是根据问题特征和约束条件特点而进行的 DRL 方法与进化算法框架组合，并根据问题复杂程度引入其他改进策略和邻域搜索方法。在静止目标协同探测任务规划问题中，存在对任务区域重复探测的需求，设计了基于算子自适应选择的进化算法，使用 DRL 方法选择进化操作，达到同时兼顾解的质量与任务重复探测要求的效果；在低速移动目标协同探测任务规划问题中，问题搜索空间大且目标运动过程具有不确定性，设计了混合型学习进化算法，使用 DRL 方法生成种群搜索和邻域搜索的解，充分利用目标特征信息，帮助进化算法寻优；在高速移动目标协同探测任务规划问题中，目标探测误差存在随时间不断累积且无法消除的特点，设计了基于参数自适应学习的进化算法，使用 DRL 方法调节算法控制参数，在算法搜索过程中及时调整搜索策略，实现问题快速求解，满足目标探测的时效性要求。低速移动目标与高速移动目标协同探测任务规划问题相较于静止目标协同探测任务规划问题而言，问题更为复杂、解空间更为庞大，因此在求解低速移动目标与高速移动目标协同探测任务规划问题的学习型进化算法中使用了邻域搜索方法，从而提升了算法对局部解空间的搜索能力。

2.5 本章小结

本章介绍了低轨电磁探测卫星协同任务规划相关概念，分析了低轨电磁探测卫星协同任务规划问题难点，介绍了业务处理流程，提出了低轨电磁探测卫星协同任务规划基础模型和学习型进化算法框架。模型和算法均采用先对一般情况下的协同任务规划问题建立模型和算法框架，在具体问题场景进行相应扩展的思想，保证了模型和算法框架的可扩展性和场景适应性。任务规划基础模型通过数学语言描述优化目标与约束，为后续的研究提供了模型支撑。学习型进化算法框架结合深度强化学习方法和进化算法框架，为后续的研究提供了算法设计思路。本章具体研究内容包括：

（1）构建了协同探测任务规划基础模型。首先，给出了模型的通用化形式，并分别对优化目标函数和约束条件从系统运行、用户需求响应、卫星能力等方面进行详细描述，提出了探测收益统一描述方法，科学评价不同类型卫星协同探测的表现。在求解具体问题场景下的协同规划问题时，协同任务规划模型将基于任务规划基础模型进行进一步扩展。其次，根据卫星在轨飞行和探测活动的运动规律，分析出规划问题的上界条件。上界分析综合考虑了卫星电量消耗、卫星固存消耗、卫星状态转换等因素，可以有效缩减问题求解空间提升算法求解效率。后续所研究的特定问题场景下任务规划模型将基于基础模型进行进一步扩展。

（2）建立了求解协同探测任务规划问题的学习型进化算法框架。基于进化算法特点分析，采用深度强化学习方法与进化算法组合的思路，建立了学习型进化算法框架。算法框架中给出了两种深度强化学习方法在进化算法框架中使用的方式，深度强化学习方法可以直接生成进化算法中的个体或者为进化算法搜索提供策略。后续章节的研究均将在学习型进化算法框架基础上针对具体协同规划问题进行相应的改进。

第3章

面向静止目标探测的同构电磁探测卫星协同任务规划模型与算法

低轨电磁探测卫星可以通过对静止目标持续探测获取目标信号工作状态信息。本章着重研究静止目标协同探测任务规划模型与求解算法。问题的难点在于需要对同一目标在一定的规划时间范围内进行多次信号探测。首先，描述面向静止目标探测的同构电磁探测卫星协同任务规划问题、分析问题难点与特点并设计解决思路；其次，构建面向静止目标探测的协同规划模型，模型中设计了基本收益和额外收益组合形式的目标函数，考虑了任务执行次数、探测任务之间间隔时间等限制条件；再次，提出了一种基于算子自适应选择的进化算法，算法采用深度强化学习方法根据种群染色体结构和适应度改进情况决策在种群搜索所使用的进化算子，快速调整搜索策略以满足目标探测要求并获得高的探测收益值，同时加入个体淘汰机制提升算法搜索表现；最后，设计大量实验检验了基于算子自适应选择的进化算法可以有效求解静止目标协同探测任务规划问题，并从搜索表现、算法效率、收敛性等多个方面对本章提出的算法进行深入分析。

3.1 问题描述与分析

3.1.1 问题描述

低轨电磁探测卫星可以对地面多类目标探测并获取电磁信号，其中占据很大比例的任务是探测位置不会发生改变的信号源，如房屋、基站等[11]。其中，这一类信号源被统称为静止目标，可以利用卫星资源对这一类目标实现有效探测。对于地面上的静止目标，低轨电磁探测卫星通过信号探测获取信号源工作状态并从中获取有用的信息。静止目标探测任务与信号源工作状态探测、信号数据获取密切相关，而几乎不存在获取目标图像数据的需求。因此，仅需要合理调配低轨电磁探测卫星资源即可完成对静止目标的探测任务。

信号探测任务是低轨电磁探测卫星利用其搭载的载荷所能完成的一种常见任务类型。当用户提出信号探测需求时，已经提前明确对静止目标的所在区域、卫星载荷参数配置[116]。卫星通过规划确定对静止目标执行信号探测后，如果目标所在区域处在卫星载荷所能获取信号的可见时间窗范围内，就可以按照用户指定的参数配置完成任务。通过信号探测可以有效了解任务所在区域内的设备工作状态。图 3.1 是低轨电磁探测卫星对静止目标探测的示意图，图中的信号源为信号发射塔。

图 3.1　卫星对静止目标探测示意图

面向静止目标持续探测的同构电磁探测卫星协同任务规划问题（stationary target-isomorphic electromagnetic satellite scheduling problem，STIESSP）需要使用低轨电磁探测卫星对地面静止信号源在一定时间间隔基础上重复探测。信号源探测任务为确定性任务，虽然在执行协同规划前已具备信号源完备信息，但如果只进行一次单独的探测并不能获得足够多关于信号源工作状态的信息。因此，需要对区域重复探测以保证探测所获得待探测目标工作状态的准确信息。

重复探测最为理想的情况是对探测目标以不间断执行探测的方式持续获取目标信号工作状态。然而，这是一种难以实现且不会被采纳的探测方法，主要包括以下两方面原因：一方面，在轨飞行的全部卫星对某一个区域难以达到 24h 内任意时刻具有可见时间窗；另一方面，不间断探测会造成卫星资源被一个任务占用，造成卫星资源的浪费。因此，合理的任务探测模式是每间隔一定时间后对目标探测一次。根据间隔时间设置和规划的时间范围可以确定所需要探测的最少次数。如果目标被成功探测的次数不少于最少要求的探测次数则表示对目标已完成信号的持续探测。

面向静止目标同构电磁探测卫星协同任务规划问题的主要目标是完成对目标所在区域的持续探测，并找到高收益的卫星探测任务执行方案。每个探测目标的收益由两部分构成：一部分是完成持续探测要求所获得的收益；另一部分是超过最少要求探测次数后所获得的额外收益。只有完成持续探测的基本要求后才可以获得额外收益。

3.1.2 问题难点与特点

面向静止目标探测的同构电磁探测卫星协同任务规划问题需要保证在间隔一定时间基础上对目标多次探测。在构建数学模型和设计求解算法前，首先需要对协同任务规划问题的难点与特点进行分析，主要包含以下两个方面的难点与特点：

一是任务的多次探测要求增加了问题的复杂程度。在本章所研究的规划问题中，对一个探测目标的多次探测使得一个目标的探测过程可能会由多颗卫星共同完成。这意味着会存在很多卫星资源相互替代的可能性，卫星资源在某一时刻被一个任务占用则无法对其他任务进行探测。卫星资源被占用的情况对后续任务的完成所产生的影响是难以预知的，一颗卫星与需要执行任务之间的关系发生改变很可能会导致后续若干任务必须做出相应的调整，甚至因无法完成而被迫取消。当任务规模较大时，多次探测对问题求解所产生的影响更为明显。当很多任务具有众多候选卫星资源时，生成合理的任务执行方案将变得格外困难。这也要求算法设计要充分考虑搜索空间庞大所产生的影响。

二是对同一个区域内目标的多次探测活动必须考虑任务之间的时间间隔，这增大了找到合适任务执行方案的难度。在已有卫星探测任务规划问题中，往往会涉及卫星任务转换时间的约束条件。但这一约束条件相比同一区域多次探测间隔时间要求的约束要宽松。这是由于多个探测目标所在区域之间往往在地理分布上不连续，当同一颗卫星开始执行下一个探测目标对应的任务时，已经满足了任务转换时间要求。

根据问题的难点与特点，本章将基于第 2 章任务规划基础模型构建静止目标协同探测任务规划模型，并提出一种基于算子自适应选择的进化算法。算法使用深度强化学习方法自适应选择种群进化操作。深度强化学习方法与进化算法均可以用于各类复杂问题的求解，并在众多领域得到很好的应用。但深度强化学习方法和进化算法在单独使用时都具有各自的局限性。深度强化学习方法适合动态环境下问题的解决，但深度强化学习方法直接用于求解规划调度问题时会出现训练时间过长的情况，所搜索得到的结果往往只能达到与启发式算法相近的程度，与进化算法的结果仍存在一定差距，而进化算法求解问题时则缺少与搜索过程的信息交互。结合深度强化学习和进化算法各自的优势，让算法能够在较少训练的前提下并具有很强的泛化能力是本章算法设置的出发点。

3.2 静止目标协同探测任务规划模型

本节基于第 2 章给出的任务规划基础模型结合静止目标重复探测的需求，设计了目标函数，补充了需要满足的目标最少要求探测次数、同一目标探测间隔时间的约束条件，并结合卫星执行任务的能力计算出对一个目标最大探测次数，将其作为约束条件缩减问题求解的搜索空间。下面将详细介绍静止目标协同探测任务规划模型的建立。

3.2.1 符号和变量

静止目标协同探测任务规划模型所涉及的变量与符号如表 3.1 所示。

表 3.1 STIESSP 符号与变量

变量	含义
T_{S}	静止目标探测任务集合，为探测任务集合的一个子集，$T_{\mathrm{S}} \subseteq T$
DT	探测目标集合，区域数量 $N_{\mathrm{DA}} = \lvert \mathrm{DA} \rvert$
HT_m	探测目标 dt_m 对应的任务集合，区域内任务数量 $N_m^{\mathrm{HT}} = \lvert \mathrm{HT}_m \rvert$，$\mathrm{HT}_m$ 为静止目标探测任务集合的子集，$\mathrm{HT}_m \subseteq T_{\mathrm{S}}$
δ	执行任务 task_j 与任务 $\mathrm{task}_{j'}$ 所需要满足的最小间隔时间
$N_m^{\min}$	任务 task_j 对应探测目标 dt_m 的最少要求探测次数
$\mathrm{AN}_m^{\max}$	任务 task_j 对应探测目标 dt_m 的实际最多探测次数
AE_m	任务 task_j 所在探测目标 dt_m 的实际任务执行次数
bpro_m	对目标 dt_m 探测所能获得的基本收益
y_m	辅助决策变量，判断对探测目标 dt_m 的探测是否成功完成。当对探测目标 dt_m 的探测次数 AE_m 大于 $N_m^{\min}$ 时，$y_m = 1$；否则，$y_m = 0$
Con	第 2 章规划模型中约束条件集合
$\boldsymbol{x}$	任务是否执行的决策变量矩阵

3.2.2 问题基本假设

在面向静止目标探测的同构电磁探测卫星协同任务规划问题中，涉及一系列任务规划前的相关准备工作。准备工作主要在预处理阶段完成，与后续建模和求解关系较弱。在本章研究中，主要关注与模型构建及算法求解相关的内容，需要对问题研究范围加以界定，故作出如下假设：

（1）任务与其他元任务之间的关系之前已经明确，无须对任务进一步处理；

（2）探测目标所在区域不存在相互重叠的情况，保证每个任务与探测目标的唯一对应关系；

（3）任务的探测收益与任务的重要性程度有关，而与所使用的具体卫星无关；

（4）卫星通过单次探测即可覆盖单个待探测目标所在的整个区域；

（5）探测目标在一定时间范围内的最少探测次数提前已知。

3.2.3 数学模型

在给出静止目标协同探测任务规划问题的目标函数计算公式之前，首先对新的辅助决策变量 y_m 进行介绍。y_m 表示的是对于包含任务 task_j 和 $\text{task}_{j'}$ 的一个静止目标 dt_m 是否成功完成持续探测。如果成功执行探测的次数不小于要求的探测次数 $N_m^{\min}$，则意味着已经满足该目标的探测要求，可以获得相应的探测收益。而当任务执行次数未能达到所要求的次数时，则无法获得探测收益。

静止目标的探测收益由两部分构成：一部分是完成探测基本要求所能获得的基本收益；另一部分是执行探测任务所能获得的额外收益。因此，使用变量 bpro_m 表示目标探测所能获得的基本收益，基本探测收益的计算方法为

$$\text{bpro}_m = \frac{1}{N_m^{\text{HT}}} \times \sum_{j \in \text{HT}_m} \text{opro}_j \times N_m^{\min} \tag{3.1}$$

$$\text{pro}_m^{\text{avg}} = \frac{1}{N_m^{\text{HT}}} \times \sum_{j \in \text{HT}_m} \text{opro}_j \tag{3.2}$$

$$\text{bpro}_m = \text{pro}_m^{\text{avg}} \times N_m^{\min} \tag{3.3}$$

其中，bpro_m 表示任务 task_j 的原始探测收益值；$\text{pro}_m^{\text{avg}}$ 表示目标 dt_m 的平均收益值；$N_m^{\min}$ 表示目标 dt_m 的最少探测次数；N_m^{HT} 表示目标对应的任务数量。

静止目标协同探测任务规划问题的规划目标是总探测收益最大化，即在探测任务顺利完成获得基本收益的基础上努力寻找能够获得最多额外收益的探测任务执行方案。静止目标协同探测任务规划模型的目标函数为

$$\max \sum_{m\in \mathrm{DT}}\left(\mathrm{bpro}_m+\sum_{i\in \mathrm{Sat}}\sum_{j\in \mathrm{HT}_m}\sum_{k\in \mathrm{TW}}\sum_{o\in O_i}\mathrm{apro}_{ijk}\cdot x_{ijko}\right)\cdot y_m \tag{3.4}$$

$$y_m=\begin{cases}1, & 若\ \mathrm{AE}_m>N_m^{\min}\\ 0, & 其他\end{cases} \tag{3.5}$$

$$AE_m=\sum_{i\in \mathrm{Sat}}\sum_{j\in \mathrm{HT}_m}\sum_{k\in \mathrm{TW}}\sum_{o\in O_i}x_{ijko} \tag{3.6}$$

其中，apro_{ijk} 表示任务 task_j 的实际探测收益；x_{ijko} 表示卫星 sat_i 是否在轨道 o 的第 k 个时间窗执行任务 task_j；y_m 表示对探测目标 dt_m 的探测是否成功完成；AE_m 表示任务 task_j 所在探测目标 dt_m 的实际任务执行次数。

在给出静止目标协同探测任务规划模型前，对一个目标在规划时间范围内所能完成的最大探测次数 $\mathrm{AN}_m^{\max}$ 进行分析和计算。通过计算目标最大探测次数，可以获得卫星对一个目标持续探测的上界，缩减问题的搜索空间。一般而言，静止目标探测要求的间隔时间要大于卫星在两个任务之间的转换时间，即 $\delta>\mathrm{tr}_{ijj'}$。因此，最大探测次数的计算公式为

$$\mathrm{AN}_m^{\max}=\left\lfloor\frac{H-d_m^{\mathrm{avg}}}{d_m^{\mathrm{avg}}+\delta}\right\rfloor+1 \tag{3.7}$$

$$d_m^{\mathrm{avg}}=\frac{1}{N_m^{\mathrm{HT}}}\times\sum_{j\in \mathrm{HT}_m}d_j \tag{3.8}$$

其中，H 表示规划时间范围；d_m^{avg} 表示目标平均要求探测时间长度。

在确定对目标所能探测的最大次数后，将给出静止目标协同探测任务规划模型的约束条件，具体约束条件为

（1）成功探测的区域实际探测次数不少于设定的最少探测次数，即

$$\sum_{i\in \mathrm{Sat}}\sum_{j\in \mathrm{HT}_m}\sum_{k\in \mathrm{TW}}\sum_{o\in O_i}x_{ijko}\geqslant N_m^{\min}\cdot y_m,\forall m\in \mathrm{DT} \tag{3.9}$$

（2）对同一个探测目标的任意两次探测之间的间隔时间需要满足如下要求：

$$\begin{aligned}&(\mathrm{st}_{ijo}+d_j)\cdot x_{ijko}+\delta\leqslant \mathrm{st}_{i'j'o}+I\cdot(1-x_{ij'k'o'}),\\&\forall j\neq j',i,i'\in \mathrm{Sat},j,j'\in \mathrm{HT}_m,o\in O_i,o'\in O_{i'},k\in \mathrm{TW}\end{aligned} \tag{3.10}$$

（3）不能超过一个区域所能完成的最大探测次数，即

$$\sum_{i\in Sat}\sum_{j\in \mathrm{HT}_m}\sum_{k\in \mathrm{TW}}\sum_{o\in O_i}x_{ijko}\leqslant AN_m^{\max}\cdot y_m,\forall m\in \mathrm{DT} \tag{3.11}$$

（4）需要满足第 2 章任务规划模型中所给出的其他约束条件，即

$$\mathrm{Con}\,(\boldsymbol{x}, \mathbf{st}) \leqslant \mathbf{0} \tag{3.12}$$

式 (3.11) 表示每一个区域内的任务执行次数不能超过最大探测次数，最大探测次数是根据规划时间范围和探测目标内的任务要求探测时长分析并计算而获得的，通过该约束可以有效缩减解空间，去掉部分不可行解。式 (3.12) 的相关内容在第 2 章任务规划模型中已经给出，在此不再重复描述。

3.3 基于算子自适应选择的进化算法

由于静止目标协同探测任务规划问题中存在目标重复探测的需求，因此对规划算法提出了很高的要求，搜索操作是否合理会直接影响解的可行性和质量。针对静止目标协同探测任务规划问题，基于第 2 章学习型进化算法框架提出了一种基于算子自适应选择的进化算法（adaptive operators selection based evolutionary algorithm，AOSEA）。AOSEA 采用 DQN 决策方法，根据染色体结构和适应度改进情况的状态值选择合适的交叉操作进行种群搜索，提升搜索操作的有效性。DQN 采用带回放缓存（relay buffer，RB）机制的训练方法优化模型参数，提升决策的科学性。算法中还使用了一种个体淘汰机制在搜索不理想时以随机生成新个体的方式淘汰种群内最差个体，并通过改变种群个体组成的方式防止算法陷入局部最优。此外，还提出了一种探测任务时间窗选择方法（detection task time window selection method，DTTWSM）用于对新生成的染色体解码，DTTWSM 能够对任务执行的可能性作出快速判断，并为可以安排的任务确定合适的任务执行时间。下面将分别介绍 AOSEA 的算法流程、基于深度强化学习方法的算子自适应选择、种群进化操作、探测任务时间窗选择方法、算法复杂度等内容。

3.3.1 算法流程

根据第 2 章提出的学习型算法框架，针对 STIESSP 设计了基于算子自适应选择的进化算法，算法流程如图 3.2 所示。

传统进化算法以种群搜索方式可以很好地找到全局优化方案，在包括生产车间调度问题[117]、探测卫星任务规划问题[118] 等一系列规划调度问题中有着广泛的应用，但也存在与问题相关性不强、搜索随机化程度高等不足。本算法在进化算法框架基础上使用深度强化学习方法进行交叉操作算子选择。为了让算法中的

策略选择有助于种群搜索到高质量的解，选择过程由一种深度 Q 网络（DQN）方法完成。在 AOSEA 中，还使用了一种个体淘汰机制增强种群的多样性。当种群更新后，需要使用 DTTWSM 对染色体解码并获得任务执行方案，同时根据任务执行方案对每个个体的适应度函数值进行评价。DTTWSM 的具体介绍在 3.3.4 节中给出。为了更为直观地展示深度强化学习方法和进化算法框架之间数据流的关系，图 3.3 给出了 AOSEA 内部的数据流动情况。

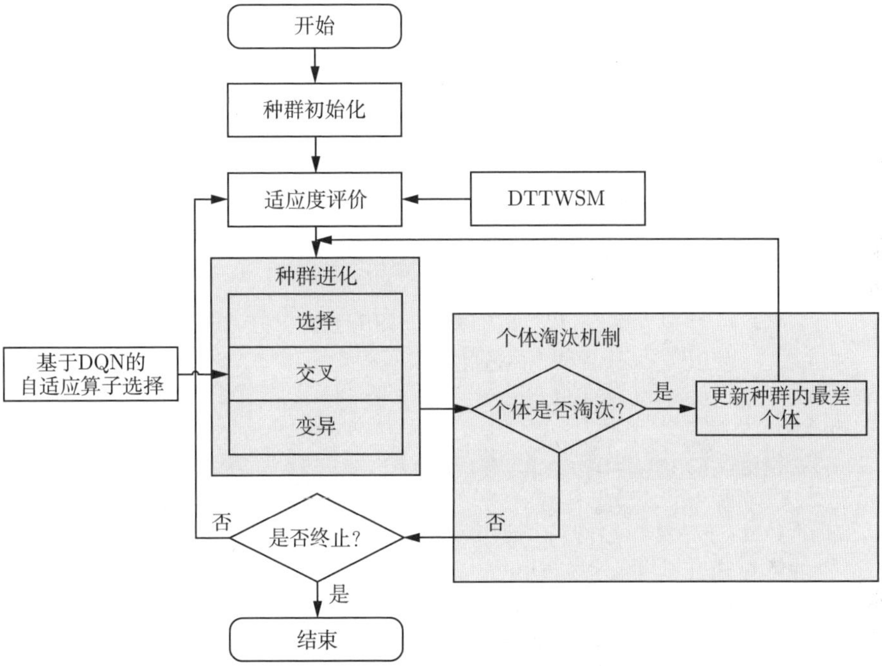

图 3.2　基于算子自适应选择的进化算法流程图

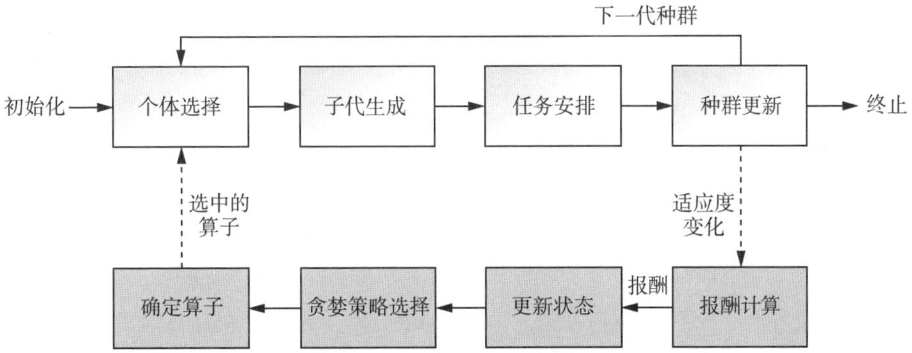

图 3.3　AOSEA 内部数据流

算法 3.1 基于算子自适应选择的进化算法

输入: 种群规模 N_p, 交叉概率 α, 变异概率 β, 任务集合 T, 时间窗集合 TW, DQN, 交叉算子 C_o, 变异算子 M_o, 交叉长度 L, 阈值 Thre

输出: 最优方案 Solution

初始化算法参数与种群;
设置 $t=0$, num_eval = 0, local_best = 0, count = 0, global_best = 0, global_best_individual = [ ], local_best_individual = [ ];
加载 DQN 模型参数;
while num_eval < MFE **do**
使用式 (3.20) 对 S_t 进行归一化处理;
$A_t \leftarrow$ 使用 DQN 选择动作 (S_t);
for $p=1$ to N_p **do**
$\text{indi}_p^t \leftarrow$ 轮盘赌选择个体 (P_t, F_t);
$\text{indi}_p^{t+1} \leftarrow$ 交叉操作 $(\text{indi}_p^t, A_t, C_o, \alpha, L)$;
$\text{indi}_p^{t+1} \leftarrow$ 变异操作 $(\text{indi}_p^{t+1}, M_o, \beta)$;
$\text{Plan}_p^{t+1} \leftarrow$ 生成方案 $(\text{indi}_p^{t+1}, T, \text{TW})$ //使用 DTTWSM;
$F_p^{t+1} \leftarrow$ 使用式 (3.4) 评估个体适应度 (Plan_p^{t+1});
num_eval ← num_eval +1;
end for
$R_t \leftarrow$ 使用式 (3.15) 计算报酬值 (F_{t+1}, F_t);
记录状态转移 (S_t, A_t, R_t, S_{t+1});
local_best ← 寻找当代种群最大适应度函数值 (P_{t+1});
if local_best > global_best **then**
global_best ← local_best;
global_best_individual ← local_best_individual;
else
if count < Thre **then**
//个体淘汰机制
$P_{t+1} \leftarrow$ 随机生成新个体替换种群内最差个体;
重置 count ← 0;
end if
end if
if local_best ⩽ last_local_best **then**
count ← count + 1;
end if
last_local_best ← local_best;
$t \leftarrow t+1$;
end while

如图 3.3 所示，图中上面一行表示进化算法种群搜索过程，下面一行表示深度强化学习方法更新状态、动作选择等过程。进化算法的搜索表现会用于智能体决策下一次所采用的动作，动作与进化算子一一对应，种群搜索也可以继续进行。

基于算子自适应选择的进化算法伪代码如算法 3.1 所示。

AOSEA 在每次种群进化时使用 DQN 选择合适的交叉算子（第 6 行），并根据选择的算子完成相应的交叉操作。每一次进化的结果会使用 DTTWSM 评估适应度函数值（第 12 行），并记录状态转移用于模型参数配置更新（第 16 行）。当参数 count 与阈值 Thre 相等时，触发个体淘汰机制，生成一个新的个体更新种群（第 24 行）。

下面，将分别介绍基于深度强化学习方法的算子自适应选择、种群进化操作等算法的主要步骤，并对算法复杂度进行分析。

3.3.2 基于 DRL 的交叉算子选择方法

使用深度强化学习中的 DQN 方法为 AOSEA 选择合适的交叉算子。DQN 是一种结构简单、应用广泛、适合解决离散空间决策问题的 DRL 方法，其他很多复杂的网络结构其中也会使用 DQN 网络结构和训练方法。DQN 方法中的智能体决策过程与种群进化过程存在相互信息交互的过程。DQN 根据输入人工神经网络（artificial neural network，ANN）模型的状态信息，采用贪婪的方式为智能体选择合适的动作进行个体进化。在个体完成进化过程后，需要根据环境评价智能体所能获得的报酬值。环境评价在本问题中通过计算个体的适应度函数值完成。当算法处在训练模式下运行时，如果满足训练条件 DQN 方法则将更新网络模型参数。DQN 方法在 AOSEA 中运行流程如图 3.4 所示。

马尔可夫决策过程（Markov decision process，MDP）是 DQN 方法中智能体决策的基础，也是对网络模型参数优化的数据来源。下面将分别介绍 MDP 模型构建和基于 DQN 的网络模型训练方法。

1. MDP 模型构建

提出的基于算子自适应选择的进化算法种群进化是一个根据个体前一状态决策后一状态的过程，且算法在多次迭代搜索之间相互无关联关系。上述的进化过程满足构建有限马尔可夫决策过程的条件。任意一个 MDP 模型可以由 $\langle S, A, R, V\rangle$ 四部分组成。其中，S 表示状态（state），A 表示动作（action），R 表示报酬值（reward），V 表示价值函数（value function）。在时间 t，一个智能体在状态 S_t 根据策略采取动作 A_t，获得报酬 R_t 并转移到状态 S_{t+1}。智能体不断重复这一过

程并按照价值函数 V 获得最佳的表现，智能体状态转移过程如图 3.5 所示。

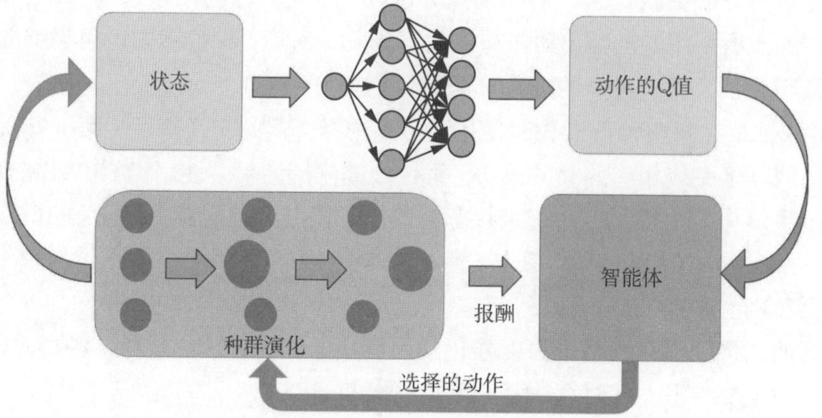

图 3.4　DQN 方法在 AOSEA 中运行流程

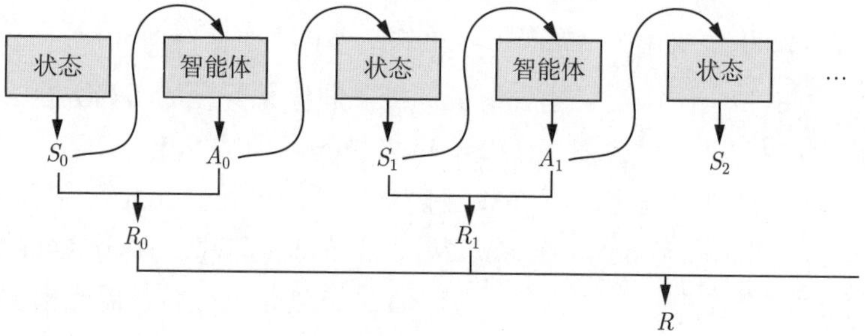

图 3.5　智能体状态转移过程

MDP 模型在序列调度问题中可采用的形式可以分为端到端式模型和逐步式模型。端到端式模型是指通过输入矩阵或向量直接得到最终需要的全部结果，而不需要中间过程的计算、转化、处理等一系列操作。逐步式模型则将整个求解过程分为多个步骤，上一步的输出作为下一步的输入，通过多个步骤的求解最终得到需要的结果。两种 MDP 模型有各自的优势和不足，端到端模型得到结果速度快，但得到结果的过程可解释性较差，而逐步式模型容易理解但可能存在步骤设置不合理导致效果不理想的情况。具体 MDP 模型的使用需要根据其所能发挥的作用、环境的复杂程度、是否存在与环境频繁的交互等因素综合确定。本章采用的 MDP 模型为逐步式模型的形式，智能体从初始状态开始得到一步的动作，根据状态和动作得到报酬后更新价值函数获得新的状态。以此类推，直至达到最终的状态或预期的目标。逐步式模型也可以很好地与种群进化过程相匹配，提升进化算法种群搜索的表现。下面将详细介绍 MDP 模型各个组成部分在 AOSEA 中所具体表达的含义。

1）状态

状态表示了智能体当前的情况，是采取动作的依据。状态的设置很大程度上影响 DRL 方法的决策表现。在本书中，状态具体是指适应度改进情况和种群内个体的染色体结构，即任务序列构成。在状态空间 S 中，时刻 t 的状态 S_t 可以表示为

$$S_t = \{\boldsymbol{P_t}, \mathbf{FI}_{\boldsymbol{t}}\} \tag{3.13}$$

其中，$\boldsymbol{P_t}$ 表示种群内个体染色体结构；$\mathbf{FI}_{\boldsymbol{t}}$ 表示子代个体相较于父代个体的适应度函数值改进情况。对于 $\mathbf{FI}_t$，取值方法为

$$\mathrm{FI}_i^t = \begin{cases} 1, & \mathrm{fit}_t^i > \mathrm{fit}_{t-1}^i \\ 0, & \mathrm{fit}_t^i = \mathrm{fit}_{t-1}^i \\ -1 & \mathrm{fit}_t^i < \mathrm{fit}_{t-1}^i \end{cases} \tag{3.14}$$

FI_t 值的变化情况共有三种：当子代个体相较于父代个体适应度函数值有所提升时，FI_t 为 1；当子代个体相较于父代个体适应度函数值无变化时，FI_t 为 0；当子代个体相较于父代个体适应度函数值有所下降时，FI_t 为 -1。

2）动作

动作表示智能体在当前时刻所要采用的转移至下一个状态的方式。确定使用的动作需要通过状态 S_t 和人工神经网络模型计算得到每个动作可以被选中的近似 Q 值。之后，智能体选择 Q 值最大的动作进行状态转移、与环境交互计算报酬值。在本书所使用的 DQN 中，动作具体是指选择的交叉算子。

3）报酬

报酬是对智能体采取动作后表现的评价，报酬可以反映出智能体决策是否正确以及决策所产生的影响。报酬计算根据 DTTWSM 生成的任务探测方案收益值确定。在本书所使用的 DQN 中，报酬值计算公式为

$$R_t = f_{t+1}^{\mathrm{avg}} - f_t^{\mathrm{avg}} \tag{3.15}$$

其中，f_{t+1}^{avg} 表示当前种群适应度函数值的平均值；f_t^{avg} 表示父代种群适应度值的平均值。

4）状态转移

状态转移表示智能体采取动作后从当前状态转移到下一个状态。状态转移记录了智能体状态的变化，将被用于训练 DQN 网络模型。在本书所使用的 DQN

中，状态转移后的新状态由种群内个体经过交叉得到的新的子代种群和个体适应度变化矩阵共同构成。

5）价值函数

价值函数（value function，VF）是深度强化学习方法中的关键组成部分，直接影响智能体决策的效果。价值函数描述了在一定状态下采取相应动作所能获得的期望值大小。依照贝尔曼方程，价值函数的计算公式为

$$q(s,a)=\mathbb{E}\left(R_{t+1}+\gamma\max_{d'}q\left(s_{t+1},a'\right)\mid S_t=s,A_t=a\right) \tag{3.16}$$

根据式 (3.16)，可以得到任意一种状态和动作组合所能产生的价值。进一步地，可计算得到最佳的价值函数为

$$q_*(s,a)=\mathbb{E}\left[R_t+\gamma\max_{a'}q_*\left(s',a'\right)\mid S_t=s,A_t=a\right] \tag{3.17}$$

如果深度强化学习方法能够按照最佳价值函数选择动作将是智能体的最佳决策，而由于所研究的问题决策空间规模庞大难以列举全部可能的状态，因此，只能够采取近似逼近的方法尽可能达到最理想的情况。下面将介绍基于 DQN 的网络模型训练和如何通过优化模型参数提升智能体的决策表现。

2. 基于 DQN 的网络模型训练

本书使用 DRL 中的 DQN 方法根据状态值由智能体选择进化算法中的操作算子。DQN 方法由 Mnih[119] 等提出，是 DRL 中一种经典并具有广泛应用的模型形式。在 DQN 方法中，动作–值函数网络取代了传统 Q 学习方法中的 Q 表，因此，每次智能体选择的依然是具有最大 q 值的策略。使用神经网络模型近似代替 Q 表可以表示如下：

$$q(s,a;\theta)\approx q^*(s,a) \tag{3.18}$$

其中，θ 表示模型参数。根据式 (3.18) 可以看出，找到合适的模型参数配置对于 DQN 而言格外重要，采用梯度下降方法训练并更新模型参数配置。当模型的损失函数值越低，意味着模型参数设置更为精准。采用损失函数训练模型的公式为

$$L_i\left(\theta_i\right)=\mathbb{E}_{s,a\sim\rho(\cdot)}\left[\left(y_i-q\left(s,a;\theta_i\right)\right)^2\right] \tag{3.19}$$

其中，i 表示第 i 次迭代更新。

在得到损失函数后，需要根据模型决策表现对模型参数进行优化。DQN 方法能够在众多 DRL 方法中脱颖而出的一个重要原因是：它提出了一种带回放缓存

的训练机制。这种训练机制让 DQN 方法可以通过从采样数据中随机选择若干数据用于模型计算损失值并进行梯度下降操作，有效克服了由于状态转移前后关联性而产生的数据关联性与数据分布不平稳的问题。此外，DQN 方法在使用动作–值函数网络以外还加入了目标–值函数网络，目标–值函数网络会间隔一定步数从动作–值函数网络复制模型参数。当模型需要训练时，训练算法会计算两个网络之间的损失值并使用优化器进行梯度下降操作更新动作–值函数网络参数。DQN 方法的训练伪代码如算法 3.2 所示。

算法 3.2 DQN 训练方法

输入： 回放缓存 relay buffer, DQN, 时刻 t, 步长间隔 SI, 批量规模 B_s, 学习率 α_L, 折扣因子 γ

输出： 更新的动作–值函数 Q 网络模型 θ

if $mod\,(t, \mathrm{SI}) == 0$ **then**
  $\hat{Q} \leftarrow$ 复制 Q 网络模型参数;
end if
从回放缓存中随机采用一个批量的状态转移数据;
for $i = 1$ to B_s **do**
  从批量中随机选择一个状态转移数据;
  $\mathrm{PV} \leftarrow \hat{Q}\left(\phi_i', a'; \hat{\theta}\right)$;
  if S_{t+1} 不是终止状态 **then**
    $Y_i = R_i + \gamma \max_{a'}(\mathrm{PV})$;
  else
    $Y = R_t$;
  end if
  使用 $(Y_i - Q\,(\phi_i, A_i; \theta))^2$ 计算损失函数;
  $\theta \leftarrow$ 使用优化器进行梯度下降优化模型参数 (α_L, γ);
end for

由于采用整数编码，当任务数量众多时，特征取值跨度大，可能由于输入到神经网络模型中的数据导致模型的精确程度和收敛程度受到影响。因此，需要对输入数据进行归一化（normalization）处理。归一化的计算公式为

$$z' = \frac{z - z_{\min}}{z_{\max} - z_{\min}} \tag{3.20}$$

其中，z 为特征值；$z_{\max}$ 为该特征的最大值；$z_{\min}$ 为该特征的最小值；z' 为归一化的特征值。

3.3.3 种群进化操作

本节将介绍 AOSEA 中编码与解码、种群初始化、适应度评价、个体选择、交叉、变异、个体淘汰、算法终止等与种群进化相关的操作。

1. 编码与解码

编码（encoding）将规划问题的解映射为个体结构，进化算法内的个体编码方式不仅影响交叉和变异的方式，还会影响个体的解码（decoding）过程[120]。常用的编码方式包括整数编码、0–1 编码（也称为二进制编码）、格雷编码、浮点数编码、双层编码、二倍体编码等。复杂的编码会导致解码计算量大，可能会产生不可行解。针对序列调度问题，0–1 编码、整数编码和双层编码是较为常见的方式。对于任务序列，采用整数编码的形式构成进化算法中的个体。整数编码既可以保证个体内编码与任务序号一一对应的关系，简化解码过程，又可以保证编码的合法性，不需要进行个体编码修复。在本章研究的问题中，整数编码值对应着任务的序号，并且需要经过选择卫星与确定具体执行时间的解码过程才能生成最终的任务计划。通过解码生成规划方案之前，会对每个任务执行的相关约束条件进行检查，解码采用的是探测任务时间窗选择方法，具体算法内容介绍将在 3.3.4 节给出。

2. 种群初始化

种群初始化是进化算法开始搜索的前提，也是后续迭代搜索的前提。种群初始化的方式主要包括随机初始化、根据规则初始化以及根据数据特征初始化等多种形式。为了增强种群的多样性，采用随机的方式进行种群初始化。当种群初始化时，算法从任务集合中依次随机挑选一个不重复的任务序号，按照挑选的先后顺序生成初始种群中的每个个体。

3. 适应度评价

适应度函数是种群进化中选择个体的依据。适应度函数值采用式 (3.4) 所得到的目标函数值。适应度函数值越大，意味着个体所代表的任务执行方案执行的效果会更为理想。计算得到适应度函数值后便可以根据适应度值从种群中选择个体进行相应的进化操作。

4. 个体选择

个体选择是 AOSEA 种群进化的依据，使用搜索算子进化是在被选中的个体上完成的。在进行个体选择时，需要在保证每个个体均具有被选中可能性的基础

上，让表现好的个体具有更多被选中的可能性。为此，使用轮盘赌选择方法选择个体，种群中个体被选中概率的计算公式为

$$p_i = \frac{\text{fit}_i}{\sum\limits_{i \in P} \text{fit}_i} \tag{3.21}$$

其中，p_i 表示个体 i 被选中的概率值；fit_i 表示个体 i 的适应度函数值。

在得到每个个体可能被选中的概率值后对概率值进行累加，将生成一个 0–1 的随机数，然后根据随机数属于的累计概率区间可以确定完成进化操作的个体。

5. 交叉

交叉是进化算法中的一个重要部分，通过交叉可以为任务序列找到更优的执行顺序。交叉涉及两类共有五种交叉方法。第一类是根据片段长度定义的交叉方法，第二类是按任务片段内部顺序调整的交叉方法。根据片段长度定义的交叉方法包括双点位短片段交叉、双点位中等长度片段交叉、双点位长片段交叉。任务片段内部顺序调整的交叉方法包括片段内部翻转和基于最早允许开始时间的任务位置互换。双点位交叉和片段内部翻转的原理如图 3.6 和图 3.7 所示。

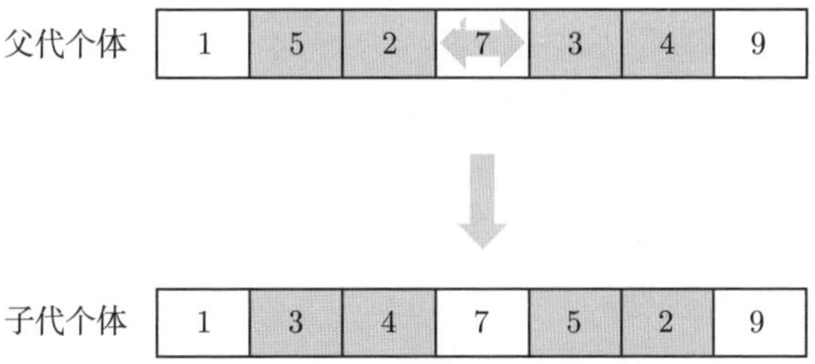

图 3.6　双点位交叉示意图

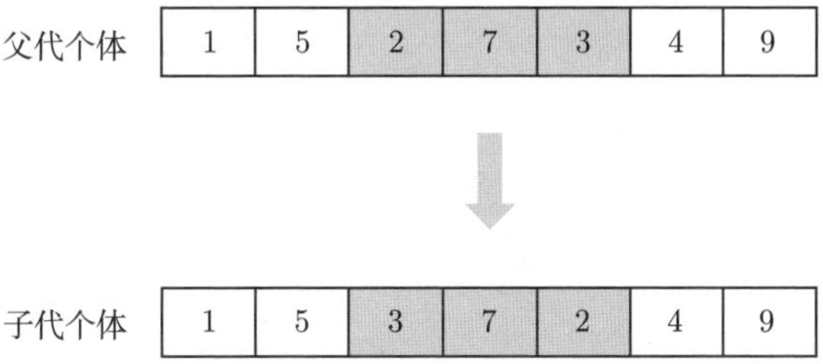

图 3.7　片段内部翻转示意图

（1）**双点位短片段交叉**：同时在一个个体中选择两个不存在重叠的起始位置，分别从两个起始选取长度为 L 的两个基因序列片段，将两个序列片段交换位置得到新的个体。

（2）**双点位中等长度片段交叉：**同时在一个个体中选择两个不存在重叠的起始位置，分别从两个起始位置选取长度为 $2L$ 的两个基因序列片段，并将两个序列片段交换位置得到新的个体。

（3）**双点位长片段交叉：**同时在一个个体中选择两个不存在重叠的起始位置，分别从两个起始位置选取长度为 $3L$ 的两个基因序列片段，将两个序列片段交换位置得到新的个体。

（4）**片段内部翻转：**在个体中选择一个长度为 L 的任务序列片段，将选定范围内的任务序列倒序排列放回在原位置中得到新的个体。

（5）**基于最早允许开始时间的任务位置互换：**在个体中选择一个长度为 L 的基因序列片段，根据片段中任务最早允许开始时间的先后顺序调整任务在序列中所处的位置得到新的个体。

在 AOSEA 中，每次个体所使用的交叉方式通过 DQN 方法决策确定。DQN 方法通过输入的状态信息确定本次个体搜索所采用的交叉算子。算子选择结果以及选择后个体进化表现等相关信息会被记录下来，用于更新人工神经网络模型参数。

6. 变异

变异同样是进化算法中个体表现改进的重要方法。相较于交叉，变异发生的概率低并且对个体的变化幅度较小。而当搜索达到一定程度后交叉往往能发挥的全局搜索作用有限，而此时变异操作则能够通过对解空间局部搜索找到具有更高适应度函数值的解。在 AOSEA 中，变异采用双点位等位基因交换位置的方式完成，即随机从个体中选择两个不同的等位基因，在不改变其他基因位置的基础上交换选中的两个基因位置得到新的个体。

7. 个体淘汰机制

由于面向静止目标探测的同构电磁探测卫星任务规划问题复杂，搜索空间大，算法有一定陷入局部最优解的可能性。当算法多次搜索未能找到更优的个体时，即当前种群最优个体多次没有找到更优的方案，则使用一个随机生成的个体替换种群内的最差个体。这样的操作淘汰种群内最差个体，可以提升算法的全局搜索能力。

8. 算法终止条件

算法终止时保存从开始搜索至结束为止由进化算法得到的表现最好的个体。在设置算法终止条件时既要保证算法优化已经取得很好的效果，又要做到计算资源的合理使用而不浪费。换言之，过多或者过少的种群迭代次数都是不够合理的。由于在进化算法中使用了深度强化学习方法，并且在每次采取动作后需要计算报酬值，每次选择动作后个体改进都需要再次使用算法评价，根据算法评价发生的次数终止算法运行更为合理，因此，使用最大适应度评价次数 MFE 作为结束算法运行与保存最终规划结果的依据。当算法的适应度评价次数达到 MFE 值时，AOSEA 将结束种群搜索并输出最佳任务执行方案。

3.3.4 探测任务时间窗选择方法

基于算子自适应选择的进化算法采用进化操作产生新的种群后均需要得到与新染色体结构相对应的探测任务执行方案，并根据新方案计算适应度函数值。为此，本节提出了一种探测任务时间窗选择方法完成进化算法的解码过程。为了提升任务安排的效率，探测任务时间窗选择方法中设计了一种快速判断策略对任务能否安排进行判断。该方法还使用了向前移动和向后移动规则以保证任务在执行过程中能够满足约束条件。下面将介绍整体流程并对复杂度进行分析。

1. 整体流程

在基于算子自适应选择的进化算法生成新的种群后，需要根据得到的任务序列为每个资源分配任务，并为任务确定在卫星上的具体任务执行时间。为任务选择具体执行时间时必须考虑两方面因素：一是任务在卫星可见时间窗内的开始和结束时间应当包含在时间窗范围内；二是让探测任务获得高的探测收益。

任务安排存在两种情况：一种是任务收益大小受到卫星载荷指向方向与探测任务夹角大小的影响；另一种则是收益不会受夹角的影响。对于第一种情况，如果在卫星载荷指向方向与探测任务夹角最小位置附近所能达到的探测效果最为理想，则这个夹角最小的位置位于卫星探测任务可见时间窗的中间。对于第二种情况，虽然任务安排在时间窗的任意位置对于该任务收益值而言不存在区别，但是如果任务在时间窗内的间隔时间越短则意味着整个任务序列的收益值越高。

在任务安排之前，探测任务时间窗选择方法首先采用一种快速判断策略（quick judgment strategy，QJS）分析时间窗安排任务的可行性。如果时间窗满足任务安排的时间要求则将任务安排在中间位置或最前位置，并以位置调整的方式确定开始时间和结束时间。在 QJS 中，两个新的指标实际最早时间 AET_{ijk} 和实际最晚时间 ALT_{ijk} 用来判断是否能够在当前时间窗安排任务，任务的实际执行时间必须要在实际最早时间到实际最晚时间这一段范围内，即在 $[\mathrm{AET}_{ijk}, \mathrm{ALT}_{ijk}]$ 的区间内，如果可以满足要求则可以进一步确定具体的任务执行时间，然后通过得到的实际时间范围判断任务是否具有在该时间窗内执行的可能性。任务的实际最早时间 AET_{ijk} 和实际最晚时间 ALT_{ijk} 的计算公式为

$$\text{AET}_{ijk} = \max\left\{\text{rest}_j, \text{revt}_{ijko}\right\} \tag{3.22}$$

$$\text{ALT}_{ijk} = \min\left\{\text{rlet}_j, \text{rlvt}_{ijko}\right\} \tag{3.23}$$

其中，rest_j 表示任务的最早允许执行时间；rlet_j 表示任务的最晚允许结束时间；revt_{ijko} 表示时间窗的最早可见时间；rlvt_{ijko} 表示时间窗的最晚可见时间。

QJS 的判断标准是理论上允许的时间长度与任务要求执行时间长度之间的关系，如果理论上允许的时间长度超过任务要求执行时间则可以进入后续安排过程。当满足关系 $(\text{AET}_{ij} - \text{ALT}_{ij}) \geqslant d_j$ 时，则为任务确定具体执行时间。

根据任务收益是否受到卫星与任务位置角度的影响，最佳开始时间设置同样分为两种情况。

第一种情况是当探测收益和卫星与任务位置之间的角度存在相关关系时，首先尝试是否能够让任务在整个时间窗的中间位置执行，即让任务执行的中间时刻与时间窗的中间位置重合。因此，可以得到任务的最佳开始时间 bst_{ijko} 和最佳结束时间 bet_{ijko}。最佳开始时间 bst_{ijko} 和最佳结束时间 bet_{ijko} 的计算公式为

$$\text{bst}_{ijko} = \frac{(\text{revt}_{ijko} + \text{rlvt}_{ijko})}{2} - \frac{d_j}{2} \tag{3.24}$$

$$\text{bet}_{ijko} = \text{bst}_{ijko} + d_j \tag{3.25}$$

第二种情况是安排的任务探测收益不会受到卫星与任务位置之间的角度影响，则最佳开始时间 bst_{ijko} 为时间窗最早可见时间 revt_{ijko}，如式 (3.26) 所示，并同样可根据式 (3.25) 得到最佳结束时间 bet_{ijko}。

$$\text{bst}_{ijko} \leftarrow \text{revt}_{ijko} \tag{3.26}$$

然后，需要判断是否需要调整任务执行的时刻。如果最佳开始时间 bst_{ijko} 不早于任务实际最早时间 AET_{ijk}，并且最佳结束时间 bet_{ijko} 不晚于实际最晚时间 ALT_{ijk}，则将最佳开始时间作为任务的执行开始时间，并可相应地得到结束时间的值，即

$$\text{st}_{ijo} \leftarrow \text{bst}_{ijko} \tag{3.27}$$

$$\text{et}_{ijo} \leftarrow \text{bet}_{ijko} \tag{3.28}$$

而当最佳开始时间 bst_{ijko} 和最佳结束时间 bet_{ijko} 无法作为探测任务执行的开始时间和结束时间时，需要根据最佳时间小幅度调整后设定任务执行时间。根据违反约束条件的类型，分别采用向前移动（forward movement，FM）或向后移动 (backward movement，BM) 的启发式规则小幅度调整后设定任务具体执行时间。具体而言，共存在两种违反约束条件的情况，即最佳开始时间早于实际最早

允许开始时间或者最佳结束时间晚于实际最晚允许结束时间。如果最佳开始时间早于实际最早允许开始时间则使用 BM 规则，而如果最佳结束时间晚于实际最晚允许结束时间则使用 FM 规则。

（1）**向前移动（FM）规则：**将探测任务在时间窗内从最佳结束时间向前移动至实际最晚允许结束时间，并将其作为任务的结束时间，同时以此时间确定任务开始执行时间。

（2）**向后移动（BM）规则：**将探测任务在时间窗内从最佳开始时间向后移动至实际最早允许开始时间，并将其作为任务的开始执行时间，同时以此时间确定任务结束时间。

探测任务时间窗选择方法伪代码如算法 3.3 所示。

算法 3.3 探测任务时间窗选择方法

输入：任务集合 T, 时间窗集合 TW, 个体所对应的探测任务序列 indi_p^t

输出：任务执行方案 S_i^t

for all task_j in indi_p^t **do**
 for all tw_k in TW **do**
  $\text{AET}_{ijk} = \max\{\text{rest}_j, \text{revt}_{ijko}\}$;
  $\text{ALT}_{ijk} = \min\{\text{rlet}_j, \text{rlvt}_{ijko}\}$;
  if $(\text{ALT}_{ijok} - \text{AET}_{ijok}) \geqslant d_j$ **then**
   $\text{bst}_{ijko} \leftarrow$ 使用式 (3.24) 或式 (3.26) 计算最佳开始时间;
   $\text{bet}_{ijko} \leftarrow$ 使用式 (3.25) 计算最佳结束时间;
   $\text{st}_{ijo}, \text{et}_{ijo} \leftarrow$ 确定开始执行时间和结束时间;
   if $\text{bst}_{ijko} < \text{AET}_{ijk}$ **then**
    $\text{st}_{ijo} \leftarrow$ 使用 BM 规则调整开始执行时间;
   end if
   if $\text{bet}_{ijko} > \text{ALT}_{ijk}$ **then**
    $\text{st}_{ijo} \leftarrow$ 使用 FM 规则调整开始执行时间;
   end if
   $\text{tw}_j', \text{tw}_j'' \leftarrow$ 更新 tw_j;
   $\text{TW} \leftarrow$ 将 tw_j' 和 tw_j'' 添加至 TW;
   $\text{TW} \leftarrow$ 将 tw_j 从 TW 中移除;
   尝试安排下一个任务 task_{j+1};
  else
   转至下一时间窗 tw_{k+1} 尝试安排任务;
  end if
 end for
end for

探测任务时间窗选择方法的输入为任务集合、时间窗集合、表示任务选择先后顺序的探测任务序列。算法首先对任务执行能否满足约束条件进行相关的检查，能够通过约束检查的任务按照 QJS 方法判断时间窗能否安排任务（第 3 ~ 5 行）。如果能够安排，则先给任务指定一个开始执行和结束时间（第 6 ~ 8 行）。算法对这样的任务执行安排情况进行判断，如果满足约束条件则确定这个任务的执行计划并安排下一个任务（第 18 行）。

2. 复杂度分析

本部分对探测任务时间窗选择方法的复杂度进行分析，任务序列和可见时间窗的遍历影响着算法的复杂程度，而在确定任务和时间窗之后判断任务能否执行与确定任务执行时间占用的计算资源较少。因此，探测任务时间窗选择方法的时间复杂度为 $O(|T| \cdot |\mathrm{TW}|)$。

采用 Oliveto[121] 等提出的进化算法时间复杂度分析方法可以得到与之一致的结论。考虑 DTTWSM 运行最差的一种情况，即每个任务都只有在遍历到最后一个可见时间窗时才能够被成功安排，并且每次安排均会涉及时间窗的裁剪。在这种情况下，第一个任务搜索的时间窗数量为 $|\mathrm{TW}|$，第二个任务搜索的时间窗数量为 $|\mathrm{TW}|+1$，以此类推，第 $|T|$ 个任务搜索的时间窗数量为 $|\mathrm{TW}|+|T|-1$，则算法在最差情况下的搜索次数为

$$\begin{aligned} & |\mathrm{TW}|+(|\mathrm{TW}|+1)+(|\mathrm{TW}|+2)+\cdots+(|\mathrm{TW}|+|T|-1) \\ = & \frac{|\mathrm{TW}|+(|\mathrm{TW}|+|T|-1)}{2} \cdot |T| \end{aligned} \tag{3.29}$$

根据式 (3.29)，由于随着时间窗的裁剪会出现 $|\mathrm{TW}| \gg |T|$ 的情况，则 DTTWSM 的时间复杂度为 $O(|T| \cdot |\mathrm{TW}|)$，这与上面给出的时间复杂度结果是一致的。

DTTWSM 所需要使用的空间与 AOSEA 中的任务规模成正比。因此，该算法的空间复杂度为 $O(N)$。

3.3.5 算法复杂度分析

在 AOSEA 中，影响算法搜索效率的主要是动作选择、适应度评价和任务安排。适应度评价和任务安排两个重要步骤均由任务安排算法实现，其时间复杂度为 $O(|T| \cdot |\mathrm{TW}|)$。动作选择分为训练模式和测试模式两种情况，训练模式或者测试模式将对 AOSEA 的时间复杂度产生影响。在训练模式下，DQN 前向传播的时间复

杂度为 $O(d \cdot N_p)$，反向传播的时间复杂度同样为 $O(d \cdot N_p)$，N_p 为种群规模，特征数量 $d = |T|+1$ 为常数。因此，DQN 的时间复杂度为 $O(N_p)$。当训练 Epoch 轮，每一轮场景种群更新代数为 Gen 时，其复杂度为 $O(\text{Epoch} \cdot \text{Gen} \cdot N_p \cdot |T| \cdot |\text{TW}|)$，则 AOSEA 在训练模式下的整体时间复杂度为 $O(\text{Epoch} \cdot \text{Gen} \cdot N_p \cdot |T| \cdot |\text{TW}|)$。

在测试模式下，动作选择的时间复杂度为 $O(N_p)$，AOSEA 在测试模式下的整体时间复杂度为 $O(N_p \cdot \text{Gen} \cdot |T| \cdot |\text{TW}|)$。

AOSEA 的空间复杂度由 DQN 中的网络模型和进化算法框架两部分共同决定，人工神经网络模型的空间复杂度为 $O(N)$，进化算法框架的空间复杂度同样为 $O(N)$。因此，AOSEA 整体的空间复杂度为 $O(N)$。

3.4　仿真实验与分析

为了检验基于算子自适应选择的进化算法对静止目标协同探测任务规划问题求解效果，本章的仿真实验设计了多个数据集与实验场景，从多个维度详细评估算法的求解效果。本节使用 Python 语言进行算法实验，Python 语言是一种简洁、高效、可面向对象编程的脚本语言。由于 Python 语言在机器学习、人工智能等领域具有高级数据结构，并且能够充分利用显卡的计算资源因而在工业界与学术界得到广泛的应用。本章仿真实验所使用的 Python 版本为 3.9.7，实验平台为安装 Windows 11 专业版操作系统（64 位系统）的台式机，其 CPU 为 Intel Core i7-12700 2.10GHz，内存容量为 32GB。

3.4.1　仿真实验设计与参数配置

1. 实验场景设置

算法能否解决静止目标协同探测任务规划问题将通过一系列实验场景来反映。实验场景应当尽量做到具有一般性和全面性，保证算法评价的客观公正。AOSEA 还需要大量与实验场景不同的数据集用于训练 DQN 网络模型。因此，本节使用随机生成的目标检验 AOSEA 的求解效果。在介绍静止目标生成方法之前，本节将首先介绍实验场景中所使用的卫星相关情况。

1）卫星轨道参数设置

由于卫星在轨飞行期间很少发生轨道机动，其所能探测到的范围很大程度上由卫星轨道所决定。卫星轨道参数通常采用开普勒六参数或者两行轨道参数的形式，两者可以通过计算相互转化。本章仿真实验所使用的卫星轨道参数来自于中国实际使用的卫星或根据真实情况适当调整得到。表 3.2 给出实验中所使用的其中两颗卫星的轨道参数。

表 3.2 卫星轨道参数

卫星名称	半长轴	离心率	轨道倾角	升交点赤经	近地点幅角/(°)	平近点角/(°)
卫星-1	6800	0.00015	97.672	0	22.25	157.75
卫星-2	6800	0.00015	97.672	0	52.25	127.75
⋮	⋮	⋮	⋮	⋮	⋮	⋮

在给出一组卫星初始轨道参数后，可以通过相应的计算得到卫星星历，即卫星在任意时刻所处的位置、飞行速度以及飞行方向。卫星星历是计算可见时间窗的前提条件，从而可以得到规划算法的输入数据。

2）卫星工作条件限制

卫星在轨运行以及完成探测任务均需要保证卫星平台处于正常工作状态，载荷也需要在允许工作的情况下才能执行任务。限制卫星工作的主要因素包括卫星可用电量和卫星固存容量，结合 2.3.5 节规划问题上界分析，可以得出探测卫星在规划时间范围内的最大累计探测时长不超过 3600s，即 $\text{duration}_{\max} = 3600\text{s}$。这项约束条件与工程项目实际使用的约束是一致的，这也从另一个角度验证了所采用上界分析方法得到结论的正确性。卫星转换时间、探测模式限制等内容已在模型约束部分给出并已进行分析，在此不再赘述。

3）目标与任务设置

在对仿真实验中卫星轨道参数、能力参数进行介绍后，本节将给出实验场景中探测目标的有关设置。探测目标与卫星均是影响模型中约束条件和算法规划结果的重要因素。目标分布主要包括两方面内容：一方面是空间的分布，另一方面是时间的分布。在实验中，探测目标的所在位置为全球范围内随机分布。对于规划时间范围的设置，实际管控系统以一天为单位进行单次规划生成方案。实验中的任务规划时间范围则保持与实际管控系统规划时间范围相一致，全部需要规划的任务均来自同一规划周期，任务的时间范围在 2022/6/2 0:00:00—2022/6/3 0:00:00 的时间跨度内，且与时间相关的参数设置均以秒为单位进行离散处理。

目标数量分别设置为 10 ~ 100 个不等，每一个目标下包含若干探测元任务，每一个探测元任务只需一次探测即可完成，最少目标探测次数设定为 4 次，即在满足其他约束条件的前提下，卫星对一个目标进行不少于 4 次探测时才可认定为对该目标探测成功。对于任务参数，静止目标探测的参数设定较为固定，任务原始收益值均设定为 10，每一个任务的最早允许开始时间与最晚允许结束时间保持与任务时间范围一致，任务持续时间均为 30s。

在完成对目标和任务相关设置后，可以根据目标信息获得目标对卫星的一系列可见时间窗，每一个可见时间窗均采用最早可见时间和最晚可见时间的时间区间形式表示。表 3.3 给出了可见时间窗的示例。所得到的可见时间窗集合将作为规划算法的数据输入用于后续的算法求解与任务执行方案生成。

值得注意的是，输入到规划算法中的时间窗集合中的每一个时间窗长度已经和任务探测时长进行过比较，只有超过任务探测时长的时间窗才可以加入到可见时间窗集合中。

表 3.3　探测任务可见时间窗

任务 ID	时间窗 ID	最早可见时间	最晚可见时间	时间窗长度/s
1	1	2022/6/2 05:12:23	2022/6/2 05:12:49	26
2	2	2022/6/2 12:01:06	2022/6/2 12:03:17	131
3	3	2022/6/2 17:36:25	2022/6/2 17:40:55	270
⋮	⋮	⋮	⋮	⋮

4）算法参数设置

AOSEA 参数设置情况如表 3.4 所示。

为了充分检验 AOSEA 对静止目标协同探测任务规划问题的求解效果，采用了多种算法进行对比实验。

2. 实验对比算法

本章将三种进化算法和三种其他类型的算法作为实验对比算法。所采用的对比算法包括基于知识的进化算法[63]（knowledge-based evolutionary algorithm，KBEA）、基于种群扰动的进化算法[122]（population perturbation and elimination strategy based evolutionary algorithm，EA-PE）、人工蜂群算法[123]（artificial bee colony algorithm，ABC）、改进的自适应大邻域搜索算法[8]（improved adaptive large neighborhood search algorithm，ALNS-I）。对比算法所使用的搜索机制和策略详细描述如下。

（1）基于知识的进化算法：基于知识的进化算法是在基本进化算法框架基础上使用启发式规则生成初始化种群并使用规则进行算法搜索。启发式规则使用的是卫星任务规划问题中常见的求解策略。知识的使用可以让进化算法搜索更加具有方向性，更加容易找到高质量的探测任务方案。

（2）基于种群扰动的进化算法：基于种群扰动的进化算法是在基本进化算法

框架基础上对个体结构根据搜索表现进行动态调整以提升算法搜索表现。该算法在卫星测控调度问题上取得了很好的规划效果。

表 3.4 AOSEA 算法参数设置

参数名称	参数值设定
种群规模	10
最大适应度评价次数	5000
交叉概率	0.9
变异概率	0.05
交叉片段长度	2
控制参数 Thre	20
batch 大小	32
最大容量	500
学习率	0.0001
网络拓扑结构	Linear 网络
隐藏层数量	3
激活函数	ReLU
折扣因子	0.9
优化器	SGD
损失函数	MSE
训练代数	5000
epoch	10
场景数量	10

（3）人工蜂群算法：人工蜂群算法是一种根据蜜蜂种群搜索蜜源行为而提出的元启发式算法。在人工蜂群算法中，存在引领蜂、跟随蜂和侦察蜂三类蜜蜂，这三类蜜蜂通过搜索信息的相互共享共同搜索高质量的解。

（4）改进的自适应大邻域搜索算法：改进的自适应大邻域搜索算法根据卫星任务规划问题设置了多种破坏算子和修复算子，通过邻域结构的破坏和修复操作搜索可以获得好任务探测计划的邻域结构。

以上实验对比算法评价基准与 AOSEA 相同，其余参数均直接采用上述文献中的设置方式。

3.4.2 实验结果与分析

本节将每一种算法运行 30 次，记录每一次算法的运行结果并统计结果中的最大值和平均值及算法之间的差距值。最大值和平均值这两个统计值可以有效反映

算法搜索的最佳表现和平均表现。不同算法规划结果之间的差距值的计算公式为

$$\mathrm{Gap} = \mathrm{avg}_c - \mathrm{avg}_p \tag{3.30}$$

其中，avg_p 表示提出算法的规划结果平均值；avg_c 表示对比算法的规划表现平均值。实验结果部分还对目标探测成功率进行统计分析以检验算法对用户需求的满足情况。

此外，实验使用了 Wilcoxon 秩和指标[124]（Wilcoxon rank-sum test，WR）检验不同算法规划结果之间是否存在显著性差异，显著性水平设定为 $p^* = 0.05$。根据给出的实验评价标准，本节将对模型训练、算法对比实验结果、任务完成情况等内容进行介绍，并给出相关的分析。

1. 训练过程分析

图 3.8 给出了 AOSEA 的训练结果，每一个场景 AOSEA 的训练代数为 5000 代。从图 3.8 的结果中可以看出，网络模型通过 DQN 训练可以快速收敛，并且获得一个稳定的总报酬值。由于算法搜索过程具有一定的随机性，每一次搜索并不能够保证获得比父代更优的表现，因此会存在报酬值变低的可能性。智能体在发现搜索朝着不好的方向发展时会尝试纠正错误，及时调整搜索策略，让算法继续朝着不断改进的方向进行。从图 3.8 中还可以看出，当目标数量增加后，模型达到收敛所需要的训练代数也相应增多。在对算法训练过程进行分析后，下面将进化算法、搜索算法作为实验对比算法，对 AOSEA 搜索高质量解的能力进行验证。

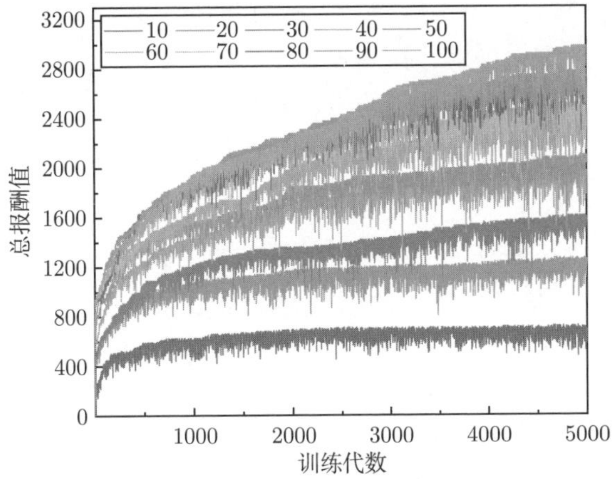

图 3.8　AOSEA 训练结果图（见文后彩图）

2. 算法实验对比结果分析

1）AOSEA 与进化算法对比结果分析

首先，将 AOSEA 与多种进化算法进行规划结果对比，通过与其他进化算法规划结果比较可以检验所采用的进化算法改进策略有效性，所选择的进化算法分别为基于知识的进化算法和基于种群扰动的进化算法。实验采用包含 10 ~ 100 个目标的实验场景，每一个场景分别设置 3 个实验算例，实验结果如表 3.5 所示。

如表 3.5 所示，提出的 AOSEA 在规划结果的最大值和平均值两个指标上均有着很好的表现。在目标数量较少时，AOSEA 与其他的进化算法之间的差距较少，这是由于卫星资源可以用来任务的时间窗足够安排需要规划的任务，不同的规划算法得到的任务执行方案之间区别不够明显，所能得到的探测任务收益也相应地不会有明显的区别。随着目标数量增多后，算法所能找到的最佳探测收益值存在明显的差距，而算法整体搜索表现之间的差距也存在着伴随目标数量增多而增大的趋势。这样的结果可以看出，算法中所使用的基于 DQN 选择进化算子和个体淘汰机制是行之有效的。

2）AOSEA 与搜索算法对比结果分析

在上一部分比较了 AOSEA 相比于其他进化算法的搜索表现改进情况后，本部分将使用多种搜索算法检验求解算法对静止目标协同探测任务规划问题的求解效果。本部分实验所使用的搜索算法包括人工蜂群算法和改进的自适应大邻域搜索算法，实验结果如表 3.6 所示。

从表 3.6 中可以看出，AOSEA 可以取得最佳的规划表现。而对于其他的搜索算法，ABC 表现较好，ALNS-I 的表现则相对而言不够理想。从探测收益增加趋势来看，随着目标数量增多，探测收益先迅速增加随后收益的增长速度有所降低。这反映出决策变量、约束条件的增加给算法求解制造了一定的困难，在卫星资源有限的情况下，需要算法有效平衡各个目标的任务执行次数才可以获得高质量的任务执行方案。

算法运行时间可以有效反映算法的搜索效率，本部分对算法在不同探测目标实验场景下的运行时间进行统计，结果如图 3.9 所示。

表 3.5 AOSEA 与进化算法对比结果

实验场景	AOSEA		KBEA			EA-PE		
	最优值	平均值	最优值	平均值 (WR)	差距值	最优值	平均值 (WR)	差距值
10-1	**253**	**238.47**	205	179.20−	−59.27	204	177.57−	−60.90
10-2	**286**	**261.43**	213	187.10−	−74.33	204	188.43−	−73.00
10-3	**205**	**188.43**	161	135.90−	−52.53	162	134.77−	−53.67
20-1	**969**	**841.33**	606	556.57−	−284.77	603	557.00−	−284.33
20-2	**1097**	**958.87**	690	651.43−	−307.43	742	658.77−	−300.10
20-3	**1007**	**914.00**	706	635.13−	−278.87	721	622.23−	−291.77
30-1	**1159**	**1047.60**	777	714.43−	−333.17	795	704.40−	−343.20
30-2	**1182**	**1073.37**	782	739.23−	−334.13	780	733.53−	−339.83
30-3	**1131**	**1011.60**	743	651.20−	−360.40	685	652.27−	−359.33
40-1	**1377**	**1242.13**	899	844.23−	−397.90	893	848.37−	−393.77
40-2	**1355**	**1248.33**	922	862.40−	−385.93	948	870.23−	−378.10
40-3	**1479**	**1297.13**	926	832.53−	−464.60	914	832.90−	−464.23
50-1	**1653**	**1493.17**	1094	1025.73−	−467.43	1129	1023.27−	−469.90
50-2	**1666**	**1509.63**	1136	1062.27−	−447.37	1130	1062.97−	−446.67
50-3	**1592**	**1436.17**	1054	1005.00−	−431.17	1046	998.63−	−437.53
60-1	**1821**	**1627.57**	1255	1115.27−	−512.30	1225	1126.17−	−501.40
60-2	**1829**	**1663.67**	1234	1122.73−	−540.93	1192	1117.10−	−546.57
60-3	**1894**	**1698.73**	1289	1206.53−	−492.20	1321	1202.20−	−496.53
70-1	**1806**	**1648.23**	1226	1167.90−	−480.33	1260	1170.43−	−477.80
70-2	**1859**	**1670.10**	1331	1239.13−	−430.97	1294	1222.07−	−448.03
70-3	**1930**	**1789.10**	1381	1305.57−	−483.53	1389	1295.27−	−493.83
80-1	**2007**	**1806.93**	1334	1233.47−	−573.47	1396	1238.83−	−568.10
80-2	**2127**	**1944.53**	1465	1380.13−	−564.40	1531	1380.87−	−563.67
80-3	**2243**	**2000.60**	1510	1442.03−	−558.57	1526	1438.40−	−562.20
90-1	**2271**	**2062.87**	1558	1447.00−	−615.87	1569	1443.00−	−619.87
90-2	**2238**	**2004.10**	1544	1455.57−	−548.53	1534	1466.83−	−537.27
90-3	**2324**	**2131.03**	1654	1510.47−	−620.57	1649	1513.77−	−617.27
100-1	**2235**	**2084.20**	1607	1531.33−	−552.87	1648	1545.30−	−538.90
100-2	**2365**	**2164.90**	1805	1605.57−	−559.33	1666	1610.27−	−554.63
100-3	**2367**	**2192.23**	1681	1577.10−	−615.13	1692	1597.47−	−594.77

注：表中加粗数据表示为该统计指标最优值；WR 表示在 $p^* = 0.05$ 的水平下，实验对比算法优于、劣于或等于提出的 AOSEA 算法，分别用符号“+”“−”“=”表示。

表 3.6 AOSEA 与搜索算法对比结果

实验场景	AOSEA		ABC			ALNS-I		
	最优值	平均值	最优值	平均值 (WR)	差距值	最优值	平均值 (WR)	差距值
10-1	**253**	**238.47**	203	180.37−	−58.10	196	177.07−	−61.40
10-2	**286**	**261.43**	212	186.77−	−74.67	205	186.50−	−74.93
10-3	**205**	**188.43**	153	136.53−	−51.90	153	138.30−	−50.13
20-1	**969**	**841.33**	642	566.17−	−275.17	625	569.50−	−271.83
20-2	**1097**	**958.87**	768	674.63−	−284.23	728	673.00−	−285.87
20-3	**1007**	**914.00**	692	642.43−	−271.57	683	631.93−	−282.07
30-1	**1159**	**1047.60**	782	730.33−	−317.27	765	721.03−	−326.57
30-2	**1182**	**1073.37**	810	761.90−	−311.47	818	756.40−	−316.97
30-3	**1131**	**1011.60**	748	684.70−	−326.90	728	675.17−	−336.43
40-1	**1377**	**1242.13**	922	861.30−	−380.83	961	867.30−	−374.83
40-2	**1355**	**1248.33**	936	896.30−	−352.03	932	881.80−	−366.53
40-3	**1479**	**1297.13**	915	850.60−	−446.53	906	842.97−	−454.17
50-1	**1653**	**1493.17**	1148	1055.33−	−437.83	1085	1042.37−	−450.80
50-2	**1666**	**1509.63**	1161	1094.00−	−415.63	1162	1092.60−	−417.03
50-3	**1592**	**1436.17**	1137	1045.73−	−390.43	1175	1027.13−	−409.03
60-1	**1821**	**1627.57**	1286	1151.00−	−476.57	1233	1134.77−	−492.80
60-2	**1829**	**1663.67**	1292	1161.20−	−502.47	1245	1143.67−	−520.00
60-3	**1894**	**1698.73**	1402	1245.37−	−453.37	1277	1217.70−	−481.03
70-1	**1806**	**1648.23**	1380	1215.80−	−432.43	1306	1196.13−	−452.10
70-2	**1859**	**1670.10**	1374	1263.63−	−406.47	1322	1254.33−	−415.77
70-3	**1930**	**1789.10**	1379	1322.23−	−466.87	1387	1319.43−	−469.67
80-1	**2007**	**1806.93**	1332	1282.47−	−524.47	1377	1248.83−	−558.10
80-2	**2127**	**1944.53**	1485	1420.93−	−523.60	1521	1409.87−	−534.67
80-3	**2243**	**2000.60**	1585	1478.17−	−522.43	1551	1464.83−	−535.77
90-1	**2271**	**2062.87**	1578	1490.17−	−572.70	1588	1476.63−	−586.23
90-2	**2238**	**2004.10**	1589	1505.10−	−499.00	1545	1480.47−	−523.63
90-3	**2324**	**2131.03**	1719	1565.33−	−565.70	1612	1518.93−	−612.10
100-1	**2235**	**2084.20**	1650	1588.80−	−495.40	1732	1572.57−	−511.63
100-2	**2365**	**2164.90**	1774	1659.00−	−505.90	1749	1630.07−	−534.83
100-3	**2367**	**2192.23**	1801	1639.63−	−552.60	1698	1608.00−	−584.23

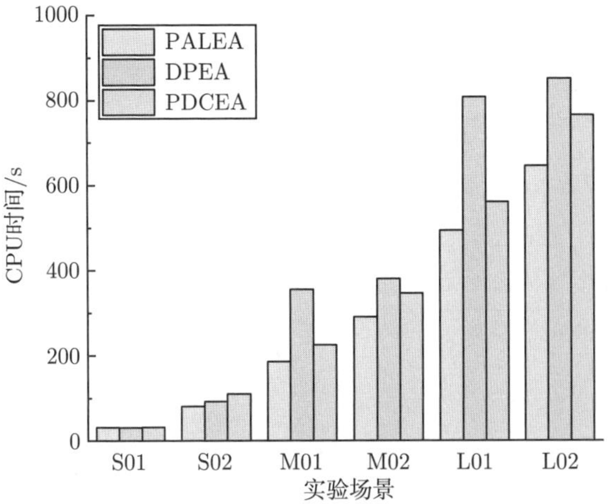

图 3.9　算法运行时间结果图（见文后彩图）

从整体而言，AOSEA、ALNS-I 在众多实验场景中均具有以最短时间完成搜索的能力。而 ABC 则难以在搜索速度方面取得优势，这与其算法结构复杂存在一定的关系。AOSEA 在除 40 个和 90 个目标的实验场景以外均运行时间最短。在 40 个目标的实验场景算法运行时间实验中，AOSEA 用时与算法运行用时最短的结果之间相差不大。

3）算法收敛性分析

本部分将对算法收敛性表现进行分析。收敛性可以检验算法对整个解空间的搜索能力，收敛性曲线如图 3.10 所示。

从图 3.10 中可以看出，当目标数量较少时各种算法均可以快速搜索并趋于稳定。而当目标数量增加后，AOSEA 在搜索初期表现出很强的探索能力，个体淘汰机制可以加速算法的收敛。而当解空间内大范围搜索效果不明显后，算法通过 DQN 选择算子将重点聚焦于局部空间的搜索。从算法的整体表现来看，AOSEA 具有更快的算法收敛速度，并具备对解空间充分探索和开发的能力。

4）目标探测成功情况分析

在卫星任务规划系统的实际应用中，用户较为关心的另一个指标是能否按要求次数完成对探测目标的探测。因此，本部分提出了一个目标探测成功率的指标用于评价任务规划满足用户需求的程度。目标探测成功率指标计算为

$$\text{目标探测成功率} = \frac{\text{成功目标数量}}{\text{目标总数量}} \times 100\% \tag{3.31}$$

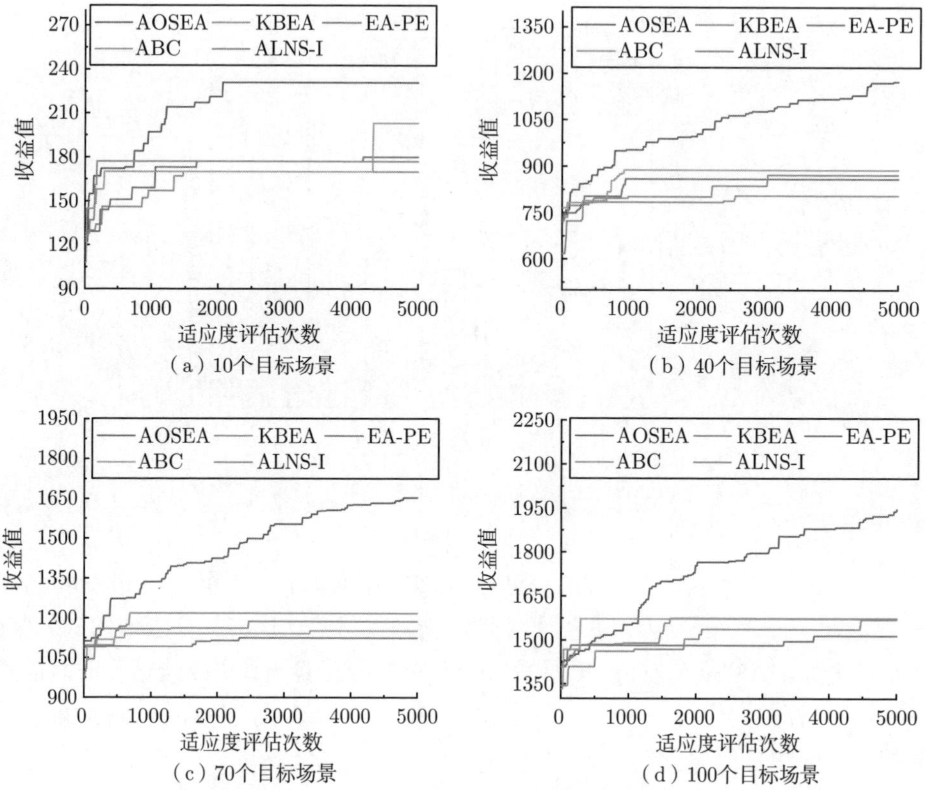

（a）10个目标场景　（b）40个目标场景　（c）70个目标场景　（d）100个目标场景

图 3.10　算法收敛曲线图（见文后彩图）

不同算法对目标探测的成功情况如图 3.11 所示。从图 3.11 中可以看出，随着静止目标数量的增加，所有算法的目标探测成功率在整体趋势上均会出现一定程度的降低。卫星探测资源在规划时间范围内所能执行的任务数量是有限的，当目标增多时如果不能通过有效的规划，目标探测成功率会受到很大程度的影响。本章提出的 AOSEA 可以在资源有限条件下，尽可能充分调配卫星资源从而优先保证更多的目标在满足预先要求的情况下顺利完成探测，AOSEA 的规划表现明显优于其他算法。当目标数量不超过 70 个时，AOSEA 的目标探测成功率均可以达到超过 90% 的水平。即便是当目标数量为 100 个时，AOSEA 仍然可以达到 86% 的目标成功探测率。

3.4.2.1　探测场景参数对规划结果影响分析

本部分将从探测场景参数角度分析不同场景参数配置对 AOSEA 规划表现的影响情况，以更好地指导算法在工程项目中的实际应用。探测场景中两个重要的参数是探测目标数量和最小探测次数，实验将采用不同探测目标数量和不同最小探测次数对算法表现进行检验。

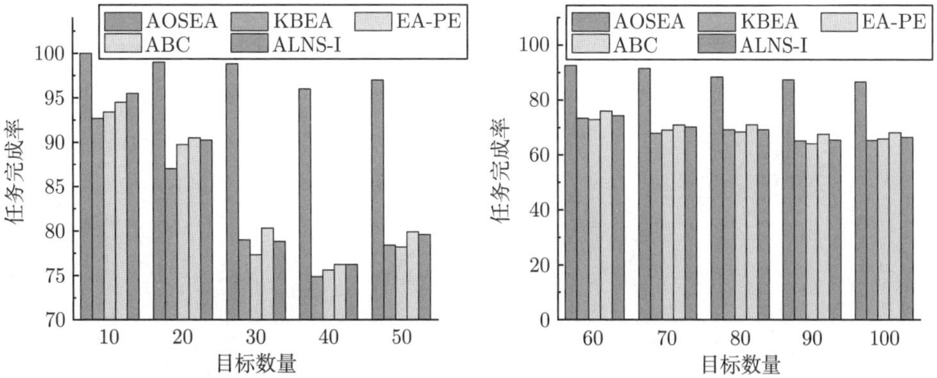

（a）10~50个目标场景 （b）60~100个目标场景

图 3.11 不同算法对目标探测成功率结果图（见文后彩图）

不同探测场景参数配置的 AOSEA 规划结果如表 3.7 所示。从表中可以看出，对探测目标的最小探测次数设置会对规划结果的收益值产生影响。当一个探测目标要求执行的最小探测次数增加后，约束条件会收紧，相应地，算法规划的难度也会相应增加。当要求的最小探测次数较多时，算法所能搜索到的最大探测任务收益值要少于要求的最小探测次数较少时所能搜索到的最大探测任务收益值。虽然规划好的任务探测方案的难度增大，但是 AOSEA 仍然可以找到与要求的最小探测次数较少时较为接近的结果。这反映出 AOSEA 可以有效应对约束条件限制更为严格所带来的求解困难问题。

表 3.7 不同探测目标数量和最小探测次数情况下的规划结果

目标数量	$N_m^{\min}=2$		$N_m^{\min}=4$		$N_m^{\min}=6$		$N_m^{\min}=8$	
	最优值	平均值	最优值	平均值	最优值	平均值	最优值	平均值
10	649	610.60	647	596.80	596	515.63	373	255.77
20	1052	942.93	1003	941.77	1031	935.50	992	798 .00
30	1251	1115.63	1266	1119.90	1254	1122.10	1270	1057.40
40	1620	1423.27	1539	1412.07	1538	1398.93	1533	1365.27
50	1689	1542.87	1641	1528.03	1654	1510.07	1644	1532.97
60	1834	1649.47	1781	1658.30	1754	1638.27	1767	1649.67
70	1847	1719.30	1849	1691.83	1997	1733.83	1833	1708.63
80	2167	1938.73	2056	1951.60	2101	1936.70	2108	1964.13
90	2144	1997.40	2206	2007.87	2216	2023.00	2168	2015.90
100	2325	2101.83	2294	2090.73	2196	2091.20	2269	2105.87

3.4.2.2 算法改进策略分析

本部分验证 AOSEA 所使用的改进策略对算法搜索表现的提升情况。其中，不使用个体淘汰机制的 AOSEA 简写为 AOSEA-WIE。算法是否使用改进策略的对比实验结果如图 3.12 所示。

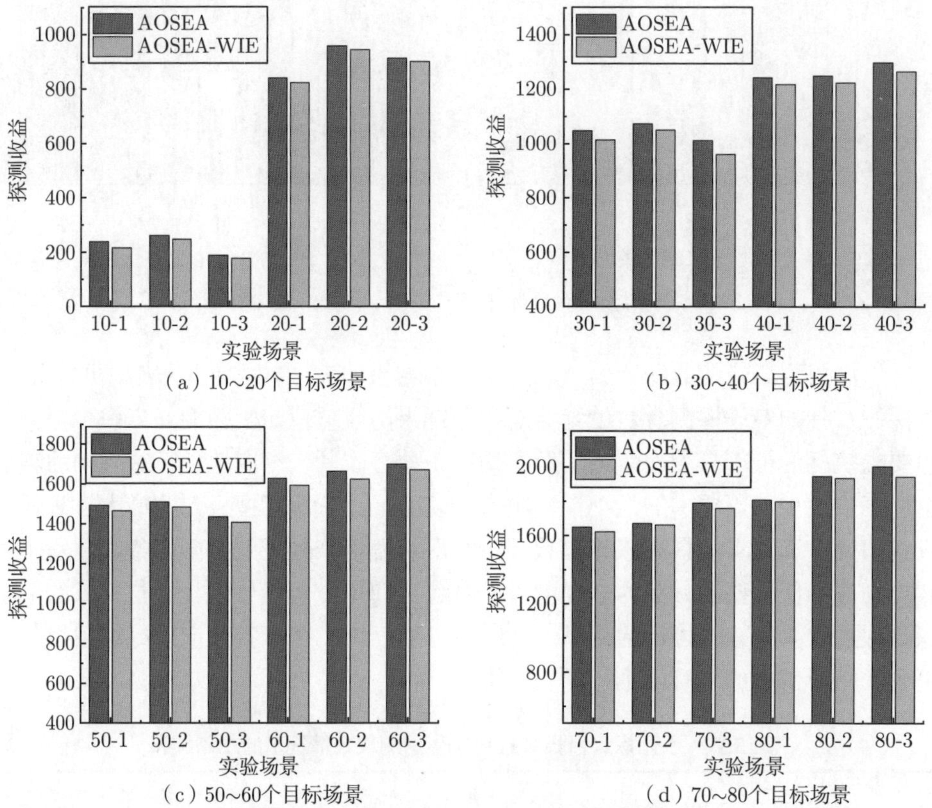

图 3.12 个体淘汰机制对探测收益影响结果图

从图 3.12 中可以看出，加入了淘汰机制后的 AOSEA 可以更容易找到更优的静止目标探测任务执行方案。这样的方式让算法可以根据搜索效果调整种群内的个体构成，将表现最差的个体及时从种群中剔除，增强种群的搜索能力。从实验结果中还可以看出，个体淘汰机制在静止目标增多后所能发挥的探测收益提升作用更为明显。这是由于目标增多后问题结构也会变得复杂，需要搜索的解空间变大后及时调整算法搜索策略就显得格外重要。否则，很容易导致产生很多的无效搜索，难以找到令人满意的解。

通过以上实验分析可以看出，本章提出的 AOSEA 可以有效解决静止目标协同探测任务规划问题。AOSEA 可以通过对问题求解得到好的任务探测方案，同时能够有效应对要求最小探测次数增多的影响，保证算法在苛刻的任务执行要求条件下仍然能够获得较高的探测收益。

3.5　本章小结

本章研究了面向静止目标探测的同构电磁探测卫星协同任务规划问题，构建了以最大化任务探测收益为优化目标的规划模型，提出了一种基于算子自适应选择的进化算法。AOSEA 在进化算法框架基础上使用深度强化学习方法选择交叉所采取的方式。为了获得可行的探测方案，提出了一种探测任务时间窗选择方法。经过仿真实验的验证，本章提出的算法可以得到高质量的探测任务执行方案。本章具体研究内容包括：

（1）构建了面向静止目标探测的任务规划模型。任务规划模型充分考虑如何在各个探测目标间均衡分配探测资源。对每一个任务探测目标，模型通过约束条件对区域的最少要求探测次数和实际最多探测次数加以限制。限定了任务执行次数的区间范围，使任务既能够在满足用户需求的情况下顺利完成，又能够做到对卫星资源充分利用。

（2）提出了一种基于自适应学习的进化算法。算法使用深度强化学习方法智能决策所采用的进化操作，通过 DQN 模型确定每一代种群搜索所使用的交叉算子。DQN 模型采用基于回放缓存机制的价值网络训练方法优化模型参数。为了防止陷入局部最优，AOSEA 设计了一种个体淘汰机制及时更新种群内个体。

（3）提出了一种探测任务时间窗选择方法。算法根据探测任务与可见时间窗之间的关系，提出了一种在保证任务能够成功安排基础上的快速任务执行位置调整方法。DTTWSM 方法不仅在本章研究中用于安排任务并获得任务执行计划，还将用于第 4 章、第 5 章的学习型进化算法中根据进化算法搜索结果生成探测任务方案。

（4）设计了仿真实验对 AOSEA 的求解效果进行检验。根据大量静止目标探测实例的实验结果来看，AOSEA 从多个维度均优于其他对比的求解算法。算法中所采用的个体淘汰机制有利于让算法搜索到更优的方案。

第4章

面向低速移动目标探测的异构电磁探测卫星协同任务规划模型与算法

低轨电磁探测卫星不仅能够对静止目标进行信号探测，还可以对低速移动目标探测以获取其位置信息。本章着重研究面向低速移动目标探测的异构电磁探测卫星协同任务规划模型与求解算法。与第 3 章的研究不同，为了保证准确找到低速移动目标的所在位置，需要使用光学探测卫星和 SAR 探测卫星配合电磁探测卫星完成相应探测工作。由于低速移动目标会随时间发生位置改变，本章首先分析了目标的运动过程与位置变动情况。其次，本章构建了低速移动目标协同探测任务规划模型，模型中考虑了任务之间的接续关系并提出了相应的约束条件。在模型基础上，本章提出了一种混合型进化算法。算法针对问题搜索空间大的特点在进化算法框架中引入启发式邻域搜索方法增强局部搜索表现，使用深度强化学习方法挖掘目标特征信息以启发式方式决策任务安排的偏好顺序，生成种群搜索的初始解与邻域搜索的构造解。混合型进化算法考虑任务之间的关系采用基于聚类的交叉和变异方法实现高效率搜索，并使用种群扰动策略防止搜索陷入局部最优。最后，本章设计实验验证了混合型进化算法对问题的求解效果。

4.1 问题描述与分析

4.1.1 问题描述

低轨电磁探测卫星不仅能够探测静止目标信号，还能够探测处在运动中的目标的所在位置并分析其运动轨迹[125]。低速运动目标（速度低于 30m/s）根据运动环境划分可以分为低速飞行目标、低速陆地移动目标、低速海上移动目标。不同类型的低速移动目标所采用的探测平台和手段存在差异。低速飞行目标、低速陆地移动目标通常由地面雷达设备对其电子设备产生的信号进行捕获，卫星平台捕获信号则常作为一种补充的信号获取方式。而海上移动目标的信号探测与位置获取任务则主要由低轨电磁探测卫星完成，这是由海上环境复杂、雷达探测范围有限、卫星受海上环境影响较小等原因造成的[126]。想要在海上搜索发现目标的难度相对于陆地和空中搜索目标的难度更大，故本章所指的低速移动目标为海上低速移动目标。研究海上低速移动目标探测所采用的模型、方法和结论同样适用于低速飞行目标和低速陆地移动目标。对于海上低速移动目标的研究通常以船舶为例，它的运动过程是其中的典型代表。为保持与其他相关研究的一致性，同样将船舶作为运动分析和预测的对象。图 4.1 是低轨电磁探测卫星对低速移动目标探测的示意图，通过卫星探测可以获得目标位置信息。

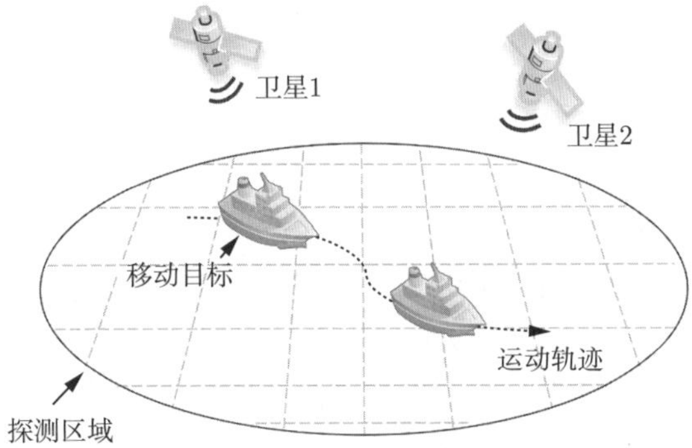

图 4.1 卫星对低速移动目标探测示意图

低速移动目标的位置移动具有不确定性强、范围广的特点，在一定时间内可以达到一个很大的区域内。很强的位置不确定性是目标在运动过程中的一个主要特征，这是由于其运动往往伴随着环境信息的获取与临机决策[127]。位置难以准确判断给目标探测带来了一定的困难。想要保证探测任务的成功率则需要对目标在一定时间范围内可能运动的区域有针对性地使用卫星执行探测任务以获得探测结果。值得注意的是，这与探测卫星任务规划研究中的大区域覆盖规划问题存在明显差异。低轨电磁探测卫星想要成功探测到运动中的目标依赖于对运动过程建模与运动过程的准确预测，并通过求解算法让任务探测方案尽可能最优。

想要对面向低速移动目标探测的异构电磁探测卫星协同任务规划问题（low speed moving target-heterogeneous electromagnetic satellite scheduling problem，LSTHESSP）求解，需要构建科学合理的数学模型，在反映问题特点的基础上采用恰当的目标函数和约束条件表示卫星探测的目标和限制条件。由于低速运动目标在运动过程中存在很强的位置不确定性，想要使用卫星资源手段对低速移动目标探测，有效对目标和目标的运动建模是设计算法求解协同规划问题的重要先决条件[128]。目标运动模型构建需要首先考虑对运动过程描述的准确性。准确性主要体现在目标真实运动过程中会根据环境以及获取的信息改变航行方向或者速度。如果不能够在模型中考虑方向和速度的改变，将会影响模型的实际应用价值。因此，在所提出的模型中，速度和方向角会随着目标前进方向相应的改变，并具有一定的随机性。此外，运动模型还应当在突出目标运动特征基础上做到描述清晰和简洁，一些模型形式虽然也可以描述目标运动过程，但是会给规划模型和算法求解带来困难。综合以上分析，采用四元数[129] 模型描述低速运动目标的运动过程。四元数模型既可以保证目标运动过程描述的准确性又可以较为容易地计算出任意时刻目标所处的位置。

在实现对低速运动目标运动过程建模后可以通过其运动特点和规律预测其运动轨迹，并通过网格化划分和优先级统筹转化为规划模型可以很容易处理和求解的形式。在 LSTHESSP 问题中，任务位置会随着时间改变，存在时效性要求，并且在整个大区域范围内不同位置进行卫星探测的必要性程度存在区别。因此，本节提出了一种网格化区域划分方法。网格化区域划分方法将一定范围内的一片区域以较小的距离单位划分为若干个网格，相较于整个区域而言，区域内的网格可以通过卫星单次探测过程完成。这种划分方式有利于以数学形式构建任务规划模型。网格化区域划分在对大范围区域有效分解的同时，还负责对低速移动目标可能出现的位置以目标出现概率有效表示。具体而言，采用网格化划分的方法将大区域分解成若干个卫星单次探测可覆盖到的区域，并对划分得到的每一个格点赋予成功探测到目标的可能性。网格中格点的概率值结合目标的运动轨迹预测确定，并通过优先级统筹完成模型输入数据类型的转换。

相比于概率值，任务的优先级更容易与实际规划问题相结合。优先级统筹不仅考虑了网格的初始概率值，还考虑了随着时间推移以及目标的移动所导致的变化情况。统筹后的优先级也可以很容易根据统一化收益表示对原始探测收益做出相应的调整。收益调整还需要包含由于不同类型卫星探测成功可能性不同这一因素。低速移动目标通常同时具有多个信号源，每一种信号源均为提前已知，但是由于电磁环境的影响，每一种信号源能够被成功识别而不会被错误判读的可能性不尽相同。光学探测、SAR 手段发现目标同样存在错误判读的情况，结合电磁探测、光学和 SAR 等多种卫星载荷可以有效降低错误判读的可能性。不同类型卫星探测同一个任务所能获得的收益应当通过对原始收益调整，实现收益与卫星载荷类型相关联的目的。

在后续的部分，将通过低速目标运动模型将目标复杂的物理运动过程以数学形式表示，并使用预测算法、优先级统筹算法获得目标在运动过程中可能的位置与概率关系。模型根据概率值确定任务优先级，并结合不同类型卫星载荷的特点，构建协同规划数学模型，使用混合型学习进化算法求解问题获得卫星探测方案。

4.1.2 问题难点分析

想要使用卫星对低速移动目标探测需要将任务规划与目标运动充分结合并进行综合考虑。运动会使得需要探测的区域增加很大的范围，区域的增大会使得问题求解难度增大。同时，如果目标已经驶出任务区域，再对目标探测将会没有意义。探测活动时间上的严苛限制会导致需要通过算法大量搜索才能获得满足预期要求的探测方案。此外，多类卫星同时包含在问题的待规划资源中，会让问题求解更加具有挑战性。具体而言，面向低速移动目标探测的异构电磁探测卫星协同任务规划问题难点主要来自以下三个方面：

第一，低速运动目标运动的不确定性增加了问题搜索空间。由于无法事先预知目标在每一个时刻的具体位置，只能通过运动过程分析和轨迹估计得到目标的大致所在位置[130]。通过预测目标位置的方式一方面将物理运动过程转化为卫星探测规划所需要的任务输入；另一方面不可避免地扩大了规划求解的空间范围。加之目标运动途中存在为降低被发现概率的博弈行为，使得问题求解难度进一步增加。

第二，时效性要求增加了问题的挑战性。对低速移动目标探测需要使用多个卫星资源执行数次目标探测，如果不能够在有限时间内快速完成对目标区域的探测，不仅无法发现目标，还会导致卫星资源的浪费。因此，如何做到让卫星既能够满足任务探测时效性要求，又能够不为只追求任务完成而过度使用卫星资源是一个巨大的挑战。目标临时改变航向和航速的博弈行为让时效性要求显得更为突出，这不仅反映在单颗卫星资源的时效性要求上，还反映在卫星完成任务之间的时间接续关系的时效性要求上。

第三，如何既利用异构资源协同实现任务探测，又有效利用不同卫星载荷的探测特点提升探测准确程度是问题求解所关注的重要方面。在问题分析中有对目标信号源的相关介绍，探测任务需要与目标信号源属性相关联，能否与属性有效关联会影响到任务探测的结果。算法应当对解空间充分搜索，实现探索与开发的平衡。探测方案应当尽量发挥每一种卫星自身的探测优势，在保证探测任务正常完成的基础上，在众多的可行探测方案中选择卫星类型与目标信号源之间匹配关系紧密的以提升探测表现。

在后续的部分中，将给出低速移动目标协同探测任务规划模型，并根据协同探测任务规划问题的特点基于学习型进化算法框架提出一种混合型学习进化算法，同时使用深度强化学习方法生成解以提升进化算法搜索表现。

4.2 低速移动目标协同探测任务规划模型

本节首先对目标运动过程建模，并通过位置预测和优先级统筹获得任务相关属性信息。其次，将基于第 2 章给出的任务规划基础模型结合低速移动目标位置变化关系设计了整体探测收益最大化的目标函数，补充了任务之间接续关系的约束条件。下面，将对低速移动目标协同探测任务规划模型的建立进行详细介绍。

4.2.1 符号和变量

低速移动目标协同探测任务规划模型涉及的符号和变量如表 4.1 所示。

表 4.1 LSTHESSP 问题符号与变量

变量	含义
Ship	待探测低速运动目标（船舶）集合
Sail_s	目标 ship_s 航行区域
State_s^t	目标 ship_s 在时刻 t 的状态
$v_{s,t}$	目标航行速度
$\gamma_{s,t}$	目标航行方向角
τ	目标运动采样间隔时间
d_s	目标运动距离
$\boldsymbol{n}_c$	大圆弧面法向量
$\boldsymbol{n}_f$	平面法向量
$\gamma_{P\to P'}$	两个位置之间方位角
IM	任务区域网格化处理后信息矩阵
wid	网格宽度
PM	目标位置概率矩阵
prob_S	目标出现的概率值
PRI	任务优先级集合
pri_j	任务优先级
T_L	低速移动目标任务集合，为探测任务集合的子集，即 $T_L\subseteq T$
BT_j^L	任务 task_j 的前序任务集合
AT_j^L	任务 task_j 的后序任务集合
Con	第 2 章规划模型中约束条件集合
$\boldsymbol{x}$	任务是否执行的决策变量矩阵

4.2.2 基本假设

所研究的低速移动目标在运动过程中具有一定的随机性。为了实现对目标运动轨迹的预测和分析，构建协同探测规划模型，需要对其运动过程以假设条件的形式加以限定。研究的假设条件如下：

（1）目标运动处在博弈环境下，可能会在运动过程中发生运动方向和速度两个方面的临时性改变，目标运动过程的变化服从高斯分布；

（2）不考虑洋流、气象等环境因素对目标运动的影响；

（3）目标在每次方向调整后保持匀速直线运动，整个目标运动过程可以视为多段匀速直线运动的组合，也可视为带周期性扰动的简单曲线运动；

（4）目标在运动过程中不会由于一些突发情况如机械故障、物资储备等导致目标突然停止航行或按照完全偏离原有航向的新方向航行。

4.2.3 数学模型

面向低速移动目标探测的异构电磁探测卫星协同规划模型包括目标运动预测和任务协同规划模型两部分。通过对目标运动预测可以将目标移动的物理过程转化为可以通过规划算法求解的数学模型形式。目标运动预测首先需要描述目标运动模型，在此基础上预测目标位置。然后，根据预测结果进行优先级统筹调整任务探测收益并构建低速移动目标的协同探测任务规划模型。最后，通过运动模型、位置预测算法、优先级统筹算法将低速目标的协同探测任务规划模型转换为与第 2 章任务规划模型一致的形式，便于 4.3.3 节提出的混合型进化算法对问题求解。

在给出运动模型之前，为了更为清晰地度量目标运动，首先给出方位角、大圆劣弧等相关专业名词的定义。

方位角（azimuth angle，AZ）：是指按照顺时针从目标所在位置的指北方向线开始到速度方向线为止的夹角。依照定义，目标朝正北方向前进时，方位角为 0°；目标朝正东方向前进时，方位角为 90°；目标朝正南方向前进时，方位角为 180°；目标朝正西方向前进时，方位角为 270°。

大圆劣弧（great circle minor arc）：是指球面上任意两点之间距离最近的圆弧。相应地，大圆为任意球面上最大的圆。

球面距离（spherical distance）：是指球面上两点对应大圆劣弧的长度。

拟地心固连系（proposed Earth fixed system，PEFS）：针对低速移动目标自定的一种空间直角坐标系，原点为地球地心，x 轴正方向指向 0° 经线与 0° 纬线的交点方向，z 轴正方向指向北极，y 轴在赤道面上与 x 轴和 z 轴共同构成笛卡儿坐标系。

大地坐标系（geodetic coordinate system，GCS）：大地坐标系以地球质心为原点，采用初始子午面和赤道面为基准面而构建的右手坐标系。在大地坐标系下，位置坐标由经度、纬度和高度三个值共同确定。

所采用的坐标系对目标运动模型的构建、运动过程计算的工作量具有重要影响。本节目标运动模型使用空间直角坐标系可以快速完成坐标位置转换。如果采用面直角坐标系而并非空间直角坐标系，在坐标系转换过程中不得不面临由于畸变所产生的计算精度损失。在实际场景中，目标的位置一般是按照 GCS 给出。下面，给出目标在 GCS 和 PEFS 相互转化的计算公式。目标在 GCS 下的坐标以 $(l_{\mathrm{G}}, b_{\mathrm{G}}, h_{\mathrm{G}})$ 的形式表示，在 PEFS 下以 $(x_{\mathrm{P}}, y_{\mathrm{P}}, z_{\mathrm{P}})$ 的形式表示，在两种坐标系下坐标的相互转换公式如下：

$$\begin{cases} x_{\mathrm{P}} = (R+h)\cdot\cos l_{\mathrm{G}}\cdot\cos b_{\mathrm{G}} \\ y_{\mathrm{P}} = (R+h)\cdot\cos l_{\mathrm{G}}\cdot\sin b_{\mathrm{G}} \\ z_{\mathrm{P}} = (R+h)\cdot\sin l_{\mathrm{G}} \end{cases} \tag{4.1}$$

$$\begin{cases} l_{\mathrm{G}} = \arcsin\left(z_{\mathrm{P}}/\left(h_{\mathrm{G}}+R\right)\right) \\ b_{\mathrm{G}} = \begin{cases} \arccos\left(x_{\mathrm{P}}/\left(h_{\mathrm{G}}+R\right)/\cos l_{\mathrm{G}}\right), & y_{\mathrm{P}} \geqslant 0 \\ -\mathrm{acrcos}\left(x_{\mathrm{P}}/\left(h_{\mathrm{G}}+R\right)/\cos l_{\mathrm{G}}\right), & y_{\mathrm{P}} < 0 \end{cases} \\ h_{\mathrm{G}} = \sqrt{x_{\mathrm{P}}^2+y_{\mathrm{P}}^2+z_{\mathrm{P}}^2} - R \end{cases} \tag{4.2}$$

其中，l_{G} 表示经度；b_{G} 表示纬度；h_{G} 表示高度；R 表示地球半径长度。如果物体位于地球表面，则 h_{G} 为 0。

在确定目标运动建模所采用的坐标系后，可以对目标 ship_s 在任意时刻 t 的状态 State_s^t 以一种六元组的形式表示，其具体属性构成如式 (4.3) 所示：

$$\mathrm{State}_s^t = (t, l_{\mathrm{G}}, b_{\mathrm{G}}, h_{\mathrm{G}}, v_{s,t}, \gamma_{s,t}) \tag{4.3}$$

在获得目标某两个时刻所处的位置后便可根据坐标之间的关系估计出目标的运动轨迹。更加一般化地，通过初次记录的时刻 t_0、多次时间间隔 τ 以及每一个时刻点的目标位置可以近似获得目标运动模型。在整个运动过程中，目标的航行速度 $v_{s,t}$ 和航行方位角 $\gamma_{s,t}$ 服从 $v_{s,t} \sim N\left(\mu_{v_{s,t}}, \sigma^2_{v_{s,t}}\right)$ 和 $\gamma_{s,t} \sim N\left(\mu_{\gamma_{s,t}}, \sigma^2_{\gamma_{s,t}}\right)$ 的高斯分布。

由于本节的研究重点在于将复杂的运动模型与协同任务规划模型构建相联系，并在构建运动模型过程中尽可能对复杂物理过程抽象，达到简化模型构建和求解的目的。因此，复杂的轨迹计算方法并不适用于博弈环境下的目标运动模型。

本节采用四元数方法[129] 计算目标位置变动情况。在四元数方法中，采用一种包含通过四个实部与虚部的超复数表示方法。不失一般性，四元数可以表示为

$$Q = q_0 + q_1\mathbf{i} + q_2\mathbf{j} + q_3\mathbf{k} \tag{4.4}$$

也可以简单表示为

$$Q = (q_0, q_1, q_2, q_3) \tag{4.5}$$

目标在时刻 t 时，处在位置 P 的坐标为 $(x_{\mathrm{P}}, y_{\mathrm{P}}, z_{\mathrm{P}})$，间隔时间 τ 后于时刻 t' 达到位置 P'，其对应坐标为 $(x'_{\mathrm{P}}, y'_{\mathrm{P}}, z'_{\mathrm{P}})$。根据属于平面 OPP' 的大圆弧面法向量 $\boldsymbol{n}_c$，不难获得由 O，P 和北极点 A 构成平面 OPA 的法向量 $\boldsymbol{n}_f$。$\boldsymbol{n}_f$ 的计算方法为

$$\boldsymbol{n}_f = \frac{\boldsymbol{OP} \times \boldsymbol{OA}}{|\boldsymbol{OP} \times \boldsymbol{OA}|} \tag{4.6}$$

可以通过目标的旋转关系获得 $\boldsymbol{n}_c$，计算方法如式 (4.7) 所示。

$$\boldsymbol{n}_c = Q_{fc} \circ \boldsymbol{n}_f \circ Q^*_{fc} \tag{4.7}$$

其中，$\circ$ 表示四元数运算；$Q_{fc} = (q'_0, q'_1, q'_2, q'_3)$ 为四元数，且 Q^*_{fc} 为 Q_{fc} 的共轭四元数。进一步地，四元数内数值可以通过式 (4.8) 确定。

$$\begin{cases} q'_0 = \cos\left(-\gamma_s/2\right) \\ q'_1 = x_{\mathrm{P}} \cdot \sin\left(-\gamma_s/2\right)/|\boldsymbol{OP}| \\ q'_2 = y_{\mathrm{P}} \cdot \sin\left(-\gamma_s/2\right)/|\boldsymbol{OP}| \\ q'_3 = z_{\mathrm{P}} \cdot \sin\left(-\gamma_s/2\right)/|\boldsymbol{OP}| \end{cases} \tag{4.8}$$

在获得 $\boldsymbol{n}_c$ 之后，可以根据时间间隔 τ 计算得到目标在此段时间内的运动距离 $d_s = v_{s,t}\tau$。位置改变对应的圆心角弧度为 $\dfrac{d_s}{R}$。参照式 (4.9)，可以获得 $\boldsymbol{OP'}$，进而得到 P' 的坐标值。

$$\boldsymbol{OP'} = Q_{pp'} \circ \boldsymbol{OP} \circ Q^*_{pp'} \tag{4.9}$$

其中，$Q_{pp'} = (q''_0, q''_1, q''_2, q''_3)$ 为四元数；$Q^*_{pp'} = (q''_0, -q''_1, -q''_2, -q''_3)$ 为 $Q_{pp'}$ 的共轭四元数。实部与虚部值分别由式 (4.10) 计算得到。

$$\begin{cases} q''_0 = \cos\left(d_s/2R\right) \\ \{q''_1, q''_2, q''_3\} = \boldsymbol{n}_c \cdot \sin\left(d_s/2R\right)/|\boldsymbol{n}_c| \end{cases} \tag{4.10}$$

目标由位置 P 至位置 P' 的方位角的计算如式 (4.11) 所示。

$$\gamma_{P\to P'}=\begin{cases}\dfrac{180}{\pi}\cdot\arccos\dfrac{\boldsymbol{n}_f\cdot\boldsymbol{n}_c}{|\boldsymbol{n}_f|\cdot|\boldsymbol{n}_c|}, & (\boldsymbol{n}_f\cdot\boldsymbol{n}_c)\cdot\boldsymbol{OP}\geqslant 0\\[2ex] 360-\dfrac{180}{\pi}\cdot\arccos\dfrac{\boldsymbol{n}_f\cdot\boldsymbol{n}_c}{|\boldsymbol{n}_f|\cdot|\boldsymbol{n}_c|}, & (\boldsymbol{n}_f\cdot\boldsymbol{n}_c)\cdot\boldsymbol{OP}<0\end{cases}\tag{4.11}$$

获得运动模型后，便可对目标在任务区域内的位置进行预测。通过轨迹预测可以得到若干目标可能行驶的轨迹，卫星探测活动也将主要针对轨迹所在区域以及附近区域进行。网格化划分是获得轨迹后需要完成的一项重要工作，可以在网格划分的基础上得到目标在某一个位置的概率估计值。根据预测轨迹的最大可能范围可以获得一系列矩形区域，矩形区域全部按照统一的边长为 wid 的正方形划分为一系列区域，这些区域中一部分区域有目标行驶通过的可能性，而一部分则只有很小的概率或者几乎不会存在目标航行的可能性。网格化划分合理与否的关键在于网格划分的大小。网格化划分任务区域需要遵循以下原则。

（1）网格标准单元化原则：每一个网格会对应一个探测元任务，需要保证一次探测可以完整覆盖整个区域。这需要结合所有卫星探测资源的探测精度、有效探测范围等因素综合确定。

（2）网格方向一致性原则：对不同轨道的卫星划分网格需要保持网格的方向一致，这样的处理方式可以简化后续对任务区域的计算和处理。

经过网格划分可以得到一系列的探测元任务，这些元任务具有不同的目标经过概率值。在完成对每一个元任务成功探测到目标概率值的合理估计后，统筹不同元任务的优先级并调整任务探测收益值。根据速度 $v_{s,t}\sim N\left(\mu_{v_{s,t}},\sigma^2_{v_{s,t}}\right)$ 和方位角 $\gamma_{s,t}\sim N\left(\mu_{\gamma_{s,t}},\sigma^2_{\gamma_{s,t}}\right)$ 的高斯分布，可以获得目标速度与方位角的概率分布函数，分别如式 (4.12)、式 (4.13) 所示。

$$f\left(v_s\right)=\frac{1}{\sqrt{2\pi}\sigma_{v_{s,t}}}\exp\left\{-\frac{\left(v_s-\mu_{v_{s,t}}\right)^2}{2\sigma^2_{v_{s,t}}}\right\}\tag{4.12}$$

$$f\left(\gamma_s\right)=\frac{1}{\sqrt{2\pi}\sigma_{\gamma_{s,t}}}\exp\left\{-\frac{\left(v_s-\mu_{\gamma_{s,t}}\right)^2}{2\sigma^2_{\gamma_{s,t}}}\right\}\tag{4.13}$$

由于 $v_{s,t}$ 与时间间隔 τ 之间为线性关系，故目标运动距离 d_s 满足 $d_s\sim N\left(\mu_{d_s},\sigma^2_{d_s}\right)$ 的高斯分布。进一步地，可以获得的概率分布如式 (4.14) 所示。

$$f\left(d_s\right)=\frac{1}{\sqrt{2\pi}\sigma_{d_s}}\exp\left\{-\frac{\left(d_s-\mu_{d_s}\right)^2}{2\sigma^2_{d_s}}\right\}\tag{4.14}$$

将距离和方位角联合考虑可以为获得目标所在位置概率值提供计算依据。联合概率分布函数如式 (4.15) 所示。

$$f(d_s,\gamma_s)=\frac{1}{2\pi\sigma_{d_s}\sigma_{\gamma_{s,t}}}\exp\left\{-\left[\frac{(d_s-\mu_{d_s})^2}{2\sigma_{d_s}^2}+\frac{(\gamma_s-\mu_{\gamma_{s,t}})^2}{2\sigma_{\gamma_{s,t}}^2}\right]\right\} \tag{4.15}$$

当目标由时刻 t 从位置 P 经过时间 τ 运动至位置 P' 后，任意位置 (x,y) 的目标出现概率可根据信息矩阵 IM 由式 (4.16) 计算得到。

$$\begin{aligned}\text{prob}_s(x,y)&=\iint_{(d_s,\gamma_s)\in\text{IM}} d_s\cdot f(d_s,\gamma_s)\,\mathrm{d}\gamma_s\mathrm{d}d_s\\&=\iint_{(d_s,,\gamma_{s,t})\in\text{IM}} d_s\cdot\frac{1}{2\pi\sigma_{d_s}\sigma_{\gamma_{s,t}}}\cdot\\&\quad\exp\left\{-\left[\frac{(d_s-\mu_{d_s})^2}{2\sigma_{d_s}^2}+\frac{(\gamma_{s,t}-\mu_{\gamma_{s,t}})^2}{2\sigma_{\gamma_{s,t}}^2}\right]\right\}\mathrm{d}\gamma_{s,t}\mathrm{d}d_s\end{aligned} \tag{4.16}$$

若网格内任意位置的概率值相等，可以充分利用划分的网格对概率值进行近似估计，以有效减少积分的计算量。因此，经过一次间隔时间 τ 后移动至位置 (x,y) 的概率可以由式 (4.17) 计算确定。

$$\text{prob}_s(x,y)\approx\frac{\text{wid}^2}{2\pi\sigma_{d_s}\sigma_{\gamma_{s,t}}}\exp\left\{-\left[\frac{(d_0-\mu_{d_s})^2}{2\sigma_{d_s}^2}+\frac{(\gamma_0-\mu_{\gamma_{s,t}})^2}{2\sigma_{\gamma_{s,t}}^2}\right]\right\} \tag{4.17}$$

其中，d_0 表示当前位置 (x^-,y^-) 到下一位置 (x,y) 的距离；γ 表示当前位置 (x^-,y^-) 与下一位置 (x,y) 之间的方位角，方位角具体计算方法如式 (4.11) 所示。

由 Sail_s 获得概率矩阵 PM 后，通过归一化、优先级统筹等处理和计算，并根据格点位置关系获得探测任务集合 T_L 和任务集合中任意一个任务 task_j 对应的优先级 pri_j。这一映射关系如式 (4.18) 所示。

$$\text{PRI}\leftarrow\text{Process}\,(\text{PM}) \tag{4.18}$$

其中，Process (PM) 表示由概率矩阵获得的任务优先级的统筹处理。相关的具体计算公式和算法将在 4.3.2 节给出。在获得探测任务的优先级后，可以对任务探测收益调整并计算探测任务方案的整体收益值。

低速移动目标协同探测任务规划模型的目标函数考虑探测任务序列整体收益的最大化。每一个任务的收益值使用优先级调整后的结果作为执行该任务所能获得的实际收益。下面对低速移动目标协同探测任务规划问题的目标函数和约束条件进行介绍。

1）目标函数

目标函数为

$$\max \sum_{i\in\text{Sat}}\sum_{j\in T_L}\sum_{k\in\text{TW}}\sum_{o\in O_i} c_j^{\text{pri}}\cdot\text{apro}_{ijk}\cdot x_{ijko} \tag{4.19}$$

其中，apro_j 表示任务实际探测收益；c_j^{pri} 表示优先级调整参数，可以根据任务优先级与全部任务的最大、最小优先级通过式 (4.20)~ 式 (4.22) 得到相应的值。

$$c_j^{\text{pri}} = \text{pri}_{\max}\times\frac{\text{pri}_j-\text{pri}_{\min}}{\text{pri}_{\max}-\text{pri}_{\min}} \tag{4.20}$$

$$\text{pri}_{\min} = \min_{l\in T_L}\{\text{pri}_l\} \tag{4.21}$$

$$\text{pri}_{\max} = \max_{l\in T_L}\{\text{pri}_l\} \tag{4.22}$$

其中，$\text{pri}_{\max}$ 表示全部任务的最大优先级；$\text{pri}_{\min}$ 表示全部任务的最小优先级，且满足式 (4.21) 和式 (4.22) 的关系，优先级统筹计算方法在 4.3.2 节给出。

2）约束条件

（1）每一个探测任务最多存在一个前序任务，即

$$\sum_{i\in\text{Sat}}\sum_{j'\in\text{BT}_j^L}\sum_{k\in\text{TW}}\sum_{o\in O_i} x_{ij'ko}\leqslant 1,\forall i\in\text{Sat}, j'\in\text{BT}_j^L, k\in\text{TW}, o\in O_i \tag{4.23}$$

（2）每一个探测任务最多存在一个后续任务，即

$$\sum_{i\in\text{Sat}}\sum_{j'\in\text{AT}_j^L}\sum_{k\in\text{TW}}\sum_{o\in O_i} x_{ij'ko}\leqslant 1,\forall i\in\text{Sat}, j'\in\text{AT}_j^L, k\in\text{TW}, o\in O_i \tag{4.24}$$

（3）需要满足第 2 章任务规划模型中所给出的其他约束条件，即

$$\text{Con}\left(\boldsymbol{x},\mathbf{st}\right)\leqslant\mathbf{0} \tag{4.25}$$

式 (4.23) 和式 (4.24) 反映了属于同一个目标探测任务之间所需要满足的接续关系。式 (4.25) 的相关内容在第 2 章任务规划模型中已经给出，在此不再重复描述。

4.3 问题求解算法

为有效求解 LSTHESSP 问题，根据目标运动模型设计了目标位置预测算法用于预测目标在任务区域内可能经过的位置，并设计了优先级统筹算法将物体运动过程转化为一系列可以由探测卫星执行的元任务。获得的元任务需要通过使用规划算法生成任务执行方案，并基于第 2 章学习型进化算法框架提出了一种混合型学习进化算法，充分挖掘目标特征信息，使用深度强化学习方法生成部分染色体并用于进化算法搜索。下面，将首先对目标位置预测算法和优先级统筹算法进行介绍。然后，将详细介绍混合型学习进化算法。

4.3.1 目标位置预测算法

在 4.2.3 节，给出了目标运动模型，根据目标运动模型可以对任务两个轨迹点之间的目标运动轨迹给出合理的预测。基于目标运动模型，提出了一种目标位置预测算法，用于生成 GCS 下的离散化目标位置，生成的目标位置将作为概率计算和优先级统筹的依据。目标位置预测算法主要完成两项工作，一是对下一时刻的目标位置的估算；二是将得到的目标位置转换为 GCS 下的坐标位置。位置计算和坐标系转化是目标位置预测算法最为核心的部分。

目标位置的估算首先从获得初始位置开始，间隔一定采样时间获得下一时刻可能的位置。算法在每一次计算下一个可能的位置时，按照设定的速度和方位角概率分布随机生成新的数值，并按照新生成的速度和方位角让目标移动。以此类推，通过算法迭代可以得到一个目标运动轨迹。算法可以根据输入目标位置信息、速度和方位角所服从的概率分布获得一系列目标的运动轨迹。目标位置预测算法伪代码如算法 4.1 所示。

在目标位置预测算法中，目标运动情况在任务区域范围内通过随机方式估算得到。当目标按照间隔时间 τ 估计下一位置的时刻超过了终止时间，则只需要估计目标在终止时间的位置（第 10 ~ 13 行），并结束算法运行返回目标移动轨迹。

4.3.2 优先级统筹算法

目标位置是随时间发生改变的，本书使用目标位置预测算法具有一定的随机性。算法在对目标运动轨迹进行合理推断后，可以得到多个目标在整个任务区域内多条可能的运动轨迹。然后，通过对区域网格划分与概率估计后，获得了每一个位置的概率值。

算法 4.1 目标位置预测算法

输入: 任务区域 Sail_s，起始时间 t_0，终止时间 t_e，目标速度均值 μ_v，速度标准差 σ_v，目标方位角均值 μ_γ，方位角标准差 σ_γ，时间间隔 τ

输出: 目标运动轨迹 Tra

$N_t \leftarrow$ 初始化位置点数量;
$P_0^G \leftarrow$ 从区域中随机选择一个初始点 (Sail_s);
$v_0 \leftarrow$ 随机生成一个初始速度 (μ_v, σ_v);
$\gamma_0 \leftarrow$ 随机生成一个初始方位角 $(\mu_\gamma, \sigma_\gamma)$;
$\text{TP}_0 \leftarrow$ 构造初始轨迹 $\left(t_0, P_0^G, v_0, \gamma_0\right)$;
Tra $\leftarrow$ 将 TP_0 添加至 Tra;
将坐标位置由 GCS 转换至 PEFS;
for $i = 1$ to N_t **do**
    $t_i \leftarrow$ 计算下一时刻;
    if $t_i > t_e$ **then**
        $\tau \leftarrow t_e - t_i$;
        $t_i \leftarrow t_e$;
    end if
    $v_i \leftarrow$ 随机生成速度 (μ_v, σ_v);
    $\gamma_i \leftarrow$ 随机生成方位角 $(\mu_\gamma, \sigma_\gamma)$;
    $P_i^P \leftarrow$ 根据之前位置得到新的位置 $\left(P_{i-1}^P\right)$;
    将坐标位置由 PEFS 转换至 GCS;
    $\text{TP}_i \leftarrow$ 构造轨迹 $\left(t_i, P_i^G, v_i, \gamma_i\right)$;
    Tra $\leftarrow$ 将 TP_i 添加至 Tra;
    if $t_i == t_e$ **then**
        终止循环;
    end if
end for

优先级统筹算法对探测目标在获得的概率矩阵基础之上处理为可以进行求解的任务相关数据。优先级统筹的输入为目标位置概率矩阵，输出为任务优先级矩阵。优先级统筹主要包含两部分内容：一部分是对目标处在不同位置的概率值进行归一化处理并生成任务优先级；另一部分是对不同目标的优先级进行合并和调整。优先级统筹算法的伪代码如算法 4.2 所示。

优先级统筹首先需要对概率值进行归一化处理。这是由于目标运动预测具有随机性，且概率值为近似估计获得，很容易出现不同任务之间对应概率差距过大的情况。不同位置的概率值在归一化处理后可以保证其中任意一个值均在合理的区间范围内，以便于进行后续的优先级计算和数值调整。

算法 4.2 优先级统筹算法

输入: 目标位置概率矩阵 PM

输出: 任务优先级集合 PRI

```
for all position in PM do
    使用式 (4.26) 对位置概率值进行归一化处理;
    使用式 (4.27) 计算目标相应位置的优先级;
    使用式 (4.28) 生成合并后优先级;
    使用式 (4.29) 对合并后优先级进行归一化处理;
end for
使用式 (4.30) 生成任务优先级;
```

为了防止不同位置之间的概率差异过大，对概率值归一化处理，保证目标位置分布的累计概率和为 1。经过归一化处理后不同位置的概率可以更好地转化为任务优先级。归一化计算方法如式 (4.26) 所示。

$$\overline{\mathrm{prob}_s(x,y)} = \frac{\mathrm{prob}_s(x,y)}{\sum\limits_{(u,v)\in \mathrm{PM}} \mathrm{prob}_s(u,v)} \tag{4.26}$$

其中，$\mathrm{prob}_s(x,y)$ 表示位置 (x,y) 的概率值。

然后，可以根据概率值与设定的优先级范围 $[\mathrm{pri}^*_{\mathrm{min}}, \mathrm{pri}^*_{max}]$ 得到每一个目标的运动位置相对应的优先级。优先级计算方法如式 (4.27) 所示。

$$\mathrm{opri}_s(x,y) = \overline{\mathrm{prob}_s(x,y)} \cdot \left(\mathrm{pri}^*_{\mathrm{max}} - \mathrm{pri}^*_{\mathrm{min}}\right) + \mathrm{pri}^*_{\mathrm{min}} \tag{4.27}$$

其中，$\overline{\mathrm{prob}_s(x,y)}$ 表示归一化处理后位置 (x,y) 的概率值。

对于任务区域内的任意一个位置而言，可能存在多个目标均需要对该位置进行探测的情况。此时，需要对该位置的优先级进行调整。优先级调整首先将属于不同目标的探测优先级进行合并处理，得到合并后优先级值。优先级累计的计算公式如式 (4.28) 所示。

$$\mathrm{apri}(x,y) = \sum_{s\in \mathrm{Ship}} \mathrm{opri}_s(x,y) \tag{4.28}$$

其中，$\mathrm{opri}_s(x,y)$ 表示位置 (x,y) 的原始优先级。

在获得合并后优先级后，使用式 (4.29) 进行归一化处理。

$$\overline{\mathrm{apri}(x,y)} = \frac{\mathrm{apri}(x,y)}{\max\left[\mathrm{apri}(x,y)\right]} \tag{4.29}$$

其中，$\mathrm{apri}\,(x,y)$ 表示经过优先级累计后位置 (x,y) 的优先级。

最后，可以通过式 (4.30) 得到统筹后的优先级值，并通过映射关系得到任务 pri_j 对应的优先级值，基于位置和任务编号的优先级存在式 (4.31)~ 式 (4.32) 的转换关系。

$$\mathrm{pri}\,(x,y) = \left(\overline{\mathrm{apri}\,(x,y)} - \mathrm{pri}^*_{\min}\right) \cdot \frac{\mathrm{pri}^*_{\max} - \mathrm{pri}^*_{\min}}{\max\left[\overline{\mathrm{apri}\,(x,y)}\right] - \min\left[\overline{\mathrm{apri}\,(x,y)}\right]} + \mathrm{pri}^*_{\min} \tag{4.30}$$

$$\mathrm{pri}(x,y) \xrightarrow{\mathrm{vec}(\cdot)} \mathrm{pri}_j \tag{4.31}$$

$$\mathrm{pri}_j \xrightarrow{\mathrm{mat}(\cdot)} \mathrm{pri}(x,y) \tag{4.32}$$

其中，$\mathrm{vec}(\cdot)$ 表示向量化（vectorization）；$\mathrm{mat}(\cdot)$ 表示矩阵化（matricization）。

4.3.3 混合型学习进化算法

针对低速移动目标协同探测任务规划问题，基于第 2 章学习型进化算法框架设计了一种混合型学习进化算法（hybrid learning based evolutionary algorithm, HLEA）。在算法中，充分利用深度强化学习方法通过训练可以挖掘目标特征信息并快速构造解的优势，提升算法搜索效率。在算法初始化和邻域搜索阶段使用 DDQN 方法选择启发式规则，通过规则选择相应的任务生成解，种群搜索和邻域搜索在所生成解的基础上进行。采用这种方法生成解，既可以保证获得解不会占用大量的时间，又可以好于完全随机生成解的方式。算法还通过聚类方法将目标特征信息用于种群的交叉和变异中，并为提升算法的全局搜索能力使用了种群扰动策略。

混合型学习进化算法在进化算法框架中结合了深度强化学习方法、聚类方法、启发式邻域搜索等方法与策略以改进算法搜索表现，算法整体流程如图 4.2 所示。下面，将分别介绍算法流程、基于 DRL 的解生成方法、种群进化操作、算法复杂度分析等内容。

1. 算法流程

HLEA 在 EA 框架的基础上使用深度强化学习方法加快算法的搜索。算法流程依然遵循种群初始化、个体选择、种群演化等过程。种群演化具体又可以分为交叉和变异。使用 DDQN 为算法生成初始解，好的解有利于算法进一步搜索。网络模型同时还负责在邻域搜索中生成一个任务序列，该任务序列将用于构造新的邻域结构。为了将进化算法的基因顺序生成卫星探测计划，HLEA 使用第 3 章提出的探测任务时间窗选择方法来安排探测任务。

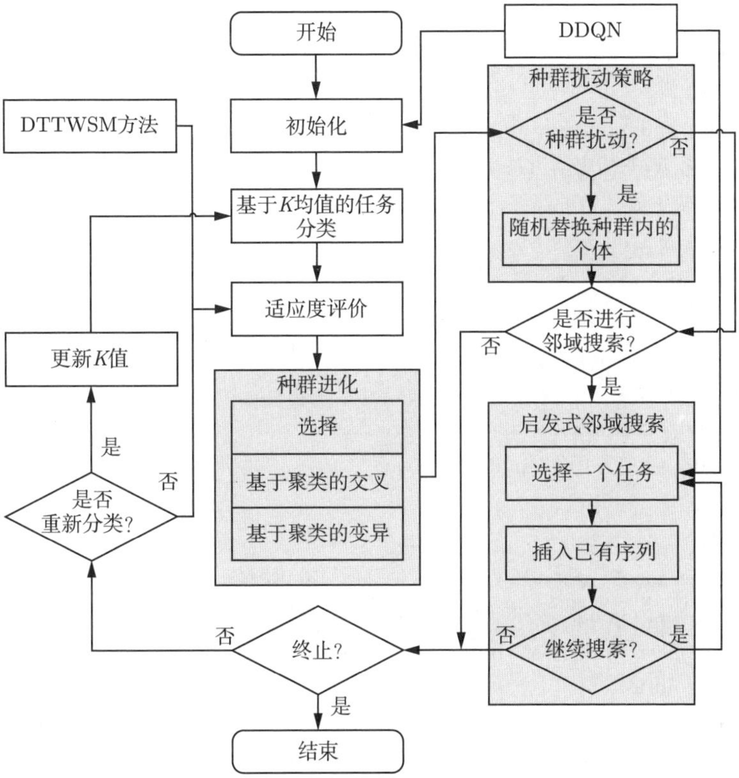

图 4.2　混合型学习进化算法流程图

混合型进化算法同样采用整数编码，适应度计算根据本章的目标函数计算获得，个体选择同样采用轮盘赌选择方式。以上三部分内容在第 3 章的进化算法已经给出相关详细介绍，在此不再进行重复描述。混合型进化算法还使用了一种基于聚类的交叉和变异方法，根据任务数据分类结果执行相应的个体进化操作。混合型学习进化算法的伪代码如算法 4.3 所示。

在 HLEA 中，DRL 方法生成的初始解会用在种群搜索和邻域搜索中（第 3 行和第 26 行）。在个体演化后，会根据适应度函数值改进情况判断是否替换原来的最优个体（第 15 行）。在一代种群搜索完成后，算法会判断是否使用种群扰动策略（第 32 行）。此外，HLEA 在种群搜索一定次数后将进入到邻域搜索阶段，邻域搜索也可以帮助算法找寻最优解（第 25 ～ 28 行）。邻域搜索的详细过程将会在 4.3.3 节进行详细介绍。

算法 4.3 混合型学习进化算法

输入: 种群规模 N_p, 交叉概率 α, 变异概率 β, 任务集合 T, 时间窗集合 TW, DDQN, 交叉算子 C_o, 变异算子 M_o, 步长间隔 SI_c, 交叉长度 L, 最大代数 Gen, K, $K_{\min}$, 种群扰动策略阈值 Thre_1, 邻域搜索阈值 Thre_2, 控制参数 ε_g, 控制参数 ε_u

输出: 最优方案 S

设置 $\mathrm{count}_1 = 0, \mathrm{count}_2 = 0$;
$C \leftarrow$ 初始化 K 均值聚类方法 (K);
使用 DDQN 生成初始种群并计算适应度函数值;
for gen = 1 to Gen **do**
    for i=1 to N_p **do**
        if rand() $\leqslant \alpha$ **then**
            $\mathrm{indi}_i' \leftarrow$ 交叉操作 $(\mathrm{indi}_i, C_o, L, C)$;
        end if
        if rand() $\leqslant \beta$ **then**
            $\mathrm{indi}_i' \leftarrow$ 变异操作 $(\mathrm{indi}_i, C_m, C)$;
        end if
    end for
    local_best,local_best_indi $\leftarrow$ 计算种群适应度函数值;
    if local_best>gobal_best **then**
        gobal_best_ind,gobal_best $\leftarrow$ loc_best_indi,loc_best;
        更新 Solution*;
        $\mathrm{count}_1 \leftarrow \mathrm{count}_1 + 1$;
    else
        $\mathrm{count}_2 \leftarrow \mathrm{count}_2 + 1$;
    end if
    if $\mathrm{count}_1 == \mathrm{Thre}_1$ **then**
        随机生成种群内一个个体; //种群扰动策略
        Reset $\mathrm{count}_1 \leftarrow 0$;
    end if
    if $\mathrm{count}_2 == \mathrm{Thre}_2$ **then**
        gobal_best_indi′,gobal_best′ $\leftarrow$ 启发式邻域搜索方法;
        重置 $\mathrm{count}_2 \leftarrow 0$;
    end if
    if $\mathrm{mod}(\mathrm{gen}, \mathrm{SI}_c) == 0$ **then**
        更新 K 值并重新生成聚类结果 C;
    end if
    当 rand () $< \varepsilon_u$ 时，使用个体更新策略;
end for

2. 基于 DRL 的解生成方法

使用深度强化学习方法生成进化算法种群搜索初始解，获得邻域搜索用于构造新邻域解的任务序列。进化算法最终优化效果与初始解、初始种群的产生方式有着密切的关系。同时，在邻域搜索算法中，从任务序列中选择合适的任务执行邻域搜索操作直接影响到搜索表现。在以往的研究中，随机、特定的启发式规则、机器学习等一系列方法被用来构造解。这些方法容易存在随机性过强或者只对一些特定场景或者特定问题有效，即泛化性能弱的情况。就此而言，深度强化学习方法是一种具有很强泛化能力的人工智能方法，在多种组合优化问题上已经得到过很好的应用。

深度强化学习方法的核心任务是让智能体对一个给定任务明确状态和报酬之间的关系，并让一个深度神经网络学习状态和报酬之间的关系。LSTHESSP 搜索空间大，决策次数多，序列依赖特征明显，使用深度强化学习方法可以有效挖掘问题中有用的信息。在使用深度神经网络对问题学习之前，需要先判断 LSTHESSP 是否满足构建马尔可夫决策过程的条件。在 LSTHESSP 中，选择哪个任务规划只与当前的状态有关系。因此，问题求解过程满足构建马尔可夫决策过程中无后效性的要求。

在任意时刻 t，智能体根据当前的状态选择合适的动作生成解，动作的选择根据深度神经网络预测得到的 Q 值，在种群演化的环境下通过使用评价适应度函数值改进获得报酬并转移状态。策略的设计在动作选择中格外重要，深度神经网络相较于 Q 表更有助于在连续状态空间中预测动作对应的 Q 值。根据 Q 值的动作选择是深度强化学习方法中的一个核心步骤，兼顾探索和开发的选择方式让深度强化学习方法在保证动作选择质量的同时充分考虑策略的多样性。在动作选择完成之后更新状态并计算报酬，将状态转移数据存储以用于网络模型训练。网络模型的训练采用小批量的方法，对两个价值网络计算损失值并使用优化器调整网络参数。通过对网络模型参数的不断调整使得其能够根据状态选择合适的动作让智能体获得最优的报酬。

在给出网络模型和模型训练方法之前，首先对 DRL 所涉及的马尔可夫决策过程进行介绍。一个马尔可夫决策过程可以由 $\langle S, A, R, V\rangle$ 四部分组成。其中，S 表示状态，A 表示动作，R 表示报酬，V 表示价值函数。状态是指智能体在时刻 t 时自己的情况，一般由一个特征矩阵表示。动作是指智能体在当前状态下所采取的行为。报酬是指智能体在当前状态下按照动作执行相应操作后与环境交互所获得的评价。如图 4.3 所示，智能体和环境交互在深度强化学习方法中至关重要。价值函数是指根据状态、动作、报酬评估所能得到期望值的函数，智能体所选择的动作与价值函数密切相关。解的生成算法伪代码如算法 4.4 所示。

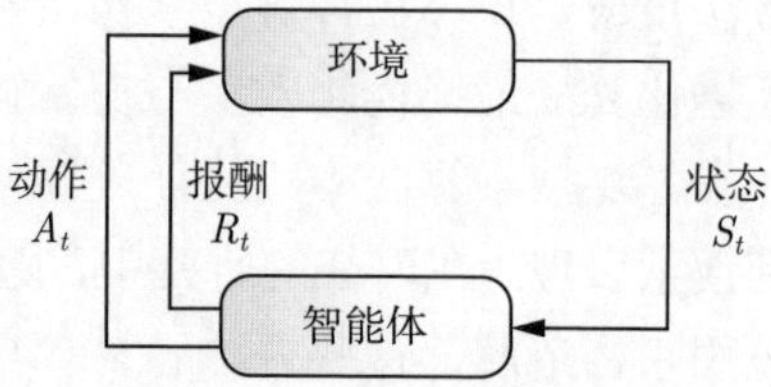

图 4.3　智能体和环境交互

算法 4.4 基于深度强化学习的解生成方法

输入: 任务集合 T, 时间窗集合 TW, 种群规模 N_p, DDQN, 控制参数 ε_g

输出: 初始种群 P_0

1: **for** $i = 1$ to N_p **do**
2: 　**if** rand () $\geqslant \varepsilon_g$ **then**
3: 　　**while** 未达到算法终止条件时 **do**
4: 　　　$a_t \leftarrow$ 使用 DDQN 选择动作 (S_t, A);
5: 　　　task$\leftarrow$ 根据动作策略选取任务 (T, a_t);
6: 　　　从 T 中移除任务 task;
7: 　　　indi$_i$ $\leftarrow$ 添加 task 至个体 i;
8: 　　　$R_t \leftarrow$ 计算报酬值;
9: 　　　$S_{t+1} \leftarrow$ 更新状态;
10: 　　　Relay Buffer$\leftarrow$ 记录状态转移;
11: 　　　$t \leftarrow t + 1$;
12: 　　**end while**
13: 　**else**
14: 　　indi$_i$ $\leftarrow$ 随机生成一个个体;
15: 　**end if**
16: 　$P_0 \leftarrow$ 添加 indi$_i$ 至 P_0;
17: **end for**

以上的伪代码可以适用于深度强化学习方法的训练和测试过程，两个过程在算法的具体执行步骤方面存在一些不同。在训练过程采用逐步计算适应度的改进得到报酬值，而在测试过程中则无须在每一次动作选择后计算报酬值，只需得到完整的任务序列后计算一次适应度值即可。状态转移记录了智能体采取动作前后的状态以及报酬，在测试过程中为了加快速度无须记录（第 10 行）。

下面将详细介绍马尔可夫决策模型各个组成部分在 HLEA 中所具体表达的含义、基于 DDQN 的模型训练方法和算法测试过程等内容。

1）状态

智能体的状态是使用深度神经网络计算 Q 值，进而进行动作选择的依据。状态空间 S 由一系列状态 S_t 构成，即

$$S = \{S_0, S_1, \cdots, S_t, \cdots\} \tag{4.33}$$

其中，S_t 表示智能体在时刻 t 时的状态。在本节中，每一个状态 S_t 的属性值均是由一系列与规划结果相关的统计指标组成的。这些统计指标可以有效描述 LS-THESSP 在构造解过程中智能体的具体表现情况。状态 S_t 的属性构成关系如下：

$$S_t = \{\mathrm{RAT}_t, \mathrm{RSTD}_t, \mathrm{RAP}_t, \mathrm{RAUP}_t\} \tag{4.34}$$

其中，RAT_t 表示剩余时间窗可用总时长；RSTD_t 表示剩余任务与全部任务收益平均值的标准差；RAP_t 表示剩余任务的平均收益值；RAUP_t 表示剩余任务的单位时间平均收益值。剩余时间窗可用总时长、剩余任务与全部任务收益平均值的标准差、剩余任务的平均收益值、剩余任务的单位时间平均收益值可以分别由式 (4.35)、式 (4.36)、式 (4.37)、式 (4.38) 计算得到。

$$\mathrm{RAT}_t = \sum_{i\in \mathrm{Sat}}\sum_{j\in T}\sum_{k\in \mathrm{TW}}\sum_{o\in O_i}(\mathrm{rlvt}_{ijko} - \mathrm{revt}_{ijko}) - \sum_{i\in \mathrm{Sat}}\sum_{j\in \mathrm{ST}_t}\sum_{k\in \mathrm{TW}}\sum_{o\in O_i} d_j \cdot x_{ijko} \tag{4.35}$$

$$\mathrm{RSTD}_t = \frac{1}{|\mathrm{RT}_t|}\sqrt{\sum_{j\in \mathrm{RT}_t}\left(\mathrm{opro}_j - \mathrm{opro}_{\mathrm{avg}}\right)^2} \tag{4.36}$$

$$\mathrm{RAP}_t = \frac{1}{|\mathrm{RT}_t|}\sum_{j\in \mathrm{RT}_t}\mathrm{opro}_j \tag{4.37}$$

$$\mathrm{RAUP}_t = \sum_{j\in \mathrm{RT}_t}\mathrm{opro}_j \Bigg/ \sum_{j\in \mathrm{RT}_t} d_j \tag{4.38}$$

$$\mathrm{opro}_{\mathrm{avg}} = \frac{1}{|T|}\sum_{j\in T}\mathrm{opro}_j \tag{4.39}$$

其中，ST_t 表示处于时刻 t 时的已选任务集合；RT_t 表示处于时刻 t 时的剩余任务集合；$\mathrm{opro}_{\mathrm{avg}}$ 表示任务收益平均值，可由式 (4.39) 计算得到；revt_{ijko} 表示时间窗最早可见时间；rlvt_{ijko} 表示时间窗最晚可见时间；opro_j 表示任务探测收益，d_j 表示任务持续时间。

以上四个统计指标值会随着智能体的每一次决策而发生相应的变化，可以从多个维度衡量目前动作选择的表现，以便于智能体根据最新的状态值选择合适的动作挑选任务并尝试进行任务的安排。

2）兼顾探索与开发的动作选择

在马尔可夫模型中，通过动作选择确定任务安排的偏好顺序。具体的顺序在生成种群搜索初始解和邻域搜索初始解时稍有不同。一次动作选择确定一个需要规划的任务，并将其放在上一次动作选择的任务之后。如果应用在邻域搜索中，还需要将选中的任务按照一定的策略重新加入到任务序列中，得到新的邻域结构。

本节动作选择的是启发式规则，根据启发式规则从可选任务序列中选择相应的任务。四种动作策略包括：

（1）**动作策略 1**：选择剩余可选任务集合 RT 中收益最高的探测任务。

（2）**动作策略 2**：选择剩余可选任务集合 RT 中单位时间收益值最高的探测任务，任务单位时间收益计算公式如式 (4.40) 所示。

$$\mathrm{up}_j = \mathrm{opro}_j / d_j \tag{4.40}$$

其中，opro_j 表示任务收益；d_j 表示任务要求探测时间。

（3）**动作策略 3**：选择剩余可选任务集合 RT 中完成时间紧急度要求最高的探测任务。

（4）**动作策略 4**：选择剩余可选任务集合 RT 中持续时间最短的探测任务。

在动作选择时需要兼顾探索和开发。探索关注于深度强化学习方法的全局搜索能力，而开发则关注于深度强化学习方法的局部搜索能力。

兼顾探索与开发的动作选择伪代码如算法 4.5 所示。

算法 4.5 兼顾探索与开发的动作选择算法

输入: 状态 S_t, DDQN, 动作集合 A, 控制参数 ε_c

输出: 动作 a_t

```
1: rand ← 生成一个 0 ~ 1 范围内的随机数;
2: if rand ⩾ ε_c then
3:     a_t ← 从 A 中选择具有最大 Q 值的动作;
4: else
5:     a_t ← 从 A 中随机选择一个动作;
6: end if
```

在算法 4.5 中，ε_c 表示一个控制参数，用于判断动作选择是采取贪婪的方式（第 3 行）还是随机的方式（第 5 行）。如果采用贪婪的方式，得到当前状态下选择每一个可选择任务的可能性，之后根据概率值选择概率值最大的动作。采取随机模式则从未被选择过的任务中随机选中一个。

3）报酬

报酬用来评价智能体在状态 S_t 下采取动作 A_t 的表现。在 LSTHESSP 中，智能体根据适应度改进情况，计算获得每一次动作选择的报酬值。采用逐步记录生成初始解过程所产生个体适应度值变化来反映智能体报酬的方式，可以有效为智能体在训练 DDQN 网络模型参数时提供有用的信息。具体而言，将时刻 t 和时刻 $t-1$ 的适应度值相减得到时刻 t 的报酬，即

$$R_t = \mathrm{fit}_t - \mathrm{fit}_{t-1} \tag{4.41}$$

其中，fit_t 表示在时刻 t 的适应度函数值；fit_{t-1} 表示在时刻 $t-1$ 的适应度函数值。适应度函数值的计算由 DTTWSM 根据式 (4.19) 得到。

4）状态转移

当智能体在时刻 t 根据状态 S_t 采取动作 A_t 后会进入下一个状态 S_{t+1}。之后的动作会在状态 S_{t+1} 的基础之上进行选择。同时，将 $\langle S_t, A_t, R_t, S_{t+1}\rangle$ 的四元组记录在延迟存储中。

5）基于 DDQN 的价值函数表达

本节使用对抗深度 Q 网络（DDQN）来表示价值函数。DDQN 是深度 Q 神经网络（DQN）的一种，是在其基础之上对数据流进行改进，将状态值与动作产生的奖励分拆而得到的。相比于 DQN 而言，DDQN 将单向的数据流变为了两个数据流 n，它们分别用于计算状态值函数（state value function）和优势函数（advantage function），计算过程由全连接网络（full connected network）完成，并最终通过一个特定的聚合层（special aggregating layer）得到每一个动作 Q 的估计值。在 DDQN 网络的 Q 值函数表示方式如式 (4.42) 所示。

$$Q^{\pi}(s,a) = V^{\pi}(s) + A^{\pi}(s,a) \tag{4.42}$$

其中，$V^{\pi}(s)$ 表示状态值；$A^{\pi}(s,a)$ 表示动作优势。

在本节中，采用 Wang 等[131] 提出的 DDQN 的改进形式，用优势函数的平均值代替最大值。这是一种更为平滑的计算方式，使得优势函数在正确趋势的指导下不断靠近，而不必过于追求最优情况。改进形式的 Q 值函数表示方式如式 (4.43) 所示。

$$Q(s,a;\theta,\theta_v,\theta_a) = V(s;\theta,\theta_v) + \left(A(s,a;\theta,\theta_a) - \frac{1}{|\mathcal{A}|}\sum_{a'} A(s,a';\theta,\theta_a)\right) \tag{4.43}$$

其中，θ_v 和 θ_a 为两个全连接层的网络参数。

下面将介绍 DDQN 的训练过程，通过模型训练对网络模型参数更新，使其能够根据智能体的状态做出最为合理的动作决策。

6）DDQN 模型训练

神经网络模型在有效地学习后可以具有很好的寻优表现。作为 DQN 算法的一种改进形式，DDQN 训练采用与 DQN 相同的形式。DDQN 训练具有两个特色。回放缓存（relay buffer）机制属于 DDQN 在网络模型训练中的一个特色。DDQN 记录智能体的状态转移 (S_t, A_t, R_t, S_{t+1}) 存储至回放缓存中，当回放缓存所记录的状态转移数量达到容量设定后，在记录新的状态转移时会将替代一个旧的状态转移；另一个特色是，DDQN 学习在使用动作-值函数网络的基础上额外使用了一个目标-值函数网络，网络参数通过每隔固定的步数 SI 复制动作–值函数网络参数得到。

在 DDQN 训练时，从经验缓存池中随机采样 B_s 个状态转移数据，采用小批量（mini batch）通过复制得到的目标–值函数网络计算目标值 Y，之后计算其与动作–值函数网络得到结果之间的损失函数，使用优化器通过梯度下降对 θ 优化。DDQN 网络训练的示意图如图 4.4 所示。

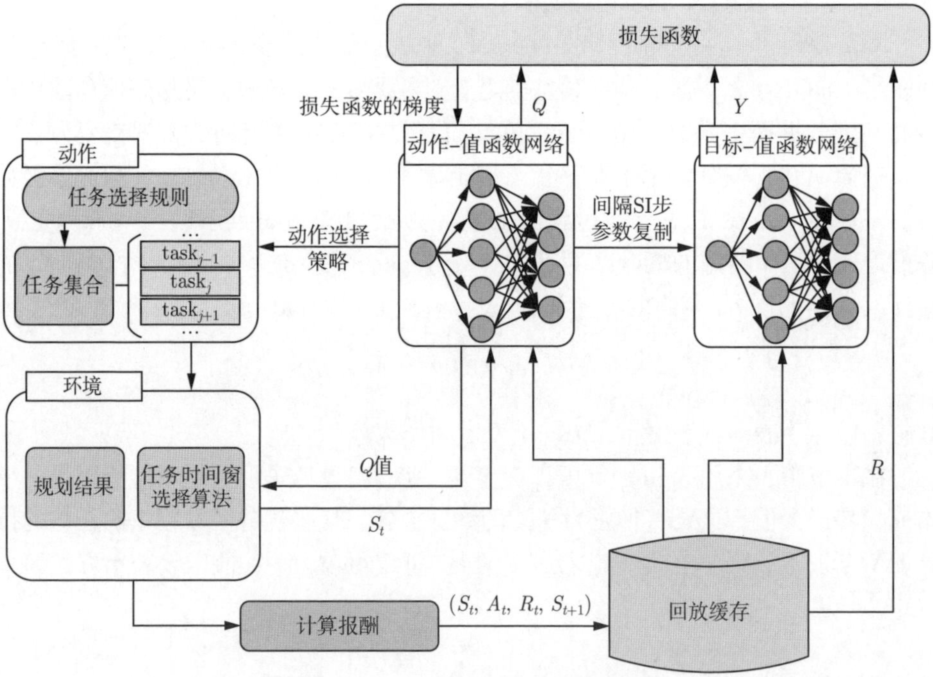

图 4.4　DDQN 网络训练示意图

网络训练过程中，Y 值计算公式如式 (4.44) 和式 (4.45) 所示。如果 S_{t+1} 不是终止状态，Y 的计算公式为

$$Y = R_t + \gamma \max(\mathrm{PV}) \tag{4.44}$$

如果 S_{t+1} 是终止状态，Y 的计算公式为

$$Y = R_t \tag{4.45}$$

其中，Y 表示目标-值网络的预测值。

DDQN 的训练伪代码如算法 4.6 所示。

算法 4.6 DDQN 训练方法

输入: 回放缓存, DDQN, 时刻 t, 步长间隔 SI, 批量规模 B_s, 学习率 α_L, 折扣因子 γ

输出: 更新的动作-值函数 Q 网络模型 θ

1: **if** $\mathrm{mod}(t, \mathrm{SI}) == 0$ **then**

2:     $\hat{Q} \leftarrow$ 复制 Q 网络模型参数;

3: **end if**

4: 从回放缓存中随机选择一个批量的状态转移数据;

5: $\mathrm{PV} \leftarrow \hat{Q}\left(\phi'_i, a'; \hat{\theta}\right)$;

6: 使用式 (4.44)~ 式 (4.45) 计算批量的 Y 值;

7: 使用 $[Y_i - Q(\phi_i, A_i; \theta)]^2$ 计算损失函数;

8: $\theta \leftarrow$ 使用优化器进行梯度下降优化模型参数 (α_L, γ);

每一次训练都要从经验池中小批量采样状态转移数据（第 4 行），并根据目标网络状态值对 Q 值进行预测（第 5 行）。之后，判断是否是终止状态并使用相应的 Y 值计算方法（第 6 行），如果没有达到终止状态，则根据式 (4.44) 计算 Y 值。而如果是终止状态，则直接将报酬值 R_t 赋值给 Y；在计算得到 Y 值后，对参数 θ 使用优化器通过梯度下降优化（第 7 行）。

7）算法测试过程

算法测试过程也就是 HLEA 在 LSTHESSP 中的实际使用。在算法的绝大部分使用过程中，测试和训练都遵循着相似的流程，这是为了保证智能体能够按照训练所学习到的经验有效应用在新问题中。整体而言，算法测试与训练之间的区别主要包括以下三点。

（1）在训练过程中，由于 HLEA 使用了 DDQN，需要对深度神经网络在不同场景下开展多轮训练以提升其生成解的质量。而测试所使用的场景则是实际问题，每次只跑一轮即作为算法单次运行的结果。

（2）在训练过程中，初始解全部采用深度强化学习方法生成。而在测试时，允

许其中一部分个体采用完全随机的方式生成。随机生成的方式更有利于增加种群的多样性，增加算法的搜索范围。

（3）关于算法具体运行步骤，测试过程不需要复制生成目标网络，无须计算报酬值，无须存储状态转移，也不需要对网络进行梯度下降优化。

3. 种群进化操作

本部分将介绍 HLEA 中基于聚类的交叉和变异、个体更新、种群扰动、邻域搜索等与种群进化相关的操作。

1）基于聚类的交叉

本研究在 HLEA 中提出了一种基于聚类的交叉方法。聚类方法可以根据数据之间的关系将数据集合分为多个子集合，分割的标准是数据特征的相似程度[132-133]。得到的子集合可以采用离散或者层次结构。当对数据进行聚类操作后，每一个子集合内数据之间的相似度要尽可能高，而属于不同子集合数据差异性要显著。

聚类方法可以对探测任务数据进行有效利用，对任务之间的关系进行挖掘并通过数据驱动的方式改进算法搜索。在 LSTHESSP 中使用聚类方法的一个重要原因在于，卫星任务数据规律性较弱，难以人为将其分类，而聚类方法可以依据数据之间的欧式距离确定多个中心，合理地将数据分为多个簇。K 均值方法（K-means method，KMM）输入的数据为任务数据，对于任意一个任务 task_j 而言，选择最早允许执行时间、最晚允许结束时间、任务探测时长构成数据特征，即 $\text{feature}_j = \{\text{rest}_j, \text{rlet}_j, d_j\}$。$K$ 均值算法的伪代码如算法 4.7 所示。

数据归一化方法所采用的方式与第 3 章数据输入 DQN 之前所采用的处理方式一致，具体计算公式可以参考式 (3.20)。在对数据处理后，即可使用聚类方法对任务数据进行相应计算。

K 均值方法根据数据特征所产生簇的数量由 K 值决定，算法在搜索初始阶段的分类应当尽可能细致，而随着搜索的进行，只需要将数据分为数量较少的几个簇即可。因此，聚类算法在初始时产生 K 个聚簇，每间隔 SI_c 代再次对数据重新分类，并将 K 值减小 1，直至 K 值减小至 $K_{\min}$ 时则不再变化。

K 均值方法的时间复杂度为 $O(|T| \cdot d \cdot K \cdot \text{iter})$，$|T|$ 表示任务数据量，d 表示特征数量为常量，K 表示聚类中心数量，iter 表示迭代次数。因此，K 均值方法的时间复杂度为 $O(|T| \cdot K \cdot \text{iter})$。$K$ 均值方法的空间复杂度为 $O(N)$。

基于聚类的交叉根据 K 均值方法得到的任务分类结果进行相应的个体基因序列操作。在描述交叉方法之前，首先需要对聚类结果引入邻域的概念，即将数据根据分类结果从前至后排列，与一个簇相邻或接近的其他多个簇被称为该簇的邻域。

算法 4.7 K 均值方法

输入: 特征集合 FE, 分类数量 K

输出: 聚类结果 C

初始化: 随即从 FE 中选择 K 个点生成初始聚类中心 ξ;
while 聚类中心 ξ 发生更新时 **do**
  设定 $C = \varnothing$;
  for $i = 1, 2, \cdots, |FE|$ **do**
    $d_{ij} \leftarrow$ 计算欧氏距离 $\|\mathrm{fe}_i, \xi_j\|_2$;
    $\kappa_j \leftarrow \arg\min\limits_{j\in K} d_{ij}$;
    $C_{\kappa_i} \leftarrow C_{\kappa_i} \cup \{fe_i\}$;
  end for
  for $j = 1, 2, \cdots, K$ **do**
    ${\xi_j}' \leftarrow \dfrac{1}{|C_j|} \sum\limits_{fe\in C_j} fe$;
    if ${\xi_j}' \neq \xi_j$ **then**
      $\xi_j \leftarrow$ 更新 ${\xi_j}'$;
    end if
  end for
end while

无论是基于聚类的交叉还是变异，首先需要选择一个执行交叉操作的任务所在的簇，选择方式采用类似于轮盘赌选择的方式。每一个任务所在簇被选中的概率计算公式如式 (4.46) 所示。

$$\hat{p}_k = \frac{\sum\limits_{i\in \mathrm{Pop}} \sum\limits_{j'\in T_k} \mathrm{tp}_{ij'}}{\sum\limits_{i\in \mathrm{Pop}} \sum\limits_{j\in T} \mathrm{tp}_{ij}} \tag{4.46}$$

其中，$\hat{p}_k$ 表示任务所在簇 k 的被选中概率值；$\sum\limits_{i\in \mathrm{Pop}} \sum\limits_{j'\in T_k} \mathrm{tp}_{ij'}$ 表示个体 i 中属于簇 k 任务成功执行所获得的探测总收益值。

在轮盘赌选择确定一个任务所在簇后，再从一个被选中任务所在簇的邻域中随机选出另一个任务所在簇。之后，便可分别从两个簇中选择等长的两个基因片段，交换基因片段位置生成新的子代个体。

2）基于聚类的变异

本研究采用 K 均值聚类的结果设计个体变异操作，一种是簇内部变异，另一种是簇间变异。簇内变异可以实现属于同一任务所在簇内部具有相似特征基因位置的互换，而簇间变异则会调整来自不同任务所在簇存在明显特征差异基因位置的变换。下面，将分别描述簇内部变异和簇间变异的具体流程。

- 簇内部变异：首先，随机选择一个任务；然后，从与之属于同一簇的任务集合中随机选择另一个与之不同的任务；最后，互换两个任务在染色体中所处的位置，生成新的子代个体。
- 簇间变异：首先，随机选择一个任务；然后，使用式 (4.46) 随机选择另一任务所在簇；再后，从另一所在簇中选择一个任务；最后，互换两个任务在染色体中所处的位置，生成新的子代个体。

簇内部变异与簇间变异在每次个体执行变异操作时具有相等的选中概率，单次变异会从两种变异方式中随机选择一种并按照设定完成相应的操作。

3）个体更新机制

个体经过交叉或者变异后会得到具有新染色体结构的新个体。新个体并不是全部都能够获得有效改进，需要通过适应度值的评价判断，来决定是否对种群中之前的个体进行更新。如果适应度函数值有提升，则更新执行种群演化操作的个体，否则，则不会更新个体。当然，这样的贪婪策略也可能会对搜索产生不利的影响。因此，采用 ε_u-greedy 思路，引入了一个阈值 ε_u。在需要个体更新时，产生一个随机数，当随机数值小于值 ε_u 时，则无论是否适应度函数值改进，都会将新个体加入到种群中。

4）种群扰动策略

为了增强种群个体的多样性，本书在 HLEA 中使用了种群扰动策略。种群扰动策略是指当种群多次搜索表现不理想时随机生成一个新的个体随机替换掉种群中的一个个体。这样增加种群多样性的方式对算法探索解空间具有一定的帮助，而对寻找局部最优解的帮助不够明显。因此，种群扰动策略在使用时需要提前设定好所需要的触发次数，如果达到最大触发次数后即便再次满足触发条件也不再进行种群扰动操作。

5）启发式邻域搜索方法

邻域搜索可以提升算法的搜索效果，但往往需要付出昂贵的计算成本[134]。在 HLEA 中，结合深度强化学习方法生成的解设计了一种低计算成本的启发式邻域搜索方法。在搜索过程中的任意时刻 t，深度强化学习方法根据状态 S_t 选择合适的任务，并将其提供给启发式方法从而对任务选择新的偏好顺序。“深度强化学习方法–任务插入”的方法将会不断重复进行直至生成完整的解。

深度强化学习方法在邻域搜索部分输入的是搜索过程最优解中未能规划成功的任务特征集合。根据之前的深度强化学习方法部分的介绍，此处的状态特征与生成初始解所使用的状态特征保持相同。这样，则无须引入一个额外的深度神经网络来选择合适的任务，生成初始解的深度神经网络即可在邻域搜索中使用。启发式邻域搜索的主要步骤为：首先，根据个体是否被成功安排，将执行邻域搜索的个体分为两部分，被成功安排的任务集合简记为 Part_1，未被成功安排的任务集合简记为 Part_2。然后，将 Part_1 按照执行时间先后顺序得到一个个体，这个个体将被作为邻域搜索中构造邻域结构的依据。之后，使用 DDQN 选取规则从 Part_2 的任务序列中选择相应的任务插入到 Part_1 的序列中，任务在插入时采用随机插入的方式完成。经过反复任务选择与插入，会得到一个全新的个体。最后，新个体经过判断是否有改进来确定是否替换原有个体来更新种群。

随机任务插入方法的步骤包括：首先，根据待插入任务序列的长度生成一个随机数作为任务执行后续操作的位置；然后，将需要插入的任务插入到随机选中位置之后的下一个位置；最后，调整其他任务位置，将处在该位置之后的其余任务相应地向后移动一个位置。启发式邻域搜索方法的伪代码如算法 4.8 所示。

算法 4.8 启发式邻域搜索方法

输入： 全局最优个体 gobal_best_indi，全局最优个体适应度函数值 gobal_best，最优方案 Solution*，DDQN

输出： gobal_best_individual′, gobal_best′

设置 new individual=[ ];
$\text{Part}_1, \text{Part}_2 \leftarrow$ 根据任务是否安排将最优方案中的任务分为两类 (Solution*);
$\text{Part}_1 \leftarrow$ 根据执行时间对 Part_1 排序;
设置时刻 $t = 0$;
while Part_2 中的任务还未全部插入至 Part_1 **do**
　　$a_t \leftarrow$ 根据 S_t 计算 Q 值并选择动作;
　　task $\leftarrow$ 根据动作策略选择任务 (a_t, Part_2);
　　new_indi $\leftarrow$ 将选中的任务插入到序列中 $(\text{Part}_1, \text{task})$;
　　更新 Part_1 和 S_t;
　　更新待插入任务集合 Part_2;
　　$t \leftarrow t + 1$;
end while
fitness $\leftarrow$ 使用 DTTWSM 方法计算适应度函数值;
if gobal_best < fitness **then**
　　gobal_best $\leftarrow$ fitness;
　　gobal_best_indi $\leftarrow$ new_indi;
　　Solution* $\leftarrow$ 生成新的最佳方案;
else
　　终止邻域搜索;
end if

在启发式邻域搜索方法中，任务安排的结果是搜索生成新个体的依据（第 2 行）。算法的核心是使用网络模型不断选出任务并通过启发式方法插入到 Part_1 中（第 5~12 行）。完成一次邻域搜索得到新的个体后，需要使用 DTTWSM 评价得到新个体的适应度值，如果适应度值优于原个体则替换原个体；否则，保持原最优个体结构不变（第 14~17 行）。在邻域搜索完成后，HLEA 将继续进行种群搜索。

与生成初始解的动作选择稍有不同的是，邻域搜索动作选择得到的是待重新插入到序列中的任务，需要通过任务插入得到新的邻域结构。任务按照随机任务插入方法插入，从待插入的任务序列中随机选择一个位置，将通过深度强化学习方法选择出的任务插入到相应位置之后的下一个位置，并相应地调整其他任务的位置。

4. 算法复杂度分析

在 HLEA 中，进行任务安排的复杂度为 $O(|T|\cdot|\text{TW}|)$，而使用 K 均值聚类方法的进化算法在一代的时间复杂度为 $O(N_p\cdot|T|\cdot|\text{TW}|+|T|\cdot K\cdot\text{iter})$，即进化算法时间复杂度为 $O(N_p\cdot|T|\cdot|\text{TW}|)$。

DDQN 的时间复杂度分为训练模式和测试模式两种情况。在训练模式下，当任务规模为 $|T|$ 时，使用神经网络前向传播生成任务序列的时间，复杂度为 $O(d\cdot 1)$，d 表示特征数量为常数，则前向传播时间复杂度为 $O(1)$。在训练 Epoch 轮，每一轮场景重复 Gen 代时，其复杂度为 $O(\text{Epoch}\cdot\text{Gen})$。因此，初始化方法的时间复杂度为 $O(\text{Epoch}\cdot\text{Gen}\cdot|T|\cdot|\text{TW}|)$。邻域搜索时间复杂度为 $O(|T'|\cdot|\text{TW}|)$，$|T'|$ 为插入的任务数量，T' 为受到邻域搜索影响的任务，最差情况为 $O(|T|\cdot|\text{TW}|)$。HLEA 在训练模式下的时间复杂度为 $O(\text{Epoch}\cdot\text{Gen}\cdot|T|\cdot|\text{TW}|+|T|\cdot|\text{TW}|)=O(\text{Epoch}\cdot\text{Gen}\cdot|T|\cdot|\text{TW}|)$。

在测试模式下，初始化方法的时间复杂度为 $O(|T|\cdot|\text{TW}|)$。HLEA 在测试模式下的时间复杂度为 $O(|T|\cdot|\text{TW}|+\text{Gen}\cdot N_p\cdot(|T|\cdot|\text{TW}|+|T|\cdot|\text{TW}|))=O(\text{Gen}\cdot N_p\cdot|T|\cdot|\text{TW}|)$。

HLEA 的空间复杂度由 DDQN 中的网络模型和进化算法框架两部分共同决定，人工神经网络模型的空间复杂度为 $O(1)$，进化算法框架的空间复杂度为 $O(N)$。因此，HLEA 整体的空间复杂度为 $O(N)$。

4.4 仿真实验与分析

4.3 节提出了一种求解低速移动目标协同探测任务规划问题的混合型学习进化算法。本节将通过仿真实验检验算法的规划表现。本章仿真实验所使用的 Python 版本为 3.9.7，实验平台为安装 Windows 11 专业版操作系统（64 位系统）的台式机，其 CPU 为 Intel Core i7-12700 2.10GHz，内存容量为 32GB。

4.4.1 仿真实验设计与参数配置

1. 实验场景设置

本章实验所使用的卫星轨道参数设置与第 3 章仿真实验中所使用的卫星轨道参数设置保持一致，在此不再赘述。在本章实验中不仅使用电磁探测卫星还使用光学探测卫星和 SAR 探测卫星。本节将首先介绍卫星能力设置的相关内容。

1）卫星能力设置

本节介绍的卫星能力设置主要针对敏捷光学探测卫星，由于其具有姿态机动能力，会直接影响到目标可见时间窗时长。敏捷光学探测卫星能力设置主要包括侧摆角、俯仰角和偏航角以及以上三种角度初始值的设置。敏捷光学卫星能力设置如表 4.2 所示。

表 4.2 敏捷光学卫星机动能力

变量	最小值/(°)	最大值/(°)
俯仰角	−45	45
侧摆角	−45	45
偏航角	0	0

而非敏捷光学探测卫星、低轨电磁探测卫星、SAR 探测卫星则只具备变更轨道能力。在实验中，这三类卫星的偏航角与敏捷光学探测卫星相关参数的设置保持一致。实验中全部卫星的初始俯仰角、初始侧摆角、初始偏航角均设置为 0°。

2）目标与探测任务设置

实验场景是检验算法搜索效果的依据，实验场景中的任务分布、执行要求等因素均会直接影响到问题的求解难度。因此，本章仿真实验所采用的实验场景以随机生成的方式产生。对于低速移动目标而言，首先需要在全球范围内随机选择一个初始位置，初始位置示例如表 4.3 所示。然后，根据初始位置获得一系列探测任务，任务数量为 100~800 个。实验场景的规划时间范围均在 2022/7/5 00:00:00—2022/7/6 00:00:00 的时间跨度内，探测任务参数服从分布情况如表 4.4 所示。

表 4.3 目标初始位置示例

目标 ID	初始位置坐标	目标出发时间
1	$[122.638°, 35.16°]$	2022/7/5 00:00:00
2	$[143.924°, 16.919°]$	2022/7/5 02:00:00
3	$[-52.926°, 24.393°]$	2022/7/5 04:00:00

表 4.4 探测任务所需要服从的参数分布

任务参数	服从分布	分布参数
任务探测时长 d	$U(d_{\min}, d_{\max})$	$d_{\min}=10, d_{\max}=50$
任务探测收益 opro	$U(\text{opro}_{\min}, \text{opro}_{\max})$	$\text{opro}_{\min}=2, \text{opro}_{\max}=18$
任务优先级 pri	$U(\text{pri}_{\min}, \text{pri}_{\max})$	$\text{pri}_{\min}=1, \text{pri}_{\max}=9$
任务时间窗长度 twl	$U(\text{twl}_{\min}, \text{twl}_{\max})$	$\text{twl}_{\min}=300, \text{twl}_{\max}=900$
任务最早允许开始时间 est	$U(\text{est}_{\min}, \text{est}_{\max})$	$\text{est}_{\min}=0, \text{est}_{\max}=80000$
任务最晚允许结束时间 let	$U(\text{let}_{\min}, \text{let}_{\max})$	$\text{let}_{\min}=1800, \text{let}_{\max}=3600$

注：以上参数取值均为整数。

采用表 4.4 的任务参数分布可以生成一系列的探测任务，任务参数主要服从均匀分布。以这种方式生成的任务具有很强的不确定性，与低速移动目标的运动过程相类似。同时，这种方式生成的任务很有可能在一定的时间范围内密集分布甚至相互重叠，这样的任务集合能够有效检验算法对复杂情况的处理能力和方案寻优能力。

3）算法参数设置

HLEA 参数设置情况如表 4.5 所示。

2. 实验对比算法

本节将精确求解算法、两种进化算法和两种邻域搜索算法作为实验对比算法。所采用的进化算法与邻域搜索算法包括：改进的进化算法[135]（improved evolutionary algorithm, IEA）、采用精英策略的进化算法[136]（elite individual strategy based evolutionary algorithm，EA-EI）、基于禁忌的自适应大邻域搜索算法[137]（tabu-based adaptive large neighborhood search algorithm，ALNS-T）、变邻域搜索算法[138]（variable neighborhood search algorithm，VNS）。对比算法的搜索机制和策略详细介绍如下。

（1）改进的进化算法（IEA）：改进的进化算法使用了一种最差个体更新策略并设计了根据任务优先级排序的启发式规则，当每次种群进化时会随机生成一个新的个体替换种群内表现最差的个体。

表 4.5 HLEA 参数设置

参数名称	参数值设定
种群规模	10
最大代数	500
交叉概率	0.9
变异概率	0.15
个体更新参数	0.05
阈值–邻域搜索	40
初始 K 值	6
最小 K 值	3
判断更新 K 值参数	100
batch 大小	64
最大容量	1000
网络拓扑结构	全连接网络
学习率	0.0001
折扣因子	0.8
隐含层数量	4
激活函数	ReLU
epoch	20
场景数量	8
生成个体方式控制参数	0.5
动作选择控制参数	0.1
DDQN 生成解的比例	0.4

（2）采用精英策略的进化算法（EA-EI）：采用精英策略的进化算法在进化算法框架基础上加入精英个体策略。精英个体策略在算法搜索表现不理想时使用，算法将在种群中只保留表现优于精英个体的新个体。

（3）基于禁忌的自适应大邻域搜索算法（ALNS-T）：基于禁忌的自适应大邻域搜索算法在自适应大邻域搜索算法框架中加入禁忌搜索策略，当破坏和修复策略所选中的任务序列无法提升解的表现时将其加入禁忌表中。算法在之后的搜索中将不会对存在于禁忌表中的任务序列进行相应的搜索操作。

（4）变邻域搜索算法（VNS）：变邻域搜索算法是一种经典邻域搜索算法，算法尝试分别将处在解结构中起始位置的任务与后续任务逐一交换位置。如果通过交换可以获得更高的收益值，则对调两个任务的位置。当最后一个位置的任务互换已经完成后，则尝试调整处在起始位置下一个位置的任务。重复这样的搜索过程，直至算法搜索结束，并输出算法搜索的最优结果。

4.4.2 实验结果与分析

对于仿真实验算法，使用式 (4.19) 所给出的目标函数评估算法搜索表现，除精确求解算法以外的每一种算法均运行 30 次。每一次算法运行的结果将被记录并对结果中的最大值和平均值进行统计。此外，使用式 (3.30) 的差异值指标评价算法差距，使用 Wilcoxon 秩和指标（WR）对结果进行统计分析，显著性水平设定为 $p^* = 0.05$。下面将对 DDQN 模型训练过程及其与精确求解算法、混合型进化算法、搜索算法的对比结果进行分析，并分析 HLEA 参数敏感性与算法改进策略的有效性。

1. 训练过程分析

本部分对 HLEA 中的 DDQN 模型训练效果进行分析。图 4.5记录了 DDQN 生成初始解的 20 个 epoch 平均报酬值。从图 4.5 中可以看出，DDQN 经过 20 个 epoch 的训练后在各种任务规模下均可以达到所获得的报酬值趋于稳定的效果。从图中还可以看出，任务规模较小时模型能够获得稳定的报酬值所需要的训练次数较少，这也反映出解空间规模对模型训练会产生一定程度的影响。在对 DDQN 的训练效果进行分析后，将使用精确求解算法、其他类型的混合进化算法、搜索算法作为对比算法，进一步检验 HLEA 的整体规划表现。

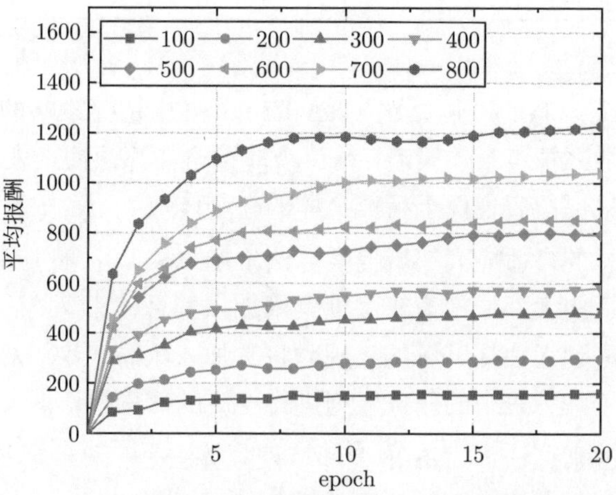

图 4.5　DDQN 训练结果图（见文后彩图）

2. 与 CPLEX 求解器对比结果分析

商业化求解器是工业界解决规划调度问题常用工具，如 IBM ILOG CPLEX、Gurobi、SCIP 等已经在航空航天、金融、制造等领域广泛应用。CPLEX 求解器内置精确求解算法并可调用数学启发式算法加快结果搜索，当问题规模较小时可以得到高质量的解并可作为评价其他算法求解表现的基准，而问题规模增大后则因决策变量数量过多而难以在有限时间内求解。本章选择任务规模为 100~350 个任务的测试集进行算法实验，其中，CPLEX 最大运行时间设置为 10min，结果如表 4.6 所示。

表 4.6 HLEA 算法与 CPLEX 求解器对比结果

任务规模	HLEA 算法	ILOG CPLEX	差距值
100	**829**	**829**	0
150	**1213**	**1213**	0
200	**1531**	**1531**	0
250	**1933**	1931	−2
300	**2512**	2511	−1
350	**2705**	2690	−15

注：表中加粗数据为最优值。

从表 4.6 中可以看出，所提出的 HLEA 在任务规模为 100 个、150 个和 200 个的测试集中可以达到与 CPLEX 求解器相同的探测收益值，且两种算法均可搜索到问题的最优解。而随着任务规模的增大，求解器很难找到最优解，而此时 HLEA 则显示出更佳的求解表现，可以获得优于求解器的搜索结果。当任务规模超过 350 个任务后，CPLEX 求解器难以在有限时间内求解，因此在表 4.6 中没有再给出更大规模的实验对比结果。对于更大规模的实验，将使用其他混合进化算法和搜索算法做进一步验证，相关实验结果和分析将在下一部分给出。

3. 算法实验对比结果分析

1）HLEA 与混合型进化算法对比结果分析

本部分将比较两种混合型进化算法与提出的 HLEA 的规划结果。首先，本部分选择了改进的进化算法和使用精英策略的进化算法两种进化算法。然后，将两种进化算法分别与邻域搜索方法组合后构成了两种新的混合型进化算法，分别记为 IEA+LS 和 EA-EI+LS，所得的实验结果如表 4.7 所示。

表 4.7 HLEA 算法与混合型进化算法对比结果

任务	HLEA		IEA+LS			EA-EI+LS		
规模	最优值	平均值	最优值	平均值 (WR)	差距值	最优值	平均值 (WR)	差距值
100-1	**831**	**831.00**	**831**	**831.00=**	0.00	**831**	**831.00=**	0.00
100-2	**894**	**894.00**	**894**	**894.00=**	0.00	**894**	**894.00=**	0.00
100-3	**882**	**882.00**	**882**	**882.00=**	0.00	**882**	**882.00=**	0.00
100-4	**874**	**874.00**	**874**	**874.00=**	0.00	**874**	**874.00=**	0.00
200-1	**1764**	**1764.00**	**1764**	**1764.00=**	0.00	**1764**	**1764.00=**	0.00
200-2	**1758**	**1758.00**	**1758**	**1758.00=**	0.00	**1758**	**1758.00=**	0.00
200-3	**1719**	**1719.00**	**1719**	**1719.00=**	0.00	**1719**	**1719.00=**	0.00
200-4	**1749**	**1749.00**	**1749**	**1749.00=**	0.00	**1749**	**1749.00=**	0.00
300-1	**2611**	2598.80	**2611**	**2599.23=**	0.43	**2609**	2596.60−	−2.20
300-2	**2713**	**2690.90**	2694	2674.67−	−16.23	2704	2676.97−	−13.93
300-3	**2686**	**2676.70**	2685	2665.53−	−11.17	2677	2666.30=	−10.40
300-4	**2651**	**2651.00**	**2651**	**2651.00=**	0.00	**2651**	**2651.00=**	0.00
400-1	**3572**	3569.93	**3572**	**3571.03=**	1.10	**3572**	3570.73=	0.80
400-2	**3602**	**3602.00**	**3602**	**3602.00=**	0.00	**3602**	**3602.00=**	0.00
400-3	**3585**	**3585.00**	**3585**	**3585.00=**	0.00	**3585**	**3585.00=**	0.00
400-4	**3594**	**3594.00**	**3594**	**3594.00=**	0.00	**3594**	**3594.00=**	0.00
500-1	**4445**	**4435.47**	4419	4394.03−	−41.43	4418	4396.77−	−38.70
500-2	**4340**	**4331.03**	4329	4312.73−	−18.30	4335	4319.20−	−11.83
500-3	**4337**	**4315.63**	4319	4299.40−	−16.23	4329	4308.87−	−6.77
500-4	**4512**	**4499.33**	4492	4474.97−	−24.37	4501	4477.70−	−21.63
600-1	**5207**	**5181.37**	5136	5096.40−	−84.97	5139	5098.37−	−83.00
600-2	**5183**	**5162.47**	5114	5085.83−	−76.63	5119	5090.73−	−71.73
600-3	**5188**	**5164.77**	5150	5114.30−	−50.47	5155	5120.97−	−43.80
600-4	**5346**	**5320.20**	5257	5223.50−	−96.70	5250	5222.37−	−97.83
700-1	**6402**	**6392.70**	6384	6364.63−	−28.07	6389	6371.00−	−21.70
700-2	**6305**	**6296.73**	6297	6288.87−	−7.87	6305	6292.57−	−4.17
700-3	**6256**	**6251.53**	6254	6240.13−	−11.40	6256	6242.60−	−8.93
700-4	**6352**	**6341.73**	6347	6332.13−	−9.60	6347	6335.70−	−6.03
800-1	**7014**	**6995.13**	6948	6906.60−	−88.53	6929	6909.13−	−86.00
800-2	**6972**	**6958.47**	6957	6931.17−	−27.30	6958	6938.13−	−20.33
800-3	**7144**	**7114.50**	7125	7092.93−	−21.57	7127	7095.90−	−18.60
800-4	**7179**	**7163.03**	7142	7099.87−	−63.17	7157	7114.77−	−48.27

注：表中加粗数据表示为该统计指标最优值; WR 表示在 $p^* = 0.05$ 的水平下，实验对比算法优于、劣于或等于提出的 HLEA，分别用符号“+”“−”“=”表示。

从表 4.7 中可以看出，除 300-1、400-1 两个测试集的最佳平均探测收益由 IEA+LS 搜索获得外，其他测试集最佳平均探测收益均由提出的 HLEA 规划得到。在最佳探测收益方面，HLEA 在全部测试集的实验中均取得了优于对比算法的规划结果。实验结果表明，在 EA 中使用深度强化学习方法生成初始解和新的邻域搜索解均有利于提升 EA 的搜索表现。种群扰动策略的使用也让混合型进化算法增加了种群的多样性，也增加了找到高质量任务执行方案的可能性。

由于提出的算法以及对比算法均为随机搜索算法，算法能否在多次运行中保持一定的稳定性是衡量算法表现的一个重要方面，算法规划结果的箱线图如图 4.6 所示。

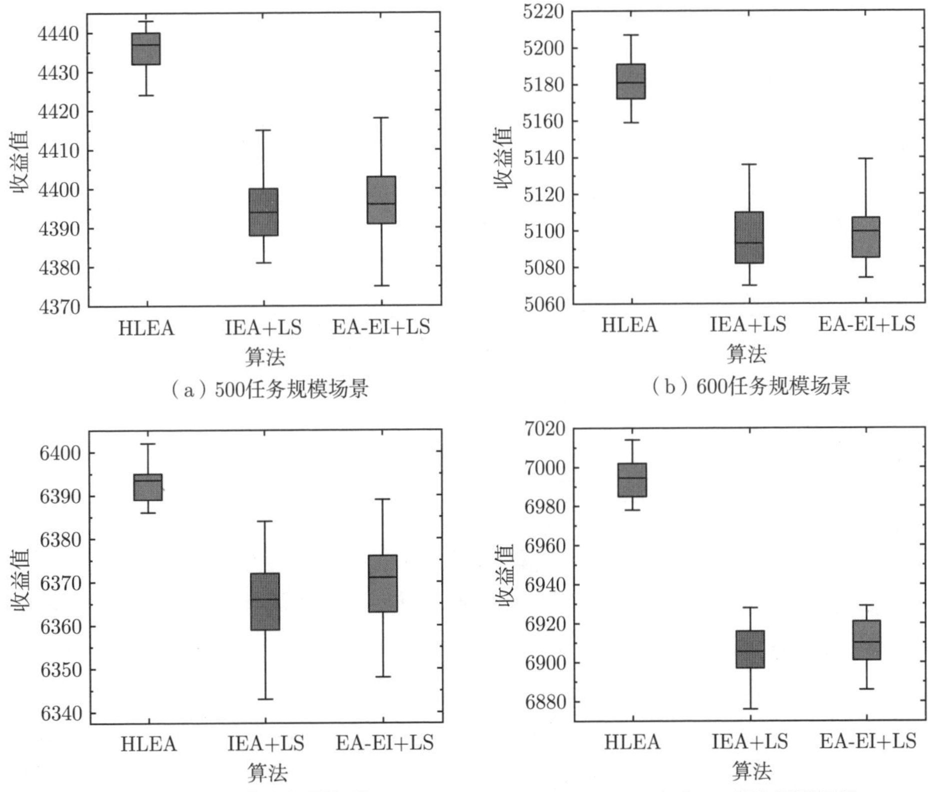

（a）500任务规模场景　（b）600任务规模场景

（c）700任务规模场景　（d）800任务规模场景

图 4.6　算法规划结果箱线图

从图 4.6 中可以看出，HLEA 可以在 500 个、600 个、700 个、800 个的任务场景下保持很好的搜索稳定性。HLEA 在保持多次运行的波动较小基础上可以得到较高的任务探测收益，也证明了算法中深度强化学习方法和种群扰动方法改进策略对于提升算法表现具有一定的帮助。在两种对比算法中，IEA+LS 的表现较 EA-EI+LS 更为优秀，两种算法之间的探测收益差距随着任务规模的增大而有所增加。

图 4.7 给出了 HLEA 和另外两种混合型进化算法的运行时间结果。如图 4.7 所示，HLEA 搜索用时在三种算法中最短，EA-EI+LS 搜索用时长于 HLEA 算法但短于 IEA+LS。IEA+LS 搜索较为耗时和种群初始化方法和启发式规则存在一定的关系。HLEA 使用深度强化学习方法则可以达到快速初始化和邻域搜索的效果。运行时间的实验结果证明了提出的 HLEA 在搜索效率方面具有一定的优势。

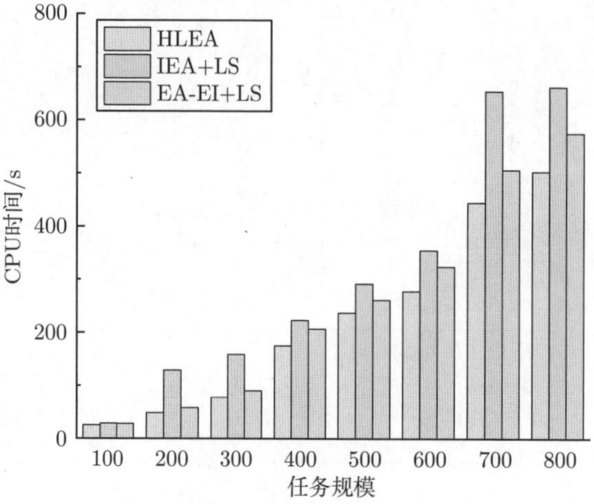

图 4.7　算法运行时间结果图（见文后彩图）

2）HLEA 与搜索算法对比结果分析

在上一部分对比了 HLEA 与混合型进化算法的规划结果后，本部分将使用基于禁忌的自适应大邻域搜索算法和变邻域搜索算法分别与 HLEA 算法的规划结果进行比较，实验结果如表 4.8 所示。

从表 4.8 的结果中可以看出，HLEA 除在 300-2、600-2、500-1、500-2、600-4、800-2 这 6 个测试集的最佳探测收益值低于 VNS 算法外，在其他测试集的最佳探测收益值均为三种算法中最高的。在探测收益平均值方面，除在 400-1 的实验场景 ALNS-T 算法获得了最好的规划表现外，其他实验场景均由 HLEA 算法搜索获得最佳的结果。实验结果表明，提出的 HLEA 比 ALNS-T 算法和 VNS 算法的规划表现更理想。对搜索结果而言，进化算法种群搜索的方式在任务规模较大时具有一定的优势。

表 4.8 **HLEA 算法与搜索算法对比结果**

任务规模	HLEA		ALNS-T			VNS		
	最优值	平均值	最优值	平均值 (WR)	差距值	最优值	平均值 (WR)	差距值
100-1	**831**	**831.00**	**831**	**831.00=**	0.00	**831**	**831.00=**	0.00
100-2	**894**	**894.00**	**894**	**894.00=**	0.00	**894**	**894.00=**	0.00
100-3	**882**	**882.00**	**882**	**882.00=**	0.00	**882**	**882.00=**	0.00
100-4	**874**	**874.00**	**874**	**874.00=**	0.00	**874**	**874.00=**	0.00
200-1	**1764**	**1764.00**	**1764**	**1764.00=**	0.00	**1764**	1762.53-	−1.47
200-2	**1758**	**1758.00**	**1758**	**1758.00=**	0.00	**1758**	1757.73-	−0.27
200-3	**1719**	**1719.00**	**1719**	**1719.00=**	0.00	**1719**	**1719.00=**	0.00
200-4	**1749**	**1749.00**	**1749**	**1749.00=**	0.00	**1749**	**1749.00=**	0.00
300-1	**2611**	**2598.80**	2602	2591.63−	−7.17	2606	2584.60−	−14.20
300-2	2713	**2690.90**	2684	2665.00−	−25.90	**2718**	2680.80−	−10.10
300-3	**2686**	**2676.70**	2671	2655.50−	−21.20	2682	2657.60−	−19.10
300-4	**2651**	**2651.00**	**2651**	2650.90−	−0.10	**2651**	2645.00−	−6.00
400-1	**3572**	3569.93	**3572**	3569.90=	−0.03	**3572**	**3570.33+**	0.40
400-2	**3602**	**3602.00**	**3602**	**3602.00=**	0.00	**3602**	**3602.00=**	0.00
400-3	**3585**	**3585.00**	**3585**	**3585.00=**	0.00	**3585**	3584.07-	−0.93
400-4	**3594**	**3594.00**	**3594**	3593.83−	−0.17	**3594**	**3594.00=**	0.00
500-1	4445	**4435.47**	4400	4385.77−	−49.70	**4447**	4403.67−	−31.80
500-2	4340	**4331.03**	4322	4307.40−	−23.63	**4350**	4312.57−	−18.47
500-3	**4337**	**4315.63**	4315	4296.93−	−18.70	4325	4291.87−	−23.77
500-4	**4512**	**4499.33**	4477	4464.37−	−34.97	4515	4483.50−	−15.83
600-1	**5207**	**5181.37**	5097	5068.70−	−112.67	5207	5141.13−	−40.23
600-2	5183	**5162.47**	5107	5069.10−	−93.37	**5194**	5148.07−	−14.40
600-3	**5188**	**5164.77**	5127	5098.13−	−66.63	5163	5125.30−	−39.47
600-4	5346	**5320.20**	5230	5201.50−	−118.70	**5409**	5315.87−	−4.33
700-1	**6402**	**6392.70**	6388	6360.37−	−32.33	6391	6345.63−	−47.07
700-2	**6305**	**6296.73**	**6305**	6289.00−	−7.73	**6305**	6285.60−	−11.13
700-3	**6256**	**6251.53**	6251	6235.70−	−15.83	6262	6236.77−	−14.77
700-4	**6352**	**6341.73**	6339	6325.37−	−16.37	6352	6329.73−	−12.00
800-1	**7014**	**6995.13**	6917	6880.93−	−114.20	6965	6929.47−	−65.67
800-2	6972	**6958.47**	6938	6917.23−	−41.23	**6979**	6937.50−	−20.97
800-3	**7144**	**7114.50**	7103	7077.07−	−37.43	7130	7089.77−	−24.73
800-4	**7179**	**7163.03**	7118	7084.07−	−78.97	7156	7098.50−	−64.53

注：表中加粗数据表示为该统计指标最优值; WR 表示在 $p^* = 0.05$ 的水平下，实验对比算法优于、劣于或等于提出的 HLEA，分别用符号“+”“−”“=”表示。

3）算法收敛性分析

大规模实验场景更能检验算法在全局搜索和局部搜索两者关系平衡方面的表

现。本部分对比了 HLEA、IEA+LS、EA-EI+LS、ALNS-T 算法和 VNS 算法的收敛性表现，结果如图 4.8 所示。

从图 4.8 中可以看出以上 5 种算法均有着很好的收敛表现。其中，HLEA 使用的种群扰动策略、IEA+LS 使用的启发式个体更新策略、EA-EI+LS 使用的精

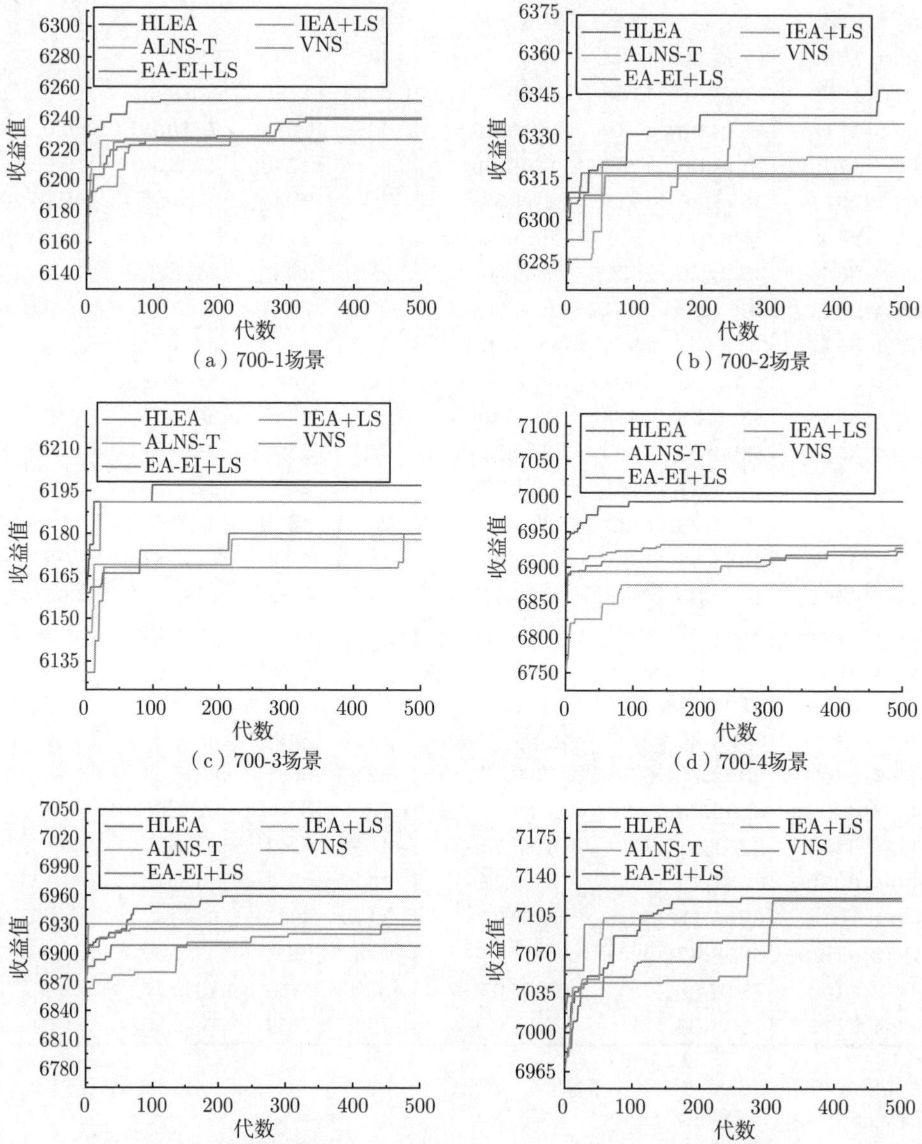

（a）700-1场景 （b）700-2场景

（c）700-3场景 （d）700-4场景

（e）800-1场景 （f）800-2场景

图 4.8 算法收敛曲线图（见文后彩图）

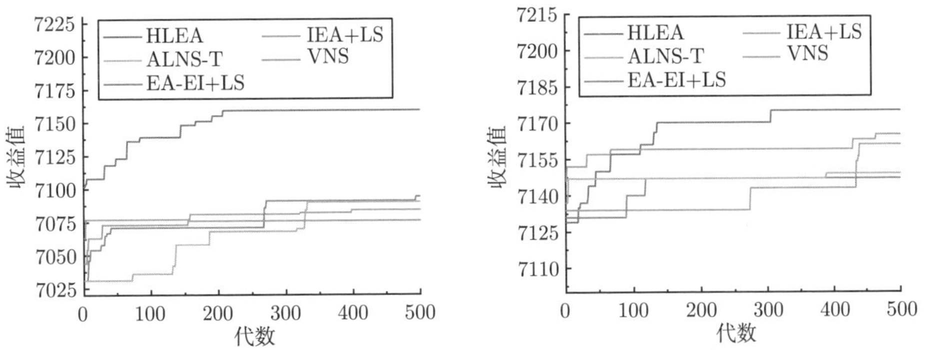

（g）800-3场景　　（h）800-4场景

图 4.8 （续）

英个体策略均对于提升算法的搜索表现，加快搜索收敛具有一定的帮助。相对于对比算法，HLEA 在任务规模较大的实验场景下搜索速度更快，并在搜索达到一定阶段后能够通过算法机制继续搜索更高质量的解，这证明了深度强化学习方法可以在混合型进化算法中发挥提升算法搜索表现的作用。

4. 参数敏感性分析

本部分将通过实验验证 HLEA 的参数是否为最优参数配置，检验参数配置对算法规划表现影响程度的同时为算法在其他问题中的应用提供借鉴和指导。本部分共设置了 7 种参数配置组合，参数配置组合方式如表 4.9 所示。

表 4.9　参数配置组合

组合编号	1	2	3	4	5	6	7
交叉概率 α	0.75	0.8	0.85	0.9	0.9	0.95	0.95
变异概率 β	0.5	0.15	0.15	0.15	0.1	0.1	0.05

两个任务规模为 800 个的测试集在不同算法参数配置下的实验结果如图 4.9 所示。当参数配置编号为 4 时，即交叉概率为 0.9、变异概率为 0.15 时，算法获得的平均收益值更高。当采用这种参数配置时，30 次运行结果的四分之一位至四分之三位的结果也在两个测试集中表现最佳，算法可以将搜索结果稳定在一个较小的区间范围内。各种参数配置下的收益差异差距不大也反映了策略的使用使得 HLEA 算法对于参数的敏感程度有所降低，在一定程度上克服了算法对控制参数过于依赖的问题。算法的改进有效提升了 HLEA 对各种问题场景的适用能力，当在一个新的问题场景应用时只需要简单的参数调整或者无须调整即可直接使用。

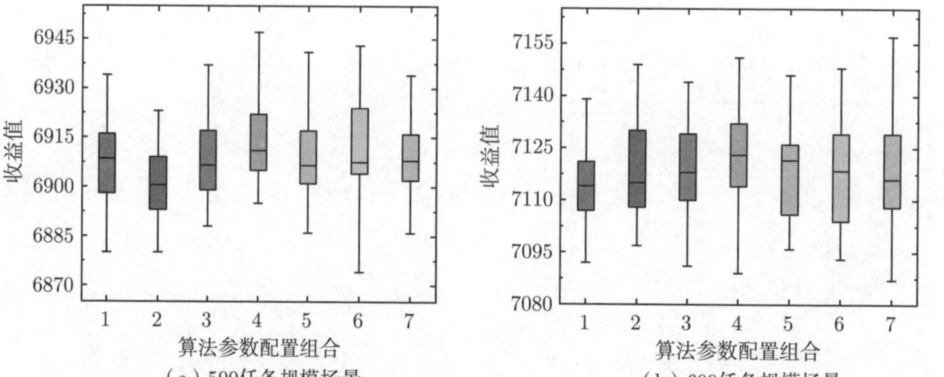

（a）500任务规模场景　　（b）600任务规模场景

图 4.9　不同算法参数配置下的实验结果图

5. 算法改进策略分析

邻域搜索对于提升混合型进化算法局部搜索表现而言十分重要。本部分将去掉邻域搜索的 HLEA 与 HLEA 进行实验结果比较。其中，不使用邻域搜索的 HLEA 简写为 HLEA-WLS。算法实验结果如图 4.10 所示。

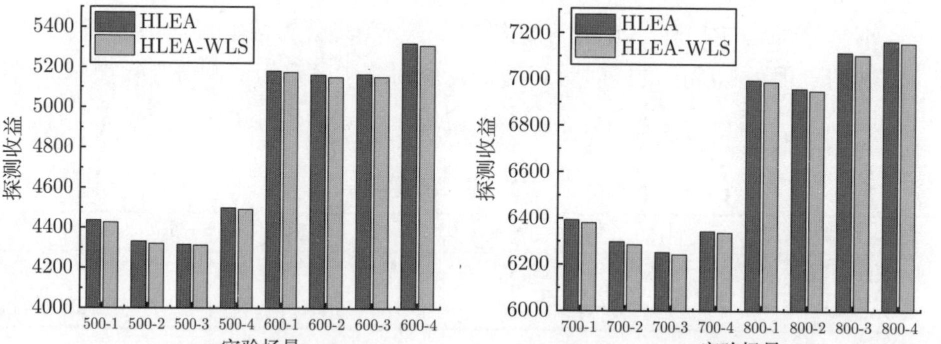

（a）500~600任务规模场景　　（b）700~800任务规模场景

图 4.10　邻域搜索方法对探测收益影响结果图

从图 4.10 中可以看出，使用了邻域搜索策略的 HLEA 在搜索到的最佳探测收益方面优于用于对比的 HLEA-WLS 算法。图中只展示了任务规模为 500~800 个的实验结果，当任务规模小于 500 个时，两种算法只在个别测试集结果存在差异，而在大多数测试集两种算法基本可以达到一样的优化效果。这反映出邻域搜索主要针对局部解空间进行搜索，当问题结构复杂时其所能发挥的作用较为明显。当任务规模较大时，探索和开发都显得至关重要，种群以进化的方式对解空间探索后，邻域搜索可以根据种群搜索的表现通过进一步寻优找到更好的探测任务方案。

通过以上实验可以看出，提出的 HLEA 可以获得高质量的低速移动目标协同探测任务规划方案，并且可以获得相较于实验对比算法更好的规划表现。HLEA 可以有效解决大规模任务场景下的协同规划问题，这表明提出的 HLEA 能够有效应对实际可能发生的复杂情况，通过快速规划求解，在探测区域内有效搜索低速移动目标。

4.5 本章小结

本章针对低速移动目标的协同规划问题构建了规划模型，并提出了目标位置预测算法、优先级统筹算法和混合型学习进化算法。目标位置预测算法、优先级统筹算法负责将船舶运动过程转化为模型中一系列探测任务，从而为进化算法求解提供数据输入。在混合型学习进化算法中，种群搜索和邻域搜索的初始解通过深度强化学习方法生成，以实现快速且高质量的搜索初始化。同时，本章设计了仿真实验对算法的搜索效果进行检验。本章具体研究内容包括：

（1）根据低速移动目标运动规律对轨迹预测并构建了面向低速移动目标探测的任务规划模型。运动模型中采用四元数方法预测目标位置变化并动态调整任务优先级，同时构建了以最大化探测收益为目标的任务规划模型。约束条件对任务之间的接续关系加以限制。本章还设计了目标位置预测算法、优先级统筹算法。算法完成了从目标位置信息到任务优先级的映射，在降低求解难度的同时为规划模型提供数据输入。

（2）提出了一种混合型学习进化算法。该算法利用深度强化学习方法生成解，通过 DDQN 模型根据输入的任务特征信息决策安排任务的顺序偏好。在获得初始解后，算法采用基于聚类的交叉和变异对解空间进行搜索。为了提升算法的开发能力，算法根据种群搜索表现使用启发式邻域搜索方法。启发式邻域搜索方法使用 DDQN 模型选择任务并完成插入操作。此外，算法中还采用了种群扰动策略以防止搜索陷入局部最优。

（3）设计了仿真实验对混合型学习进化算法求解表现进行验证。实验结果表明，算法不仅可以求解低速移动目标的协同规划问题，还可以获得很好的规划结果。实验还验证了算法所采用改进策略的有效性。

第5章

面向高速移动目标探测的异构电磁探测卫星协同任务规划模型与算法

低轨电磁探测卫星上所搭载的载荷探测范围广、信号灵敏度高，既可以捕获低速移动目标的位置信息，又可对高速移动目标进行探测。本章着重研究面向高速移动目标探测的异构电磁探测卫星协同任务规划模型与求解算法。高速移动目标由于位置的快速改变很容易导致探测误差增加，因而需要缩短多次探测之间的间隔时间以减小对探测误差的影响。本章根据问题的这一特点，构建高速移动目标协同探测任务规划模型，提出了一种基于参数自适应学习的进化算法。模型在设计目标函数时考虑了误差因素，并分析出对同一目标的实际最大探测次数，将其作为模型约束条件以缩小算法搜索空间。提出的算法使用一种深度强化学习方法动态调整算法的控制参数，采用神经网络模型决策交叉和变异发生的可能性，平衡算法探索和开发的关系，并结合自适应交叉方法完成算法高效搜索。算法中还使用了一种启发式初始化方法和精英个体保留策略以加快算法收敛。仿真实验证明基于参数自适应学习的进化算法可以生成高质量的高速移动目标协同探测任务执行方案，并可以明显减小探测误差的影响，大幅度提升探测精确程度。

5.1 问题描述与分析

5.1.1 问题描述

本书在第 2~3 章中对静止目标和低速移动目标构建了协同规划模型并设计了求解算法。本章研究以低轨电磁探测卫星为主、其他类型卫星配合对高速移动目标探测的规划问题，图 5.1 是低轨电磁探测卫星对高速移动目标探测的示意图。

低轨电磁探测卫星对高速移动目标探测的显著优势在于其探测范围大，探测任务如果设定合理则几乎无须在执行过程中调整任务方案，而其他类型的探测卫星则难以在不调整方案的情况下顺利完成一个目标的全部探测工作。高速移动目标是除静止目标和低速移动目标以外的另一类典型探测目标。高速移动目标主要包括各类飞行器，如民用飞机、高空无人机、小型航天器、航天飞机等[139]。此类目标在大气层内（或外）以高速飞行，位置的快速改变使得能够探测到目标的机会转瞬即逝。只有对高速移动目标的飞行路线进行准确推算，并在其飞行过程中使用卫星对其所在位置的区域进行探测才可以获得用户所需要的信息。这意味着卫星对目标探测能够使用的可见时间窗是极其有限的，想要成功探测既需要满足严苛的时间限制，又需要满足其他影响任务执行和探测效果的约束条件。

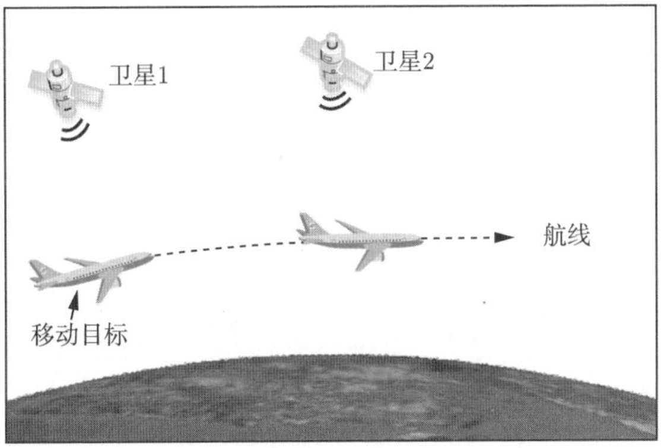

图 5.1　卫星对高速移动目标探测示意图

高速移动目标运动最大的特点是在飞行之前已经提前设定好航线，目标按照预定航线飞行，具有很强的规律性。这与低速移动目标随机改变方向和速度，位置难以确定的运动过程存在明显区别。航线的设定为卫星探测提供了依据。在执行任务规划前，一个高速移动目标的完整飞行过程会按照航线划分为多个探测任务。使用卫星探测高速移动目标的主要目的是获取其位置信息，对目标位置探测的准确程度是任务规划所关注的重点。而由于探测任务之间存在时间和空间的接续关系，前一探测任务的执行会在一定程度上影响后一任务对目标探测与定位的精确程度。如果一个探测任务由于运动预测不准确导致探测解算后目标的定位结果出现偏差，使得后续任务进一步受到探测误差的影响而难以准确定位。

根据低轨电磁探测卫星对高速移动目标探测结果确定目标位置的误差是固定存在的并且难以消除。如果偏差过大很容易导致目标探测精度降低直至目标丢失而导致任务失败[140]。因此，在任务规划中需要格外重视探测误差并尽量降低误差的影响。对于一个目标的多次探测而言，随着时间的推移，探测的误差半径会增加。这一类探测误差是预测产生的误差经过放大所导致的。对于高速移动目标探测而言，所希望得到的结果是定位数据受误差放大因素的影响尽可能小、准确度高，想要提升定位准确程度可以通过增加探测次数的方式实现。探测次数的增加不仅可以减少对目标后续位置预测的误差半径，还可以减少对当前目标所在位置定位的误差半径。在构建模型时，可以通过限制两次探测任务执行之间的间隔时间增加探测次数，提升对目标定位的精确程度。

面向高速移动目标探测的异构电磁探测卫星协同任务规划问题（high speed moving target-heterogeneous electromagnetic satellite cooperative scheduling problem，HSTHESCSP）的优化目标是在兼顾有效探测次数和探测误差的前提下最大化探测任务收益。经过分析可以发现，增多探测次数可以有效减少定位误差，提升探测精度。但是卫星资源是有限的，如果过分追求一个目标的探测精度则很可能会影响到卫星对其他目标的有效探测。单独使用低轨电磁探测卫星对高速移动目标探测的精度存在瓶颈，故在实际中经常使用其他类型的卫星对目标进行辅助探测并与电磁探测结果融合处理以提升探测精度。在后续的部分中，将对高速移动目标协同探测任务规划问题的难点进行分析，构建运动模型描述目标的运动过程并预测位置。在此基础之上将构建协同探测任务规划模型，使用基于参数自适应学习的进化算法对卫星资源进行合理利用，有效完成对高速移动目标的探测任务。

5.1.2 问题难点分析

面向高速移动目标探测的异构电磁探测卫星协同任务规划问题主要存在以下两个难点：

第一，目标位置的快速改变使得任务探测时效性要求高。任务探测的高时效性是由要求执行任务的时间范围小和能够完成探测的可见时间窗时长较短两个因素而决定的。要求执行任务的时间范围小意味着满足时间限制的可见时间窗数量有限。如果想要完成对高速移动目标的探测，只能够在这些满足要求的时间窗内选择合适时刻来执行任务。而可见时间窗时长较短则会使得任务执行时刻调整难度增大。一旦卫星执行探测任务存在部分违反约束条件的情况将难以调整探测开始和结束的时刻，面临着因无法调整而放弃执行任务的风险。

第二，探测误差存在累加效应。探测误差会在每一次探测后逐渐增加，这是无法避免的而只能通过合理规划尽量减少误差的影响。想要减少探测误差提升探测精度就需要增加对目标的探测次数，这会使得一个目标对卫星资源的过多占用，影响到其他探测任务。所能成功探测的任务数量同样也是规划目标中的一部分。在制订探测任务执行计划时，需要将能够成功完成的探测任务数量和对目标探测的精确程度两个衡量方案质量的因素考虑在内。求解算法也应当在搜索过程中寻找探测误差与成功探测任务数量兼顾的任务计划。

针对这两个难点，构建高速移动目标协同探测任务规划模型需要对任务执行的频率加以限制，保证两个任务之间的执行间隔在较短的时间范围内。对任务间隔时间的限制有效防止探测误差过大而导致目标丢失情况的发生。卫星资源在各个目标之间的均衡利用也需要考虑在构建的模型中，这样既可以满足对高速移动目标探测的探测要求，又能够提升对多个目标探测的整体任务探测成功率。在下一部分中，将给出模型涉及的变量与符号，介绍问题的基本假设，并构建高速移动目标协同探测任务规划模型。

5.2　高速移动目标协同探测任务规划模型

本节首先对目标运动过程建模并根据探测需求与运动轨迹获得与目标相关联的多个任务。然后，将基于第 2 章给出的任务规划基础模型结合对高速移动目标探测会受误差影响的特性设计了目标函数，补充了属于同一目标探测任务之间间隔时间和对目标探测需要满足最少要求探测次数的约束条件。最后，还根据卫星工作能力和任务执行要求的限制得到对一个目标最多所能完成的探测次数，并用在约束条件中从而进一步限定可行解的范围。下面将详细介绍高速移动目标协同探测任务规划模型的建立过程。

5.2.1　符号和变量

高速移动目标协同探测任务规划模型涉及的符号和变量如表 5.1 所示。

5.2.2　基本假设

高速移动目标在运动过程中会受到如空气阻力、引力等因素的影响，通信是否畅通同样也会在一定程度上影响探测任务的完成。本章主要针对高速移动目标的协同探测任务规划开展研究，并对一些外界因素加以限定以保证研究重点为模型构建与算法求解。本章研究的假设条件如下：

（1）发现目标与探测活动不存在时间延迟，发现目标后可以立即规划生成任务探测方案；

表 5.1 HSTHESCSP 问题符号与变量

变量	含义
T_H	高速运动目标探测任务集合，为探测任务集合的一个子集，即 $T_H \subseteq T$
Air	高速运动目标（飞行器）集合
TT_u	对应目标 air_u 的任务集合，$\mathrm{TT}_u \subseteq T_H$
L_e	地球参考椭球长
e	地球偏心率
ST_j	与任务 task_j 属于同一目标的任务集合，任务数量 $N_{\mathrm{ST}_j} = \lvert\mathrm{ST}_j\rvert$
φ	任务 task_j 与任务 $\mathrm{task}_{j'}$ 最大所允许的间隔时间
$\mathrm{TN}_u^{\max}$	目标 air_u 的要求最多探测次数
$\mathrm{AAN}_u^{\max}$	目标 air_u 的实际最多探测次数
ADN_u	目标 air_u 的实际探测次数
$\mathrm{NN}_u^{\min}$	目标 air_u 所需最少探测次数
DTT_u	目标 air_u 探测总时长
ei_j	误差对任务 task_j 的影响
pi_u^d	探测时长所带来的对目标 air_u 探测精度提升
pi_u^n	探测次数所带来的对目标 air_u 探测精度提升
$\overline{\mathrm{apro}_u}$	目标 air_u 的探测收益
z_u	辅助决策变量，判断对目标 air_u 探测是否成功完成。当对目标 air_u 探测次数 ADN_u 大于 $\mathrm{NN}_u^{\min}$ 时，$z_u = 1$，否则，$z_u = 0$
Con	第 2 章规划模型中约束条件集合
$\boldsymbol{x}$	任务是否执行的决策变量矩阵

（2）星地链路实时畅通，探测任务能及时上注给卫星，探测结果也可以及时传输回地面；

（3）空气阻力对高速移动目标飞行的影响采用美国标准大气模型；

（4）忽略地球公转以及其他天体引力摄动对高速移动目标飞行的影响；

（5）高速移动目标飞行的终点位置已知或可根据已知信息预测后获得；

（6）飞行燃料的消耗具有低耗性，不会导致飞行轨道偏离；

（7）目标飞行过程中不会出现提前降落的情况。

5.2.3 数学模型

在构建高速移动目标协同探测任务规划模型前，需要获得一系列探测任务作为模型的输入条件。首先将目标飞行的起点位置和终点位置与运动模型相结合对飞行过程的位置进行预测。高速移动目标与低速移动目标运动模型既有相似之处又有明显区别，这两类目标均随着时间推移会发生位置的改变，低速移动目标运动随机性强而高速移动目标一般按照固定轨道飞行。根据高速移动目标按轨道飞行的特点，构建高速移动目标运动模型，并根据其运动轨迹生成一系列任务。然后，根据任务特点动态调整任务收益并构建高速移动目标协同探测任务规划模型。高速移动目标运动模型可以采用经典的二体模型对其进行描述。下面将给出二体模型需要使用的坐标系相关定义。

地心固连直角坐标系（earth centered earth fixed，ECEF）：属于空间直角坐标系的一种，坐标原点为地球质心，z 轴指向地球北极，x 轴指向 0 度经线与地球赤道的交点，y 轴则通过 xOz 平面采用右手坐标系确定。

地心惯性坐标系（earth centered inertial，ECI）：地球惯性坐标系的坐标原点为地球质心，x 轴位于赤道平面内并指向春分点所在位置，z 轴指向地球北极平均位置，y 轴则通过 xOz 平面采用右手坐标系确定。所使用的 ECI 坐标系为 J2000 历元坐标系，历元时刻为公元 2000 年的春分点。

高速移动目标运动模型还会使用到大地坐标系，大地坐标系定义已在 4.2.3 节给出定义，在此不再重复描述。当两个直角坐标系属于采用共同原点的情况时，两个直角坐标系 C_1 和 C_2 之间的坐标转换可以通过欧拉旋转矩阵计算得到。具体计算公式如式 (5.1) 所示。

$$\begin{bmatrix} x_2 \\ y_2 \\ z_2 \end{bmatrix} = R_{C_1 \to C_2}\left(\hat{\theta}\right) \begin{bmatrix} x_1 \\ y_1 \\ z_1 \end{bmatrix} \tag{5.1}$$

在式 (5.1) 的基础上，对于 x 轴、y 轴、z 轴的坐标变换公式分别如式 (5.2)、式 (5.3) 和式 (5.4) 所示。

$$R_x(\hat{\theta}) = \begin{bmatrix} 1 & 0 & 0 \\ 0 & \cos\hat{\theta} & \sin\hat{\theta} \\ 0 & -\sin\hat{\theta} & \cos\hat{\theta} \end{bmatrix} \tag{5.2}$$

$$R_y(\hat{\theta}) = \begin{bmatrix} \cos\hat{\theta} & 0 & -\sin\hat{\theta} \\ 0 & 1 & 0 \\ \sin\hat{\theta} & 0 & \cos\hat{\theta} \end{bmatrix} \tag{5.3}$$

$$R_z(\hat{\theta}) = \begin{bmatrix} \cos\hat{\theta} & \sin\hat{\theta} & 0 \\ -\sin\hat{\theta} & \cos\hat{\theta} & 0 \\ 0 & 0 & 1 \end{bmatrix} \tag{5.4}$$

基于以上公式，可以得到大地坐标系（GCS）坐标 $(l_{\mathrm{G}}, b_{\mathrm{G}}, h_{\mathrm{G}})$ 和 ECI 坐标系中坐标 $(x_{\mathrm{ECI}}, y_{\mathrm{ECI}}, z_{\mathrm{ECI}})$ 之间的变换关系，具体计算方法如式 (5.5) 所示。

$$\begin{cases} x_{\mathrm{ECI}} = (l_a + h) \cdot \cos l_{\mathrm{G}} \cdot \cos b_{\mathrm{G}} \\ y_{\mathrm{ECI}} = (l_a + h) \cdot \cos l_{\mathrm{G}} \cdot \sin b_{\mathrm{G}} \\ z_{\mathrm{ECI}} = [l_a (1 - e^2) + h] (R + h) \cdot \sin l_{\mathrm{G}} \end{cases} \tag{5.5}$$

其中，$l_a = \dfrac{L_e}{\sqrt{1 - e^2 \sin^2 l_{\mathrm{G}}}}$，$L_e = 6378.14\mathrm{km}$ 为地球椭球长，e 为地球偏心率，且 $e^2 = 6.69 \times 10^{-3}$。进一步，可以得到 ECEF 坐标系和 ECI 坐标系之间的转换关系，其计算公式如式 (5.6) 所示。

$$\begin{bmatrix} x_{\mathrm{ECI}} \\ y_{\mathrm{ECI}} \\ z_{\mathrm{ECI}} \end{bmatrix} = R_x \left(\hat{\theta}\right) \begin{bmatrix} x_{\mathrm{ECEF}} \\ y_{\mathrm{ECEF}} \\ z_{\mathrm{ECEF}} \end{bmatrix} \tag{5.6}$$

其中，$\hat{\theta} = -\omega_E \cdot t_R$，$\omega_E$ 为地球自转角速度，t_R 为 ECEF 坐标系向 ECI 坐标系坐标转换时相对于历元时间的相对时间。

下面介绍如何根据椭圆轨道快速预测高速移动目标的位置。在由物体运动构成的一个椭圆轨道面 $O'HH'$ 中，物体在时刻 t_H 的位置为 H，经过时间 $t'_H - t_H$ 后运动至位置 H'。位置 H 对应的偏心角为 ea_H，位置 H' 对应的偏心角为 $\mathrm{ea}_{H'}$，则可以由开普勒公式获得如式 (5.7) 所示的运动关系。

$$t_{H'} - t_H = \sqrt{\left(\mathrm{ol}_{o'}^3 / \chi\right)} \cdot [(\mathrm{ea}_{H'} - \mathrm{ea}_H) - e (\sin \mathrm{ea}_{H'} - \sin \mathrm{ea}_H)] \tag{5.7}$$

其中，$\mathrm{ol}_{o'}$ 为轨道半长轴长度；χ 为常数，$\chi = 3.986 \times 10^{14} \mathrm{N} \cdot \mathrm{m}^2/\mathrm{kg}$。根据式 (5.8)，可以得到 H' 的坐标：

$$\begin{bmatrix} x_{H'} \\ y_{H'} \\ z_{H'} \end{bmatrix} = \begin{bmatrix} \dfrac{\mathrm{ol}_{o'} \mathrm{os}_{o'} \sin \mathrm{ea}_{H'}}{\sqrt{\mathrm{os}_{o'}^2 \sin^2 \mathrm{ea}_{H'} + \mathrm{ol}_{o'}^2 \cos^2 \mathrm{ea}_{H'}}} \\ \dfrac{\mathrm{ol}_{o'} \mathrm{os}_{o'} \cos \mathrm{ea}_{H'}}{\sqrt{\mathrm{os}_{o'}^2 \cos^2 \mathrm{ea}_{H'} + \mathrm{ol}_{o'}^2 \sin^2 \mathrm{ea}_{H'}}} \\ 0 \end{bmatrix} \tag{5.8}$$

其中，$\mathrm{os}_{o'}$ 为轨道短半轴长度。

然后，通过坐标系转换，可以很容易得到 H' 在 ECEF 坐标系下的坐标值。具体转换公式如式 (5.9) 所示。

$$\begin{bmatrix} x_{H'}^{\mathrm{ECEF}} \\ y_{H'}^{\mathrm{ECEF}} \\ z_{H'}^{\mathrm{ECEF}} \end{bmatrix} = R_z\left(-\bar{\psi}\right) R_z\left(-\bar{\varepsilon}\right) R_x\left(-\bar{\phi}\right) R_z\left(-\bar{\omega}\right) \begin{bmatrix} x_{H'} \\ y_{H'} \\ z_{H'} \end{bmatrix} \tag{5.9}$$

其中，$\bar{\psi}$ 表示当前时刻相对于历元时刻的旋转角；$\bar{\varepsilon}$ 表示轨道的升交点赤经；$\bar{\phi}$ 表示轨道倾角；$\bar{\omega}$ 表示近地点俯角。

在获得坐标位置的转换关系后，可以根据用户的探测需求与目标运动轨迹生成多个任务。生成的任务属于探测元任务，通过卫星单次探测即可完成。为了能够尽可能减小误差对探测任务完成质量的影响，提出了一种优先级调整方法。优先级调整方法根据已有优先级、上次探测时间、探测误差对任务优先级进行相应的调整，让具有较高优先级的任务更容易加入到任务执行方案中。

经相关统计分析，探测误差和探测时间呈高度线性相关。因此，可以衡量探测任务受到任务影响的程度。探测精度受误差影响程度的计算公式如式 (5.10) 所示。

$$\mathrm{ei}_j = \frac{\mathrm{de}_{\max} - \left[\mathrm{de}_0 + k_{\mathrm{ei}}\left(\mathrm{st}_{ijo} - t_u^{\mathrm{last}}\right)\right]}{\mathrm{de}_{\max}} \tag{5.10}$$

其中，t_u^{last} 表示对目标 u 上一次探测的时刻；$\mathrm{de}_{\max}$ 表示最大允许探测误差；de_0 表示初始探测误差；k_{ei} 表示系数，并且满足 $k_{\mathrm{ei}}>1$。

根据以上公式可以看出，如果很长时间不对目标探测则会导致探测误差增大进而使得探测精度较差。随着探测间隔时间进一步增长，误差将会进一步增大，直至需要放弃任务的执行。只有间隔一定的较短时间对目标进行一次探测才可以保证获得稳定且较高的探测收益。因此，在高速移动目标协同探测任务规划模型中引入任务要求最大间隔时间 φ，限制对同一个目标多次探测之间的时间关系。一般而言，高速移动目标探测要求的间隔时间要大于卫星在两个任务之间的转换时间，即根据 φ 可以获得规划时间范围内的目标最少探测次数，具体计算公式如式 (5.11) 所示。

$$\mathrm{NN}_u^{\min} = \left\lceil \frac{H}{\bar{d}_u + \varphi} \right\rceil \tag{5.11}$$

其中，$\bar{d}_u$ 表示对目标 u 的平均要求探测时间，具体计算方法如式 (5.12) 所示。

$$\bar{d}_u = \frac{1}{N_{\mathrm{ST}_j} + 1} \times \left(\sum_{j' \in \mathrm{ST}_j} d_{j'} + d_j \right) \tag{5.12}$$

此外，为了缩减搜索空间，降低算法求解难度，根据卫星工作限制条件和任务最短的探测时间，计算卫星对一个目标探测的极限情况。实际所能完成的最大探测次数 $\mathrm{AAN}_u^{\max}$ 表示卫星对一个目标在一定时间范围内所能完成任务探测次数的上界，可以由式 (5.13) 计算得到。

$$\mathrm{AAN}_u^{\max} = \min\left\{\mathrm{TN}_u^{\max}, \left\lfloor \frac{H - d_{\min}}{d_{\min} + \mathrm{tr}_{\min}} \right\rfloor + 1\right\} \tag{5.13}$$

其中，$d_{\min}$ 表示任务最短探测时间，具体计算方法如式 (5.14) 所示。

$$d_{\min} = \min_{j \in TT_u} \{d_j\} \tag{5.14}$$

综上，就完成了构建协同探测任务规划模型的相关准备工作。下面，将对规划模型的目标函数与约束条件进行介绍。面向高速目标的异构电磁卫星协同任务规划问题需要在保证能够探测到目标的基础上尽量提升探测精确程度。在满足约束条件的情况下对目标多次探测才能够获得探测收益，如果能够在此基础之上降低误差对探测精度的影响则意味着任务执行方案更优。

1）目标函数

目标函数如式 (5.15)∼ 式 (5.22) 所示。

$$\max \sum_{u \in \mathrm{Air}} \overline{\mathrm{apro}_u} \cdot z_u \tag{5.15}$$

$$z_u = \begin{cases} 1, & \mathrm{ADN}_m > \mathrm{NN}_u^{\min} \\ 0, & \text{其他} \end{cases} \tag{5.16}$$

$$\overline{\mathrm{apro}_u} = \left(\bar{\omega}_1 \cdot \mathrm{pi}_u^d + \bar{\omega}_2 \cdot \mathrm{pi}_u^n\right) \cdot \left(\sum_{i \in \mathrm{Sat}} \sum_{j \in \mathrm{TT}_u} \sum_{k \in \mathrm{TW}} \sum_{o \in O_i} \mathrm{ei}_j \cdot \mathrm{apro}_{ijk} \cdot x_{ijko}\right) \tag{5.17}$$

$$\mathrm{pi}_u^d = \frac{\mathrm{DTT}_u}{\mathrm{rlet}_u^{\max} - \mathrm{rest}_u^{\min}} \tag{5.18}$$

$$\mathrm{pi}_u^n = 1 + \left(\mathrm{ADN}_u - \mathrm{NN}_u^{\min}\right)^{\hat{\alpha}} \tag{5.19}$$

$$\mathrm{ADN}_u = \sum_{i \in \mathrm{Sat}} \sum_{j \in \mathrm{TT}_u} \sum_{k \in \mathrm{TW}} \sum_{o \in O_i} x_{ijko} \tag{5.20}$$

$$\mathrm{DTT}_u = \sum_{i \in \mathrm{Sat}} \sum_{j \in \mathrm{TT}_u} \sum_{k \in \mathrm{TW}} \sum_{o \in O_i} d_j \cdot x_{ijko} \tag{5.21}$$

$$\bar{\omega}_1 + \bar{\omega}_2 = 1 \tag{5.22}$$

其中，$\overline{\mathrm{apro}_u}$ 表示对目标 air_u 的探测收益；pi_u^d 和 pi_u^n 分别表示探测时长和探测次数所带来的探测精度提升；$\bar{\omega}_1$ 和 $\bar{\omega}_2$ 为权重值；$\hat{\alpha}$ 为系数 $(\alpha > 1)$。

从式 (5.15)~ 式 (5.22) 的目标函数计算方法中可以看出，想要提升任务探测精度进而获得高的探测收益可以通过以下两种方式实现：一种是通过对一个目标多次探测缩短两次卫星执行探测任务之间的间隔时间，另一种是从任务中挑选要求探测时间较长的任务。以上两种方式如果在规划方案生成过程中配合使用可以达到最为理想的效果。下面对高速移动目标协同探测任务规划模型中的约束条件进行介绍。

2）约束条件

（1）同一个目标任意两次探测之间的间隔时间不能超过限定时间要求，即

$$\begin{aligned}&\mathrm{st}_{i'j'o} + I\cdot(1 - x_{ij'k'o'}) - (\mathrm{st}_{ijo} + d_j)\cdot x_{ijko} \leqslant \varphi,\\&\forall i, i' \in \mathrm{Sat}, j \in \mathrm{TT}_u, j' \in \mathrm{ST}_j, o \in O_i, o' \in O_{i'}, k \in \mathrm{TW}\end{aligned} \tag{5.23}$$

（2）对一个目标的探测次数不能超过实际所能完成的最大探测次数，即

$$\begin{aligned}&\sum_{i\in\mathrm{Sat}}\sum_{j\in\mathrm{TT}_u}\sum_{k\in\mathrm{TW}}\sum_{o\in O_i} x_{ijko} \leqslant \mathrm{AAN}_u^{\max}\cdot z_u,\\&\forall i \in \mathrm{Sat}, j \in \mathrm{TT}_u, k \in \mathrm{TW}, o \in O_i, u \in \mathrm{Air}\end{aligned} \tag{5.24}$$

（3）对一个目标的探测次数需要超过实际所需的最少探测次数，即

$$\begin{aligned}&\sum_{i\in\mathrm{Sat}}\sum_{j\in\mathrm{TT}_u}\sum_{k\in\mathrm{TW}}\sum_{o\in O_i} x_{ijko} \geqslant \mathrm{NN}_u^{\min}\cdot z_u,\\&\forall i \in \mathrm{Sat}, j \in \mathrm{TT}_u, k \in \mathrm{TW}, o \in O_i, u \in \mathrm{Air}\end{aligned} \tag{5.25}$$

（4）需要满足第 2 章任务规划模型中所给出的其他约束条件，即

$$\mathrm{Con}\,(\boldsymbol{x}, \mathbf{st}) \leqslant \mathbf{0} \tag{5.26}$$

式 (5.24) 表示对一个目标的探测次数不能超过实际最大探测次数，实际最大探测次数根据卫星工作能力和任务执行要求分析、计算得出，通过该约束可以进一步限定解的可行区域，提升问题求解效率。式 (5.26) 的相关内容在第 2 章任务规划模型中已经给出，在此不再重复描述。

5.3 基于参数自适应学习的进化算法

高速移动目标探测活动存在受误差影响且无法消除的特点，对一个目标的单个探测任务执行会影响到后续探测任务，算法需要根据搜索表现灵活采用搜索策略以保证得到探测方案的质量。为了有效解决 HSTHESCSP，基于第 2 章学习型进化算法框架提出了一种基于参数自适应学习的进化算法（parameter adaptive learning based evolutionary algorithm，PALEA）。算法通过使用深度强化学习方法和利用演化过程中获得的信息决策搜索方式，生成一组有利于种群搜索的控制参数，控制交叉操作和变异操作发生的可能性。为了获得好的模型参数，提出了一种策略梯度训练方法训练神经网络模型。PALEA 通过使用经过训练的模型在搜索过程中动态调整搜索策略，让算法具有很好的场景适应能力。自适应交叉操作和基于贪婪思想的邻域搜索方法分别用于对解空间的全局和局部搜索中，提升算法寻找最优解的能力。PALEA 还使用了启发式初始化方法和精英保留策略，加快算法收敛。

下面将介绍 PALEA 的算法流程、基于 DRL 的 GRU 模型参数优化方法、种群进化操作、算法复杂度分析等内容。

5.3.1 算法流程

PALEA 通过使用深度强化学习方法训练 GRU 模型为种群进化操作提供合适的控制参数。控制参数的有效配置可以让 PALEA 在种群搜索过程中采用更有利于找到最优解的方式。在搜索的初始阶段，算法应当以不断探索新的解空间为主，而当搜索达到一定阶段后则更加需要聚焦于小的搜索范围内[61]。PALEA 在每一代种群搜索前都会使用训练好的人工神经网络模型，模型根据在线信息调整进化算法中的两个主要控制参数。通过对控制参数的调整实现算法根据环境信息选择合适的搜索方式，会让算法更容易找到最优解。除控制参数外，所选择基因片段长度、交叉的方式等多种因素都会影响到种群进化的效果。在 PALEA 算法中还设计了一种根据搜索表现选择更优秀算子的自适应交叉操作，个体改进后交叉算子通过评价本次搜索的效果动态调整算子被选中的概率。有关详细的自适应交叉方法介绍在 5.3.4 节给出。算法还可以根据种群搜索表现调整搜索策略，由解空间全局搜索转入局部搜索，以邻域搜索的方式发现更好的解。

图 5.2 展示了 PALEA 的整体流程。相较于传统进化算法，本章提出的算法有以下不同之处。首先，控制参数不再由使用者人为的设定，而是通过人工神经

网络模型以非线性预测的方式得到。这也是对算法所做的一项重要改进。其次，本章提出的算法基于传统进化算法提出了多种改进策略，包括种群生成、种群进化和搜索策略。PALEA 使用整数编码，适应度计算根据 5.2.3 节的目标函数计算获得，个体选择同样采用轮盘赌选择方式。以上三部分内容在第 3 章的进化算法中已经给出相关详细介绍，在此不再赘述。基于参数自适应学习的进化算法伪代码如算法 5.1 所示。

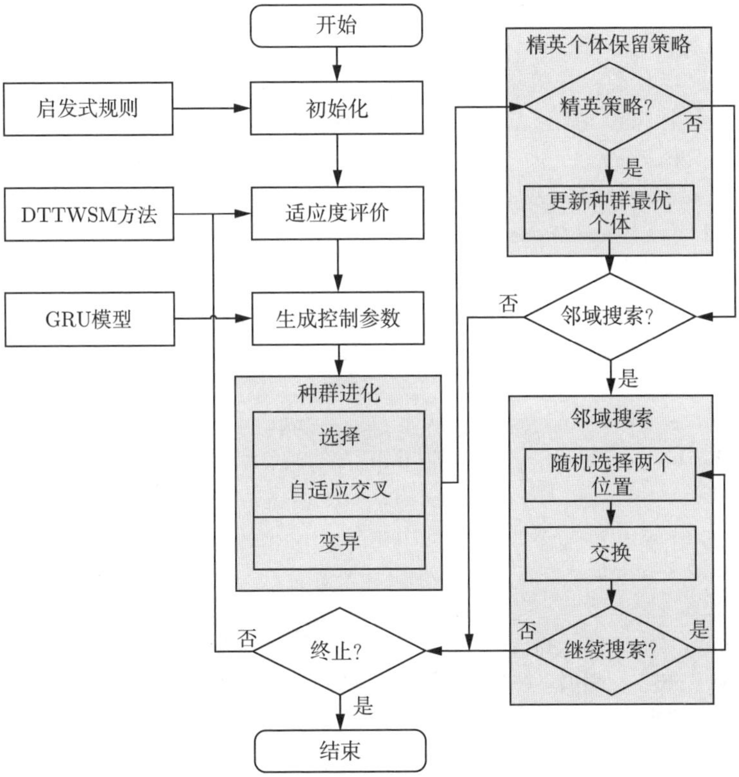

图 5.2 基于参数自适应学习的进化算法流程图

算法 5.1 基于参数自适应学习的进化算法

输入: 种群规模 N_p, GRU 模型参数 $\boldsymbol{W}$, 任务集合 T, 时间窗集合 TW, 交叉算子 C_o, 变异算子 M_o, 交叉长度 L, 精英个体保留策略阈值 Thre_1, 邻域搜索阈值 Thre_2

输出: 最优方案 Solution

初始化算法参数, 设置 $t \leftarrow 1, \text{count}_1 \leftarrow 0, \text{count}_2 \leftarrow 0$;

$P \leftarrow$ 使用算法 5.3生成初始种群并计算适应度函数值;

while 未达到算法终止条件时 **do**

  获取最新状态 S_t;

5: $\Omega_t = [\mathrm{CR}_t, \mathrm{MR}_t], H_t \leftarrow$ 使用 GRU 模型生成控制参数 $(S_t, H_{t-1}, \boldsymbol{W})$;
6: **for** $i = 1 \rightarrow N_p$ **do**
7: indi $\leftarrow$ 轮盘赌选择个体 (P);
8: **if** rand() $\leqslant \mathrm{CR}_t$ **then**
9: $\mathrm{indi}'_i \leftarrow$ 自适应交叉操作 (indi, C_o, L);
10: **end if**
11: **if** rand () $\leqslant \mathrm{MR}_t$ **then**
12: $\mathrm{indi}'_i \leftarrow$ 变异操作 (indi, M_o);
13: **end if**
14: **end for**
15: local_best_indi, local_best $\leftarrow$ 评估适应度函数值 (P);
16: 更新交叉算子分数;
17: 当满足条件时更新算子权重;
18: **if** local_best > gobal_best **then**
19: 更新 gobal_best 和 gobal_best_indi;
20: **else**
21: $\mathrm{count}_1 \leftarrow \mathrm{count}_1 + 1$;
22: **end if**
23: **if** $\mathrm{count}_1 < \mathrm{Thre}_1$ and gobal_best != local_best **then**
24: local_best_indi $\leftarrow$ gobal_best_indi; //精英个体保留策略
25: **end if**
26: **if** local_best < temp_local_best **then**
27: $\mathrm{count}_2 \leftarrow \mathrm{count}_2 + 1$;
28: **end if**
29: **if** $\mathrm{count}_2 == \mathrm{Thre}_2$ **then**
30: new_indi $\leftarrow$ 使用算法 5.4进行邻域搜索;
31: $P \leftarrow$ 更新种群内最优个体;
32: 重置 $\mathrm{count}_2 \leftarrow 0$;
33: **end if**
34: $t \leftarrow t + 1$;
35: temp_local_best $\leftarrow$ local_best;
36: **end while**

PALEA 首先会生成一个包含 N_p 个个体的种群，个体采用启发式初始化方法生成（第 2 行）。算法在迭代搜索过程中还使用了精英个体保留策略（第 24 行）和基于贪婪思想的邻域搜索方法（第 30 行）。算法搜索完成后将返回搜索找到的最优解作为最终的探测任务计划。

5.3.2 基于 GRU 模型的参数预测方法

种群进化中的交叉和变异可以被看作是一个随机时间序列，存在明显的时间依赖特性。控制参数影响种群进化发生的方式和概率，对算法能否找到最优解起到至关重要的作用。采用一种非线性方程预测的思路获得与搜索模式相匹配的参数配置。从另外一个角度来说，控制参数在种群进化过程中的变化同样可以被视为时间序列。解决时间序列相关的问题，循环神经网络是首要的选择。种群进化信息不仅包括当前信息还包括历史信息，希望网络模型可以更加关注与最近进化代数相关的信息，同时降低对已经较早时间进化得到的信息关注程度。根据在线信息时间依赖的特点，使用门循环单元（GRU）模型获取有用信息促进 EA 搜索。GRU 是一种由 Cho[141] 提出的经典循环神经网络（recurrent neural network，RNN）模型，相比于传统循环神经网络模型，GRU 模型有效解决了长记忆依赖和梯度爆炸两个问题[142]。并且，GRU 模型相对于 RNN 网络中经典的长短记忆网络（long short term memory，LSTM）模型[143]，模型中所需要的参数以及所需要的训练次数较少。GRU 模型中由一系列 GRU 单元构成，通过单元的组合有效捕捉数据在时间维度上的相互关系。门控结构（gate）是 LSTM 和 GRU 特有的信息流调节结构，GRU 单元结构中省去了信息记忆的门控。为了更加直观地描述 GRU，在图 5.3 中给出其具体结构。

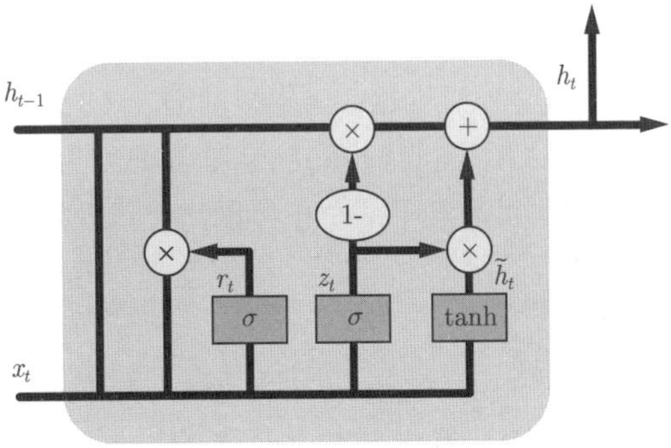

图 5.3　GRU 模型结构图

在每一个 GRU 单元（unit）中，使用了更新门和重置门结构，从而实现了对时间序列很好的预测。GRU 可以描述为

$$h_t^j = \left(1 - z_t^j\right) h_{t-1}^j + z_t^j \tilde{h}_t^j \tag{5.27}$$

$$z_t^j = \sigma(W_z \boldsymbol{x}_t + U_z \boldsymbol{h}_{t-1})^j \tag{5.28}$$

$$\tilde{h}_t^j = \tanh\left(W \boldsymbol{x}_t + U\left(\boldsymbol{r}_t \odot \boldsymbol{h}_{t-1}\right)\right)^j \tag{5.29}$$

$$r_t^j = \sigma(W_r \boldsymbol{x}_t + U_r \boldsymbol{h}_{t-1})^j \tag{5.30}$$

$$\sigma(z) = \frac{1}{1+e^{-z}} \tag{5.31}$$

$$\tanh(z) = \frac{e^z - e^{-z}}{e^z + e^{-z}} \tag{5.32}$$

其中，向量 $\boldsymbol{h}_{t-1}$ 和向量 $\boldsymbol{x}_t$ 为 GRU 的输入，$\boldsymbol{h}_{t-1} \in \mathbb{R}^h$，$\boldsymbol{x}_t \in \mathbb{R}^d$；$h$ 表示隐含层数量；d 表示特征数量；U 隐含空间的输入；$\boldsymbol{W}$ 表示权重矩阵；z_t^j 表示更新门（update gate）；r_t^j 表示重置门（reset gate）；$\odot$ 表示矩阵对应元素位置相乘；$\sigma(\cdot)$ 表示 sigmod 激活函数；$\tanh(\cdot)$ 为双曲正切函数。

为了简化中间过程，GRU 可以被简写为

$$H_t = \mathrm{GRU}(S_t, H_{t-1}, W_{\mathrm{G}}) \tag{5.33}$$

其中，W_{G} 表示参数。一般化的全连接网络层可以被简写为

$$\mathrm{CR}_t = \mathrm{Linear}(H_t, W_c, b_c) \tag{5.34}$$

$$\mathrm{MR}_t = \mathrm{Linear}(H_t, W_m, b_m) \tag{5.35}$$

其中，W_c，W_m 表示网络参数；b_c，b_m 表示偏置（bias）。

在 GRU 模型的实际应用中，完整的网络模型共包括两类神经网络结构：一类是 GRU 单元，另一类是全连接网络。全连接网络在 GRU 单元之后被使用，实现对数据流的进一步处理。GRU 网络模型的完整数据流为：首先，使用 GRU 单元处理输入的数据；然后，通过若干的全连接网络层以及对应每一个网络层的激活函数对其进行处理；最后，使用 Softmax 函数处理，便得到网络模型的最终输出值。

按照以上的网络模型将当前状态值 S_t 作为输入数据进行处理即可拟合出有助于种群搜索的控制参数组合。在本研究中，记 $\Omega_t = [\mathrm{CR}_t, \mathrm{MR}_t]$ 并使用这种参数进行代数 t 的种群进化。在得到一组参数后便可以使用这种参数对解进行空间搜索和开发。完整数据流可以表述为

$$\Omega_t, H_t = \mathrm{GRU}(S_t, H_{t-1}, \boldsymbol{W}) \tag{5.36}$$

在获得 GRU 模型的完整数据流后，给出了 GRU 模型嵌入在进化算法一代种群进化过程的流程。如图 5.4 所示，图中的符号 S 表示选择操作，FE 表示适应度评价，CO 表示交叉操作，MO 表示变异操作。状态信息 S_t 是 GRU 模型的

输入，通过神经网络模型输出动作，得到当前种群进化所需要的交叉概率 CR_t 和变异概率 MR_t，这两个概率会对种群进化产生重要的影响。

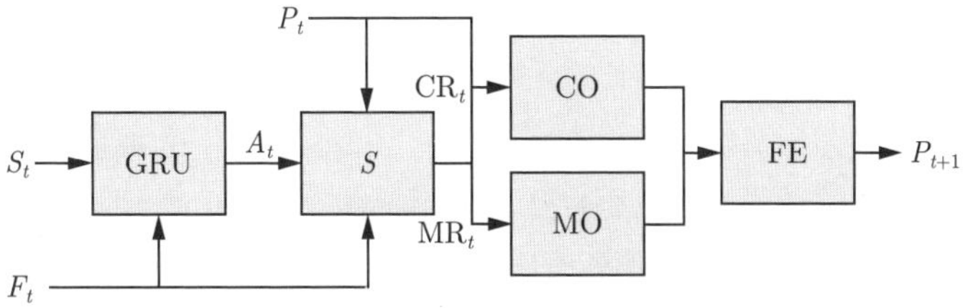

图 5.4　在代数 t 的 GRU 网络模型嵌入进化算法示意图

此外，状态信息 S_t 同样会被用在深度强化学习的训练中以便更新网络模型参数。下一节介绍基于深度强化学习方法优化 GRU 模型的内部参数控制算法搜索，并提出一种基于策略梯度的训练方法。

5.3.3　基于 DRL 的 GRU 模型参数优化方法

为了实现 GRU 能够根据种群进化过程更新网络模型参数，获得更有助于种群进化的参数配置，我们提出了一种深度强化学习方法。DRL 方法将算法的种群进化过程构建为一个马尔可夫决策过程，并让智能体在动态环境下选择合适动作以获得较高的报酬。状态、动作、报酬与状态转移构成了 DRL 方法的主要要素，下面将分别详细介绍 MDP 的状态、动作、报酬、状态转移要素，并提出一种基于策略梯度的模型训练方法。

1. 状态

状态是 GRU 网络模型的输入，通过状态可以让智能体选择合适的动作用于算法的进化过程。状态信息需要有效反映当前种群进化进程，以便为得到动作提供有用的数据输入。在提出的算法中，状态集合 S 由一系列状态构成，即

$$\boldsymbol{S} = \{S_0, S_1, \cdots, S_t, \cdots\} \tag{5.37}$$

其中，S_t 表示在时刻 t 下的智能体状态值。S_t 由一系列表示任务属性和种群进化信息共同构成，状态的具体属性值细节如下：

$$S_t = \left\{\hat{y}_j^t = \left(d_j, \mathrm{opro}_j, \mathrm{ts}_j, l_j\right) | j = 1, 2, \cdots, N_t\right\} \tag{5.38}$$

其中，d_j 表示任务持续时间；opro_j 表示任务收益；l_j 表示任务在种群中累计安排情况，其值表示成功被安排的次数；ts_j 表示时间区间范围，可以通过式 (5.39)

计算得到：

$$\mathrm{ts}_j = \mathrm{rlet}_j - \mathrm{rest}_j \tag{5.39}$$

2. 动作

深度强化学习的动作在连续动作空间和离散动作空间上存在明显区别。在 PALEA 中使用深度强化学习方法的目的是获得算法进化的控制参数，这属于在连续动作空间上选择动作[144]。因此，根据策略的参数 $\tilde{\theta}$ 得到动作 A_t 在状态 S_t 下的概率密度函数。假定动作概率值服从高斯分布，策略函数表示如下：

$$\begin{aligned}\pi\left(A_t \mid S_t\right) &= \mathcal{N}\left(A_t \mid \mathrm{GRU}\left(S_t; \boldsymbol{W}\right), \sigma^2\right) \\ &= \frac{1}{\sqrt{2\pi}\sigma\left(S_t; \tilde{\boldsymbol{\theta}}\right)} \exp\left\{-\frac{\left(A_t - \mu\left(S_t; \tilde{\theta}\right)\right)^2}{2\sigma^2\left(S_t; \tilde{\theta}\right)}\right\}\end{aligned} \tag{5.40}$$

其中，$\boldsymbol{W}$ 表示 GRU 模型的参数；$\tilde{\theta}$ 为策略的参数，可通过神经网络模型拟合得到。

通过输入状态，得到动作对应的概率密度函数。所需要的两个控制参数均服从于这个得到的函数，根据这个概率密度函数采样即可获得所需要的控制参数值。

3. 报酬

报酬用于评价当前状态下使用动作后的效果。在 PALEA 中，报酬用于反映种群采取动作后种群进化的效果。对于进化算法而言，当代种群所能找到的局部最优解的变化情况可以有效反映种群进化的效果。因此，将当前种群中最优适应度函数值相较于上一代种群最优适应度函数值的提升百分比作为报酬。而当种群非但没有找到更好的任务计划反而变差时，则以惩罚（penalty）的方式更新报酬。报酬计算公式如式 (5.41) 所示。

$$R_t = \frac{f_t^{\mathrm{best}} - f_{t-1}^{\mathrm{best}}}{f_{t-1}^{\mathrm{best}}} \times 100\% \tag{5.41}$$

其中，f_t^{best} 表示当前种群中最优适应度函数值；f_{t-1}^{best} 表示上一代种群中最优适应度函数值。更高的报酬值意味着更好的种群搜索表现，也可以有效反映出网络模型所生成的控制参数对种群进化所发挥出的明显作用。

4. 状态转移

状态转移记录了智能体状态变化、所采取的动作和报酬。由于采用策略梯度方法训练网络模型，能否记录状态转移并不重要。这是由于策略梯度方法直接针对期望回报采用梯度下降的方法优化后续策略。虽然状态转移对策略更新不会产生影响，(S_t, A_t, R_t) 的三元组需要被记录用于更新网络模型。

为了提升智能体采取策略的准确程度，采用了一种基于策略梯度的深度强化学习训练方法对网络模型参数进行优化。

5. 策略梯度训练方法

GRU 网络模型的训练效果会使得 PALEA 对 HSTHESCSP 的求解产生很大的影响。算法控制参数需要在连续空间上寻找合适的组合方案。而作为典型深度强化学习方法中的一种——策略梯度方法是一种可以有效应对连续空间上模型参数优化的模型训练方法[145]。策略梯度方法优化模型参数采用批次、轨迹采样（trajectory sampling，TS）的方式优化。由于 PALEA 基于种群对解空间搜索，因此 PALEA 使用种群替代批次。基于以上设定，策略梯度方法通过对报酬的目标函数进行梯度下降的方式更新网络模型参数。网络训练时所采用的公式如下：

$$\theta_{t+1} = \theta_t + \alpha_L \nabla_\theta L(\theta_t) \tag{5.42}$$

其中，$\nabla_\theta L(\theta_t)$ 表示报酬目标函数的梯度；α_L 表示学习率。$\nabla_\theta L(\theta_t)$ 可以进一步表示为

$$\nabla_\theta L(\theta_t) = \mathbb{E}_{\tau\sim\theta_t}\left[\sum_{t'=0}^{T} \nabla_\theta \log \pi_\theta(A_t | S_t) \sum_{t=t'}^{T} r_t\right] \tag{5.43}$$

为了训练网络模型，找到报酬的目标函数并确定轨迹数量显得格外重要。根据种群进化过程构造的 MDP 过程，由状态和动作可以构成一个轨迹，当轨迹数量达到最大数量 N_{tra} 时则根据智能体状态、动作和报酬使用式 (5.37)~ 式 (5.41) 更新 GRU 网络模型参数。若使用一种 REINFORCE 的蒙特卡洛方法，则 $\nabla_\theta L(\theta_t)$ 可以通过 N_{tra} 个轨迹的采样近似计算得到：

$$\nabla L_\theta(\theta) \approx \frac{1}{L}\sum_{i=1}^{L} r(\tau^i) \sum_{t=0}^{T-1} \nabla_\theta \ln \pi \left(A_t^{(i)} = a_t^{(i)} \mid S_t^{(i)} = s_t^{(i)}\right) \tag{5.44}$$

其中，a_i^t 表示属于第 i 个轨迹在时刻 t 的动作值。

然后，将按照这样的方式训练网络模型参数。策略梯度方法的伪代码如算法 5.2 所示。

策略梯度训练方法对每一个问题场景重复多个 epoch，一个 epoch 需要根据状态值获得控制参数（第 9 行）。状态需要通过计算任务安排结果并与其他特征组合才能得到。PALEA 按照自身的种群进化方式生成新的种群（第 10 行）并计

算报酬（第 11 行）。在算法通过运行生成一系列轨迹后，使用反向传播方法更新网络模型参数 θ（第 16 行）。

算法 5.2 策略梯度训练方法

输入: 最大轮次 Epoch, 种群规模 N_p, 轨迹数量 N_{tra}, 学习率 α_L, 折扣因子 γ, 最大时刻 $\text{TS}_{\max}$
输出: 更新后的模型 $\boldsymbol{W}$

1: 初始化 GRU 模型参数 $\boldsymbol{W}$;
2: **for** epoch $= 1 \to$ Epoch **do**
3:   **for** tra $= 1 \to N_{\text{tra}}$ **do**
4:     设置 $t \leftarrow 1, H_0 = \mathbf{0}$;
5:     初始化 PALEA 参数;
6:     $P \leftarrow$ 随机生成初始种群;
7:     **while** $t < \text{TS}_{\max}$ **do**
8:       获得最新状态 S_t;
9:       $\varOmega_t = [\text{CR}_t, \text{MR}_t] \leftarrow$ 使用 GRU 模型根据状态生成控制参数 $(S_t, H_{t-1}, \boldsymbol{W})$;
10:       $P_t \leftarrow$ 使用 PALEA 进行种群进化 $(P_{t-1}, \varOmega_t)$;
11:       $F_t \leftarrow$ 计算新种群的适应度函数值 (P_t);
12:       $R_t \leftarrow$ 使用式 (5.41) 计算报酬值;
13:       $t \leftarrow t + 1$;
14:     **end while**
15:   **end for**
16:   $\boldsymbol{W} \leftarrow$ 使用式 (5.42) 和式 (5.44) 更新 GRU 模型参数 (α_L, γ);
17: **end for**

通过多个 epoch 的算法训练可以让 GRU 模型得到一组具有较好预测效果的参数配置。训练好的网络模型会被用在 PALEA 中为种群进化提供 MR_t 和 CR_t 两个控制参数。下一节将介绍在提出的算法中通过使用 GRU 模型与其他种群搜索策略相结合的方式为探测卫星制订合适的任务计划。

5.3.4 种群进化操作

本节将分别介绍 PALEA 中启发式初始化、自适应交叉、精英个体保留、邻域搜索等与种群进化相关的操作。

1. 启发式初始化方法

PALEA 的种群进化过程在初始种群的基础之上，通过一系列选择、变化操作得到高质量的任务计划。种群初始化在保证多样性的基础上努力让个体在搜索空间中处于一个好的位置。这样的初始化方式可以很明显地减少算法找到好的任务计划所需要的搜索次数。在提出的算法 PALEA 中，设计了一种结合启发式与随机的种群初始化方法。初始化方法中所使用的启发式规则描述如下，单位时间内任务收益的计算公式如式 (5.45) 所示。

启发式规则：根据任务 task_j $(j \in \text{TT}_H)$ 在单位时间内的任务收益 $\left(\text{up}_j\right)$ 由高到低的顺序对任务排序，并根据排序结果生成染色体序列。

$$\text{up}_j = \text{opro}_j / d_j \tag{5.45}$$

其中，opro_j 表示任务收益，d_j 表示任务要求探测时间。

如果种群内每一个个体都按照以上的启发式规则初始化会使得个体之间的基因序列结构高度相似，这并不有利于搜索。因此，为了保证种群内个体的多样性，使用参数 η 保证个体内部分基因以随机的方式加入到个体基因序列中。参数 η 表示个体内按照启发式规则生成基因序列的比例。这部分按照启发式规则排序后的任务会生成一个基因序列，其余 $(1-\eta)$ 比例的基因随机选择位置插入到已有基因序列中最终构成完整个体。初始化方法的伪代码如算法 5.3 所示。

算法 5.3 启发式初始化方法

输入: 种群规模 N_p, 任务集合 T

输出: 初始种群 P_0

```
1: 设置 η ← 0, PI = [ ];
2: for i = 1 → N_p do
3:     η ← i/(N_p + 1);
4:     indi_i ← 使用启发式规则选择任务 (T, η);
5:     PI ← 生成待插入任务集合;
6:     while PI ≠ ∅ do
7:         task ← 从 PI 中随机选择一个任务;
8:         indi_i ← 随机选择一个位置将任务 task 插入;
9:         将任务 task 从 PI 中移除;
10:    end while
11: end for
```

在启发式初始化方法中，种群内的个体都有一定的比例按照启发式规则生成基因序列（第 4 行），而其余部分生成任务集合（第 5 行）并采用随机的方式选择基因（第 6 行）插入到按规则生成的部分序列中。当生成初始化种群后将在此种群基础上通过种群进化找到合适的任务计划。

2. 自适应交叉方法

交叉是进化算法在搜索进程中最经常发生的一种进化操作，会尝试对整个解空间进行探索。采用这种变化方式所产生的后代与父代个体之间会存在明显区别。本节在 PALEA 中提出了一种自适应交叉方法。自适应交叉方法在初始化算法参数时为每一种交叉规则初始化相同的分数。然后，根据交叉规则的分数在全部规则总分数的比重确定权重，根据权重采用轮盘赌的方式选择交叉操作。这个过程与个体选择是极其类似的。权重计算公式如式 (5.46) 所示。

$$\mathrm{pro}_i = \frac{\mathrm{soc}_i}{\sum\limits_{i\in R} \mathrm{soc}_i} \tag{5.46}$$

其中，pro_i 表示第 i 种交叉规则的概率；soc_i 表示第 i 种交叉规则的分数；R 表示交叉规则集合。

交叉操作所使用的交叉规则分为 5 种，分别为双点位交叉规则、片段翻转交叉规则、多点位交叉规则、不同目标任务互换交叉规则、同一目标任务互换交叉规则。双点位交叉规则和片段翻转交叉规则在第 3 章的进化算法中已经给出相关详细介绍，在此不再赘述。下面，分别对多点位交叉规则、不同目标任务互换交叉规则、同一目标任务互换交叉规则进行详细描述。

1）多点位交叉规则

从父代个体中选择多个基因，将其按照父代个体中的相对先后顺序构成一个基因片段，并随机选择一个位置将该片段填入生成子代个体。

多点位交叉示意图如图 5.5 所示，图中从父代个体中选中了四个基因，按照相对的前后顺序在染色体片段中随机选择了一个位置将片段插入后完成交叉操作。

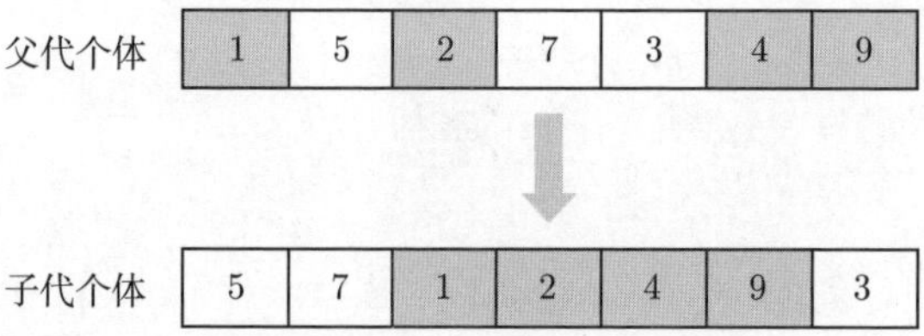

图 5.5　多点位交叉示意图

2）不同目标任务互换交叉规则

从父代个体随机选择来自两个不同目标的多个任务，在不改变属于同一个目标任务在染色体内部顺序的基础上与属于另一目标的任务交换位置生成子代个体。

3）同一目标任务互换交叉规则

从父代个体随机选择来自一个目标的多个任务，在不影响其他任务顺序的前提下随机互换选中任务之间的相对顺序生成子代个体。

这五种交叉规则会对个体内的基因序列产生不同程度的影响，但是很难直接说明哪一种交叉的改进是显著的，并可能存在找到适应度函数值较低的解。我们所希望的是尽可能让每一次种群进化都能够发挥预期的效果，因此，在确定所使用的交叉方式后执行相应的操作，算法根据个体适应度变化情况对所使用交叉操作算子的分数进行更新。分数所更新值的大小根据个体搜索表现而确定，分为三种情况，分数更新值分别为 μ_1，μ_2，μ_3。分数变化规则具体描述如下：

（1）如果子代个体适应度函数值相较于父代个体的适应度函数值而言是增加的，则分数增加 μ_1，即 $\mathrm{soc}_i \leftarrow \mathrm{soc}_i + \mu_1$；

（2）如果子代个体适应度函数值相较于父代个体适应度函数值而言是降低的，但超过父代个体适应度函数值与接受比率 p_a 的乘积，则分数增加 μ_2，即 $\mathrm{soc}_i \leftarrow \mathrm{soc}_i + \mu_2$；

（3）如果子代个体适应度函数值低于父代个体适应度函数值与接受比率 p_a 的乘积，分数增加 μ_3，即 $\mathrm{soc}_i \leftarrow \mathrm{soc}_i + \mu_3$。

当分数更新达到一定次数时则会按照式 (5.47) 根据最新的分数值更新每一种交叉规则的权重。

$$w_i \leftarrow (1-\rho_u)\cdot w_i + \rho_u \cdot \frac{\mathrm{soc}_i}{\sum\limits_{i\in R}\mathrm{soc}_i} \tag{5.47}$$

其中，soc_i 表示第 i 种交叉规则的分数值；w_i 表示第 i 种交叉规则的权重值；ρ_u 为参数。

相较于交叉操作，变异操作则很简单。变异操作通过双点位互换的方式完成，即从一个个体的基因序列中随机选择两个基因交换位置后即可得到新的个体。控制交叉和变异所发生概率的参数由 GRU 模型根据问题场景确定。

3. 精英个体保留策略

精英个体保留是指将每一代搜索过程中种群内的表现最好的个体保留下来直接进入下一代种群。精英个体保留在搜索的初始阶段有利于加快算法的收敛速度，可当搜索已经持续一定次数后，精英个体保留策略会对种群的多样性产生一定的影响。因此，我们使用了一个记录种群是否改进的变量 count_1，如果当代种群相较于上一代种群没有改进则将变量 count_1 值增加 1。当变量值与预先设定的阈值 Thre_1 相等时，则在更新种群时不再使用精英个体保留策略。

4. 基于贪婪思想的邻域搜索方法

邻域搜索方法能够在一定的解空间范围内寻找局部最优解（local optimum,

LO），可以有效提升算法对局部解空间的开发能力[146]。基于贪婪思想，设计了一种采用 2-opt 方式的邻域搜索操作。2-opt 是一种简洁并且高效率的邻域结构更新方法[147]，具体而言，从种群搜索所发现的最优个体中随机选择两个基因交换位置，便得到一个新的个体，通过适应度评价判断是否还继续进行邻域搜索[148]。邻域搜索需要和全局搜索有效平衡，而采用贪婪的搜索思想会占用一定的计算资源，并可能使算法求解陷入局部优化而无法跳出。因此，当个体适应度值没有进一步改进时则结束邻域搜索阶段，返回到种群搜索阶段。基于贪婪思想的邻域搜索方法的伪代码如算法 5.4 所示。

算法 5.4 基于贪婪思想的邻域搜索方法

```
输入: 全局最优个体 gobal_best_indi, 全局最优个体适应度函数值 gobal_best
输出: 新个体 new_indi
 1: while 未达到算法终止条件时 do
 2:     gene1, gene2 ← 从 gobal_best_indi 中随机选择两个基因;
 3:     new_indi ← 交换两个基因的位置生成新个体;
 4:     fitness ← 计算适应度函数值 (new_indi);
 5:     if fitness > gobal_best then
 6:         gobal_best ← fitness;
 7:     else
 8:         跳出循环;
 9:     end if
10: end while
```

在进行邻域搜索时，从种群搜索最优个体基因序列中随机选择两个基因（第 2 行），交换位置得到新的个体（第 3 行）。然后，通过评价适应度函数值判断继续执行邻域搜索还是返回到种群搜索中（第 5~9 行）。基于贪婪思想的邻域搜索方法在结束运行时将更新种群搜索的最优个体。

5.3.5 算法复杂度分析

在 PALEA 中，GRU 模型的复杂度为 $O(\text{Batch}\cdot|\text{T}|^2\cdot d)$，$d$ 表示特征数量。EA 种群搜索一代的复杂度为 $O(\text{Batch}\cdot|T|\cdot|\text{TW}|)$，邻域搜索方法复杂度为 $O(|T|\cdot|\text{TW}|)$。由于 $|TW|>>d$，因此，PALEA 的算法复杂度为 $O(\text{Batch}\cdot|T|\cdot|\text{TW}|)$。而 Batch 在 PALEA 中采用种群 P 替代，时间复杂度还可以改写为 $O(N_p\cdot|T|\cdot|\text{TW}|)$。

PALEA 的空间复杂度由 GRU 模型和进化算法框架两部分共同决定，人工神经网络模型的空间复杂度为 $O(N)$，进化算法框架的空间复杂度为 $O(N)$，启发式初始化方法的空间复杂度为 $O(N)$，所采用的自适应交叉方法的空间复杂度为 $O(1)$。因此，PALEA 整体的空间复杂度为 $O(N)$。

5.4 仿真实验与分析

本书针对高速移动目标协同探测任务规划问题提出了一种基于参数自适应学习的进化算法。本部分将使用启发式算法、进化算法以及搜索算法评价所提出算法的求解表现。本章仿真实验所使用的 Python 版本为 3.9.7，实验平台为安装 Windows 11 专业版操作系统（64 位系统）的台式机，其 CPU 为 Intel Core i7-12700 2.10GHz，内存容量为 32GB。

5.4.1 仿真实验设计与参数配置

1. 实验场景设置

1）实验场景生成要求

为了检验算法对协同规划问题的求解表现，本部分设计了多个高速移动目标协同探测任务规划场景。场景参数设置、限制条件和探测任务的参数生成方法如表 5.2 所示。

表 5.2 仿真实验场景设计

场景设置内容	详细设置
环境参数	1. 规划时间范围为 2022/8/13 00:00:00-2022/8/14 00:00:00； 2. 卫星轨道参数设置与第 3 章实验中卫星轨道参数设置相同； 3. 目标起飞、降落位置与时间已知； 4. 与时间相关的参数均采用以秒为单位的离散处理方式将其转化为整数。
限制条件	1. 目标飞行路线不存在重叠区域； 2. 实际所需最少探测次数设定为 5 次； 3. 目标起飞与降落的位置不同； 4. 任务最大间隔时间 5400s。
探测任务	1. 探测任务生成方法采用表 4.4参数分布，具体分布参数与目标探测需求相匹配； 2. 全部生成的任务参数均为整数。

高速移动目标规划场景均在 2022/8/13 00:00:00—2022/8/14 00:00:00 的时

间跨度内，所使用的卫星轨道参数设置与第 3 章仿真实验中卫星参数设置相同，在此不再赘述。场景中目标的起飞与降落的位置在全球机场内随机选择，目标示例如表 5.3 所示。

表 5.3　目标示例

目标 ID	目标起飞时间	初始位置坐标	降落位置坐标	飞行时间/s
1	2022/8/13 14:00:00	经度:100.75158 纬度:13.69029	经度:-0.45143 纬度:51.47053	45000
2	2022/8/13 06:00:00	经度:116.4198 纬度:39.50338	经度:113.22005 纬度:28.19356	9600
3	2022/8/13 10:00:00	经度:116.5867 纬度:40.07577	经度:-113.9317 纬度:22.31415	14400

在确定目标运动轨迹后需要获得一系列的探测任务，场景中探测任务的参数同样服从表 4.4 的分布，具体值设定如下：$d_{\min} = 10$，$d_{\max} = 50$，$\text{opro}_{\min} = 2$，$\text{opro}_{\max} = 15$，$\text{pri}_{\min} = 3$，$\text{pri}_{\max} = 9$，$\text{twl}_{\min} = 150$，$\text{twl}_{\max} = 500$，$\text{est}_{\min} = 0$，$\text{est}_{\max} = 43200$，$\text{let}_{\min} = 900$，$\text{let}_{\max} = 1800$。

2）算法参数设置

PALEA 的参数设置情况如表 5.4 所示。

2. 实验对比算法

本部分将三种启发式算法、两种使用参数控制策略的进化算法和两种邻域搜索算法作为对比算法。所采用的对比算法包括：基于任务收益值排序的启发式算法（简记为 HA1）、基于任务探测时长排序的启发式算法（简记为 HA2）、基于可用时间比重排序的启发式算法（简记为 HA3）、基于动态种群的进化算法[149]（dynamic population based evolutionary algorithm，DPEA）、基于参数动态控制的进化算法[61]（parameter dynamic control based evolutionary algorithm，PDCEA）、基于禁忌的自适应大邻域搜索算法[150]（ALNS-T）、邻域搜索算法[151]（neighborhood search algorithm，NS）。各个对比算法的搜索机制和策略详细介绍如下。

（1）基于任务收益值排序的启发式算法：基于任务收益值排序的启发式算法对探测任务集合根据探测收益值从高至低对任务排序，产生任务安排的偏好顺序。

表 5.4　PALEA 参数设置

参数名称	参数值设定
最大迭代代数	500
种群规模	10
交叉算子数量	5
变异算子数量	1
初始分数/分数 1/分数 2/分数 3	50/30/20/10
间隔代数更新权重	50
阈值–精英个体保留	200
阈值–邻域搜索	50
batch	10
最大 trajectory 数量	10
epoch	20
学习率	0.01
折扣因子	0.95
网络模型	GRU+Linear 网络
GRU 单元数量	3
全连接层数量	2
标准化函数	Softmax 函数

（2）基于任务探测时长排序的启发式算法：基于探测时长排序的启发式算法对探测任务集合根据探测时长值从高至低对任务排序，产生任务安排的偏好顺序。

（3）基于可用时间比重排序的启发式算法：基于可用时间比重排序的启发式算法对任务的可用时间比重值从高至低对任务排序，产生任务安排的偏好顺序。可用时间比重计算公式如式 (5.48) 所示。

$$\mathrm{atp}_j = \frac{d_j}{\mathrm{rlet}_j - \mathrm{rest}_j} \tag{5.48}$$

（4）基于动态种群的进化算法：基于动态种群的进化算法通过控制参数调整搜索种群规模，当种群搜索不理想时算法会将种群规模调小，只使用原始种群中表现较好的个体以小规模种群的方式继续搜索，其他个体从搜索种群中移除。而当小规模种群搜索进行到一定阶段后，进化算法将会返回到大规模种群搜索，以随机生成的方式补全种群内个体。

（5）基于参数动态控制的进化算法：基于参数动态控制的进化算法在种群进化过程中根据种群搜索进程动态调整算法交叉片段长度，并控制算法变异操作发生的概率。随着算法的不断搜索，PDCEA 的交叉片段会变短以减少个体变化幅度。变异发生的可能性也会相应地变小，通过这种方式减少出现不利变异的情况从而保证个体的质量。

（6）基于禁忌的自适应大邻域搜索算法：其所使用的搜索机制与策略与第 4 章中该算法所使用的策略相同。

（7）邻域搜索算法：邻域搜索算法在每一次迭代搜索时从解的结构中随机选择两个任务，在不影响其他任务相对顺序的基础上互换两个任务的位置生成新的邻域结构，通过搜索找到最佳邻域结构作为任务执行方案。

为了保证实验的公平性，分别在基于禁忌的自适应大邻域搜索算法和邻域搜索算法中加入 PALEA 中所使用的启发式初始化方法，构成 ALNS-T+HI 算法和 NS+HI 算法。

5.4.2 实验结果与分析

本节将给出仿真实验结果与相关的分析。算法对高速移动目标协同探测任务规划问题的求解表现需要通过设定评价标准加以评估，目标函数值依据式 (5.15) 计算得到。启发式算法将搜索得到的目标函数值作为结果，其余算法则各自运行 30 次记录运行结果的最优值和平均值。为了更为直观地反映算法规划表现，本章还使用差距值（差距值）指标展示方案收益值之间的差距。差距值指标计算公式如式 (3.30) 所示。此外，本章使用了 Wilcoxon 秩和指标（WR）对算法规划结果的显著性差异进行统计分析，显著性水平设定为 $p^* = 0.05$。下面将对模型训练过程、算法对比结果、探测表现、算法改进策略进行相应地分析。

1. 训练过程分析

本部分对策略梯度方法训练 GRU 模型的过程进行分析，图 5.6分别给出了在 20 个和 40 个实验场景下网络模型经过 10 个 epoch 的训练所能获得的报酬值。从图 5.6 中可以看出，在 20 个实验场景的情况下，训练所能得到的报酬值要普遍高于 40 个实验场景时所获得的报酬值。这是由于所使用的深度强化学习方法中报酬获得的方式想要在更为复杂的情况下获得优于上一代种群的表现更为困难，想要获得明显的提升需要更多的种群最优适应度函数值变化。从图 5.6 中还可以看出，算法所能获得的报酬值（每一个 epoch）整体处在一个较小的区间范围内，模型经过反复训练可以达到收敛的效果。在对采用策略梯度方法的算法训练过程进行分析后，将多种启发式算法、元启发式算法、搜索算法作为对比算法，验证 PALEA 算法对高速移动目标协同探测任务规划问题的解决能力。

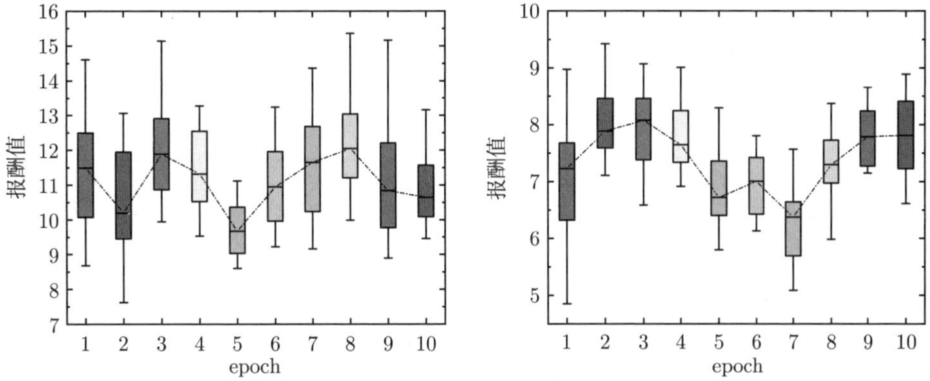

（a）20个实验场景　　（b）40个实验场景

图 5.6　GRU 模型训练结果图

2. 算法实验对比结果分析

1）PALEA 与启发式算法对比结果分析

本章首先选择了 PALEA 与三种启发式算法进行对比实验，结果如图 5.7 所示。

从图 5.7 中可以看出，启发式算法的规划结果与 PALEA 的规划结果之间存在明显的差距。启发式算法根据设定的规则对任务序列的规划顺序加以限定，并使用探测任务时间窗选择方法获得具体的探测任务执行方案。这种求解方法在求解速度方面是其他求解算法所无法达到的，但由于缺少迭代搜索、种群进化等机制搜索表现欠佳是不可避免的。三种启发式算法的表现较为接近，HA2 算法在三种启发式算法中获得最佳探测收益的场景数量最多，而 PALEA 则通过迭代搜索找到了比三种启发式算法更优的任务执行方案。

2）PALEA 与使用参数控制策略的进化算法对比结果分析

为了检验 PALEA 所使用的 GRU 模型参数控制策略的有效性，选择了两种通过控制参数调整算法策略的进化算法与本章提出的算法进行对比实验，一种进化算法为基于动态种群的进化算法，另一种进化算法为基于参数动态控制的进化算法，实验结果如表 5.5 所示。

从表 5.5 中可以看出，PALEA 中所使用的 GRU 模型通过控制算法交叉和变异概率可以明显改善算法的搜索表现。在具有不同规模的实验场景中，PALEA 的探测收益最优值和平均值均优于 DPEA 和 PDCEA。相较于 PALEA，PDCEA 控制种群进化的参数需要经过反复的调整和设定。即便是采用最佳的参数配置，PDCEA 的规划表现依然不如同样使用参数控制策略的 PALEA。这体现了深度强化学习方法可以有效帮助 GRU 模型找到理想的模型参数，从而实现对进化算法参数的精准控制。在两种用于对比的进化算法中，PDCEA 的表现要优于 DPEA，这说明参数控制策略比种群调整策略更加适用于求解高速移动目标的协同探测任务规划问题。

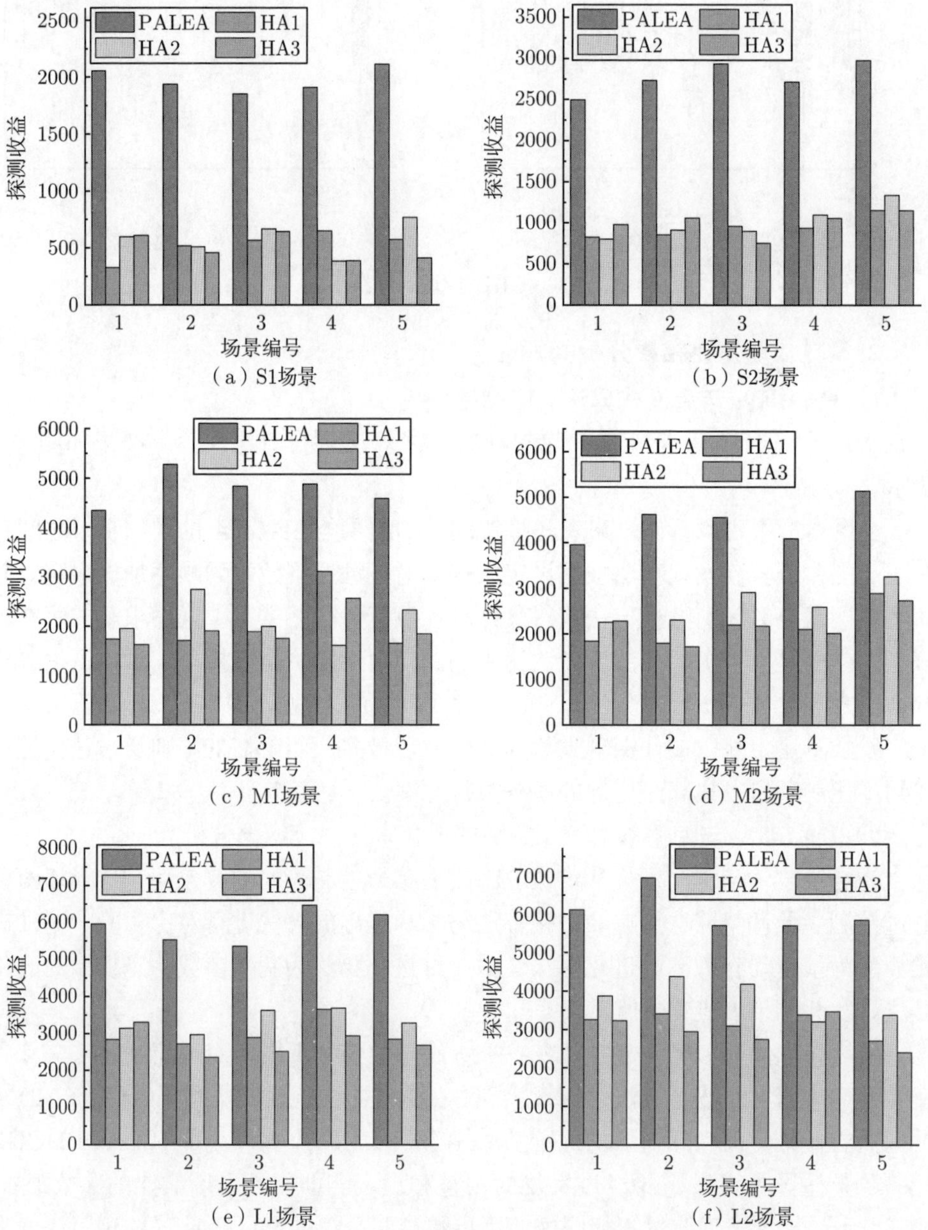

(a) S1场景

(b) S2场景

(c) M1场景

(d) M2场景

(e) L1场景

(f) L2场景

图 5.7　PALEA 算法与三种启发式算法对比结果图（见文后彩图）

表 5.5 PALEA 算法与使用参数控制策略的进化算法对比结果

实验场景编号	PALEA		DPEA			PDCEA		
	最优值	平均值	最优值	平均值(WR)	差距值	最优值	平均值(WR)	差距值
S1-01	**2454.54**	**2057.80**	1354.29	1168.93−	−888.88	1708.94	1299.01−	−758.79
S1-02	**2490.03**	**1936.35**	1375.21	1167.50−	−768.85	1434.88	1266.29−	−670.06
S1-03	**2363.60**	**1850.87**	1409.93	1096.29−	−754.58	1463.88	1185.28−	−665.59
S1-04	**2347.82**	**1908.75**	1171.25	1023.31−	−885.44	1311.55	1148.71−	−760.04
S1-05	**2560.62**	**2115.67**	1381.96	1171.22−	−944.45	1410.09	1260.24−	−855.43
S2-01	**2984.29**	**2494.92**	1826.79	1516.00−	−978.92	1916.41	1627.84−	−867.08
S2-02	**3186.23**	**2733.61**	1993.76	1741.86−	−991.75	2226.42	1871.41−	−862.20
S2-03	**3907.46**	**2936.72**	2342.33	1856.78−	−1079.94	2152.19	1919.61−	−1017.11
S2-04	**3389.59**	**2717.06**	2038.75	1704.51−	−1012.54	2001.20	1756.74−	−960.32
S2-05	**3402.90**	**2977.05**	2119.54	1878.69−	−1098.36	2400.61	1978.78−	−998.27
M1-01	**4957.72**	**4335.47**	3152.86	2631.16−	−1704.30	3331.22	2752.60−	−1582.86
M1-02	**5754.89**	**5278.58**	3359.77	3066.91−	−2211.67	3585.75	3188.89−	−2089.69
M1-03	**5430.97**	**4837.12**	3692.62	3191.26−	−1645.86	3817.15	3353.59−	−1483.53
M1-04	**5588.00**	**4878.91**	3762.98	3114.06−	−1764.85	3451.30	3237.81−	−1641.10
M1-05	**5056.77**	**4581.85**	3010.65	2651.27−	−1930.58	3163.41	2834.34−	−1747.51
M2-01	**4687.26**	**3951.72**	3157.53	2754.83−	−1196.89	3252.20	2831.17−	−1120.55
M2-02	**5258.14**	**4618.38**	3277.51	2903.20−	−1715.19	3478.55	3053.69−	−1564.69
M2-03	**5050.38**	**4549.86**	3515.62	3003.93−	−1545.93	3854.64	3263.98−	−1285.88
M2-04	**4721.65**	**4088.71**	3239.60	2862.92−	−1225.80	3299.37	2979.76−	−1108.95
M2-05	**5838.99**	**5140.00**	4024.90	3619.80−	−1520.20	4160.04	3813.82−	−1326.17
L1-01	**6908.66**	**5956.41**	4726.03	4376.68−	−1579.73	4907.70	4435.95−	−1520.46
L1-02	**6228.59**	**5527.88**	4594.42	3815.07−	−1712.81	4385.06	3953.52−	−1574.36
L1-03	**6119.19**	**5358.68**	4265.60	3795.44−	−1563.25	4303.67	3876.67−	−1482.01
L1-04	**7130.37**	**6472.36**	4765.86	4276.82−	−2195.54	5222.53	4483.18−	−1989.18
L1-05	**7128.11**	**6204.46**	4894.62	4247.38−	−1957.09	4641.10	4324.00−	−1880.46
L2-01	**7031.39**	**6112.89**	4889.51	4416.44−	−1696.45	5032.22	4606.55−	−1506.34
L2-02	**8057.73**	**6943.62**	4939.67	4390.23−	−2553.39	5530.24	4656.49−	−2287.13
L2-03	**6478.79**	**5700.51**	5106.60	4485.01−	−1215.50	5219.92	4658.70−	−1041.81
L2-04	**6890.34**	**5694.85**	4512.64	4178.22−	−1516.63	4560.23	4300.06−	−1394.78
L2-05	**6693.77**	**5840.67**	5049.26	4099.03−	−1741.64	4661.75	4269.64−	−1571.03

注：表中加粗数据表示为该统计指标最优值；WR 表示在 $p^* = 0.05$ 的水平下，实验对比算法优于、劣于或等于提出的 PALEA 算法，分别用符号“+”“−”“=”表示。

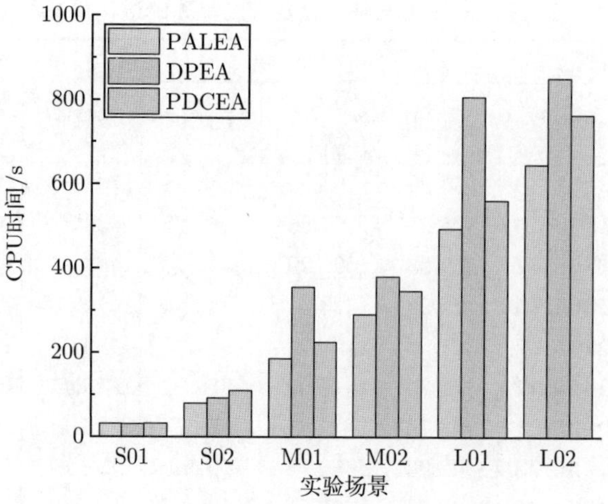

图 5.8 算法运行时间结果图（见文后彩图）

图 5.8 给出了 PALEA、DPEA 和 PDCEA 在不同实验场景的运行时间，PALEA 除 S01 场景外均在最短时间内完成了算法搜索。DPEA 中采用的动态种群策略存在搜索信息交互而使得搜索效率有所降低。PDCEA 在绝大多数实验场景的搜索用时介于 PALEA 和 DPEA 之间。

3）PALEA 与搜索算法对比结果分析

在上一部分对比了 PALEA 与其他使用参数控制策略的进化算法规划结果后，本部分使用两种搜索算法对本章提出的算法是否有效解决 HSTHESCSP 进行评价。两种搜索算法分别选择了基于禁忌策略的自适应大邻域搜索算法和邻域搜索算法。为了进一步增强实验的说服力，以上两种算法分别采用与 PALEA 一样的初始化方法生成初始解。使用启发式初始化方法（heuristic initialization，HI）的 ALNS-T 算法命名为 ALNS-T+HI 算法，而使用启发式初始化方法的 NS 算法命名为 NS+HI 算法。具体实验结果如表 5.6 所示。

从表 5.6 中可以看出，PALEA 在三种算法中的表现较为理想。PALEA 不仅在问题的最优探测收益搜索方面具有最佳表现，还在平均探测收益方面具有最佳表现。ALNS-T+HI 的整体表现仅次于 PALEA，而 NS+HI 算法在三种算法中的表现最差。ALNS-T+HI 使用了与 PALEA 一样的自适应进化策略，但是结果却不如 PALEA 理想，两者在结果上存在一定差距的重要原因是 ALNS-T+HI 对个体破坏和修复操作进行了自适应选择，但是由于缺少搜索策略的参数控制可能会造成算法主要关注于对整个解空间的搜索，而对一些局部解空间搜索不够深入，从而导致没有找到具有高探测任务收益的解。

表 5.6 PALEA 算法与搜索算法对比结果

实验场景编号	PALEA		ALNS-T+HI			NS+HI		
	最优值	平均值	最优值	平均值 (WR)	差距值	最优值	平均值 (WR)	差距值
S1-01	**2454.54**	**2057.80**	1732.76	1283.65−	−774.16	1435.25	1095.30−	−962.50
S1-02	**2490.03**	**1936.35**	1561.28	1276.30−	−660.05	1415.07	1104.24−	−832.10
S1-03	**2363.60**	**1850.87**	1375.83	1177.34−	−673.54	1209.05	1012.53−	−838.34
S1-04	**2347.82**	**1908.75**	1292.31	1116.69−	−792.06	1262.10	924.75−	−984.01
S1-05	**2560.62**	**2115.67**	1832.73	1284.20−	−831.47	1472.14	1099.33−	−1016.33
S2-01	**2984.29**	**2494.92**	2274.08	1671.30−	−823.62	1829.01	1422.47−	−1072.45
S2-02	**3186.23**	**2733.61**	2161.18	1879.13−	−854.48	1976.80	1675.15−	−1058.46
S2-03	**3907.46**	**2936.72**	2346.72	1951.62−	−985.10	2258.16	1689.75−	−1246.97
S2-04	**3389.59**	**2717.06**	1993.77	1759.13−	−957.92	1801.90	1554.72−	−1162.33
S2-05	**3402.90**	**2977.05**	2220.94	1993.10−	−983.95	2075.74	1796.69−	−1180.35
M1-01	**4957.72**	**4335.47**	3190.12	2741.41−	−1594.05	2964.94	2449.32−	−1886.15
M1-02	**5754.89**	**5278.58**	3791.91	3288.84−	−1989.75	3554.24	2870.68−	−2407.91
M1-03	**5430.97**	**4837.12**	3575.19	3282.67−	−1554.45	3453.81	2994.32−	−1842.80
M1-04	**5588.00**	**4878.91**	3621.74	3283.43−	−1595.49	3465.20	2997.02−	−1881.90
M1-05	**5056.77**	**4581.85**	3288.67	2872.71−	−1709.14	3178.37	2567.20−	−2014.64
M2-01	**4687.26**	**3951.72**	3070.38	2797.68−	−1154.04	2961.83	2564.09−	−1387.63
M2-02	**5258.14**	**4618.38**	3734.72	3049.82−	−1568.56	3144.70	2697.72−	−1920.66
M2-03	**5050.38**	**4549.86**	3566.91	3252.55−	−1297.31	3838.59	2897.75−	−1652.11
M2-04	**4721.65**	**4088.71**	3259.22	2970.18−	−1118.53	3133.65	2710.57−	−1378.14
M2-05	**5838.99**	**5140.00**	4478.96	3799.23−	−1340.77	3841.38	3403.01−	−1736.99
L1-01	**6908.66**	**5956.41**	4743.64	4440.56−	−1515.84	4541.09	4045.26−	−1911.15
L1-02	**6228.59**	**5527.88**	4402.62	3990.25−	−1537.63	4376.85	3678.55−	−1849.33
L1-03	**6119.19**	**5358.68**	4348.05	3860.49−	−1498.19	4174.81	3519.21−	−1839.47
L1-04	**7130.37**	**6472.36**	4867.44	4409.91−	−2062.45	4766.12	3994.25−	−2478.11
L1-05	**7128.11**	**6204.46**	4917.90	4358.28−	−1846.18	4458.96	3935.27−	−2269.20
L2-01	**7031.39**	**6112.89**	5078.20	4690.15−	−1422.74	4591.21	4130.03−	−1982.86
L2-02	**8057.73**	**6943.62**	5450.15	4597.26−	−2346.36	5172.41	4108.36−	−2835.25
L2-03	**6478.79**	**5700.51**	5179.54	4618.29−	−1082.22	4954.73	4274.85−	−1425.66
L2-04	**6890.34**	**5694.85**	4860.53	4335.04−	−1359.81	4497.66	3947.37−	−1747.47
L2-05	**6693.77**	**5840.67**	4956.86	4284.98−	−1555.69	4463.34	3885.63−	−1955.04

注：表中加粗数据表示为该统计指标最优值；WR 表示在 $p^* = 0.05$ 的水平下，实验对比算法优于、劣于或等于提出的 PALEA 算法，分别用符号“+”“−”“=”表示。

4）算法收敛性分析

本部分比较了 PALEA、DPEA、PDCEA、ALNS-T+HI 和 NS+HI 算法的

收敛性表现，结果如图 5.9 所示。

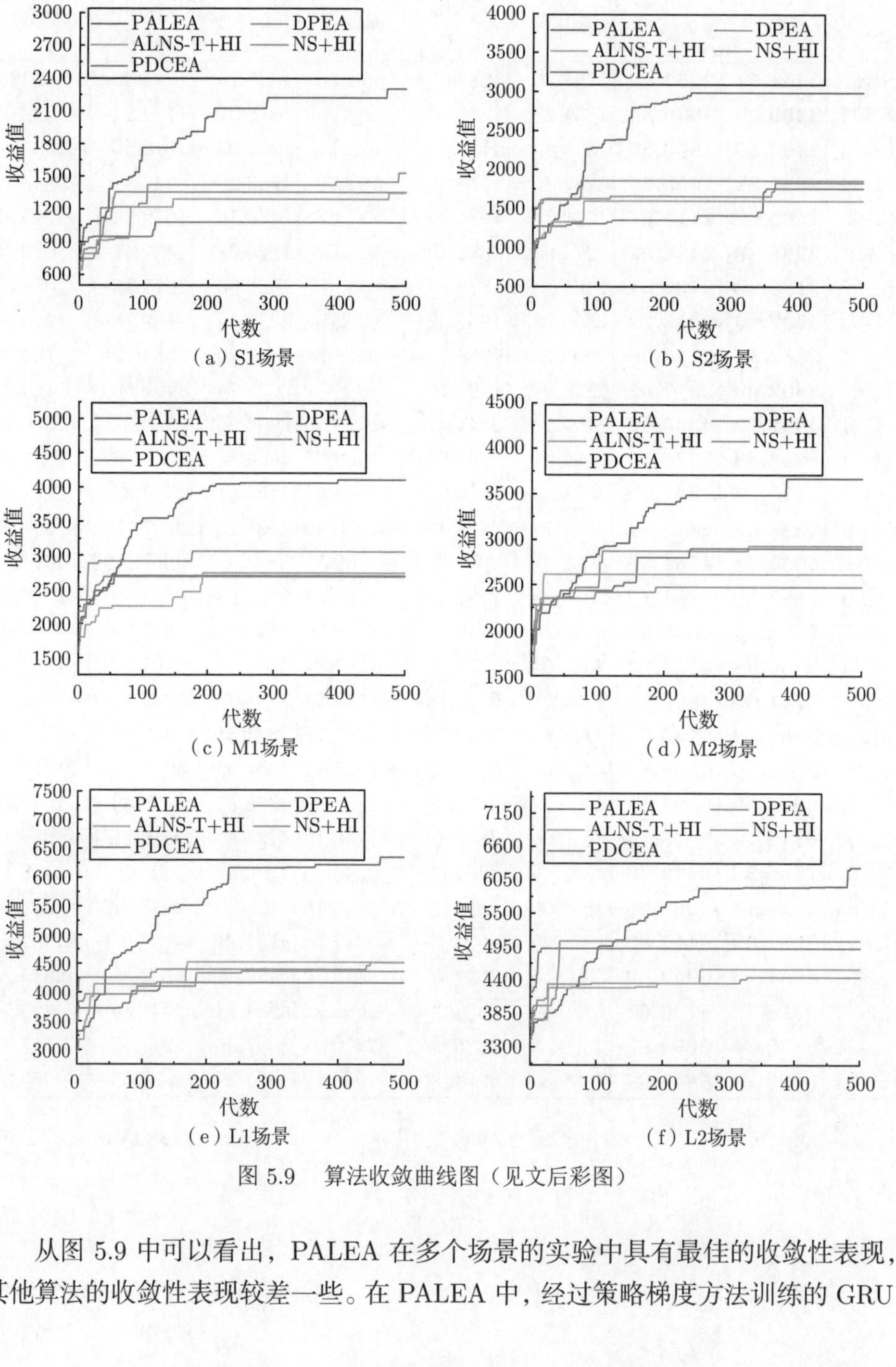

图 5.9　算法收敛曲线图（见文后彩图）

从图 5.9 中可以看出，PALEA 在多个场景的实验中具有最佳的收敛性表现，其他算法的收敛性表现较差一些。在 PALEA 中，经过策略梯度方法训练的 GRU

模型可以根据种群进化表现做到控制参数的快速调整，进而影响算法所采用的搜索模式，实现种群探索与开发搜索模式的合理结合。在搜索的初始阶段，PALEA 以整个解空间的探索为主，而随着种群不断进化搜索算法更加关注对局部解空间的开发。相比于 PALEA，其他算法中所使用的改进策略虽然也可以加快算法的搜索速度，但是策略所达到的效果有限。

3. 任务平均间隔时间分析

对同一个探测目标的两次任务间隔时间长短可以在很大程度上影响探测误差，进而影响探测收益。本部分对 PALEA、使用参数控制策略的进化算法、搜索算法在不同实验场景下的任务平均间隔时间进行统计。任务平均间隔时间可以采用式 (5.49) 计算得到相应的值。不同算法规划所得到的任务平均间隔时间结果如表 5.7 所示。

$$\text{任务平均间隔时间} = \frac{\sum \text{目标探测间隔时间}}{\text{成功探测目标数量}} \tag{5.49}$$

表 5.7 任务平均间隔时间算法对比结果

场景编号	PALEA	DPEA	PDCEA	ALNS-T+HI	NS+HI
S3-01	**99.19**	133.34	136.63	132.49	151.10
S3-02	**87.64**	143.67	132.14	125.71	142.63
S3-03	**111.18**	156.03	144.84	149.89	169.23
S3-04	**133.52**	167.13	156.39	155.22	177.67
S3-05	**111.81**	151.59	145.37	141.19	164.74
S4-01	**247.83**	318.28	303.58	294.47	335.52
S4-02	inf	inf	inf	inf	inf
S4-03	**264.59**	346.15	333.09	324.52	367.20
S4-04	**199.15**	287.75	272.28	275.08	304.77
S4-05	**287.18**	362.69	353.85	347.80	384.23
M3-01	**448.90**	574.46	566.64	561.88	588.36
M3-02	**495.95**	640.29	605.35	615.98	671.24
M3-03	**466.43**	583.72	567.30	571.27	630.62
M3-04	**466.67**	623.30	618.29	609.83	677.20
M3-05	**413.07**	575.22	541.87	542.56	600.44
M4-01	inf	inf	inf	inf	inf
M4-02	**532.42**	662.53	647.57	639.14	732.56
M4-03	**491.21**	680.11	672.27	650.88	719.95
M4-04	**572.11**	733.16	696.60	706.72	782.02

续表

场景编号	PALEA	DPEA	PDCEA	ALNS-T+HI	NS+HI
M4-05	**593.54**	874.07	788.70	785.78	inf
L3-01	**827.94**	1056.99	1004.20	1022.77	1084.64
L3-02	**701.56**	919.98	885.74	885.18	962.94
L3-03	**784.19**	999.72	957.25	949.82	1039.74
L3-04	**796.65**	1009.27	971.38	976.43	1035.06
L3-05	**743.31**	963.12	942.69	949.11	995.22
L4-01	**980.70**	1132.60	1091.78	1123.74	1176.82
L4-02	**953.53**	1159.89	1154.97	1118.39	1234.10
L4-03	**948.28**	1148.55	1109.97	1114.00	1206.88
L4-04	**903.64**	1180.48	1166.73	1135.30	1230.02
L4-05	**847.81**	1068.39	1034.55	1049.92	1135.58

注：加粗数据表示最优值；inf 值表示算法未能找到满足要求的任务执行方案。

从表 5.7 中可以看出，PALEA 通过对探测任务的规划可以缩短同一个目标两次探测活动之间的间隔时间。间隔时间短可以减小由于目标高速移动所产生的累积误差，提升目标探测精确程度。相比于 PALEA，其他的算法在控制探测间隔时间方面还存在一定的差距。算法之间产生明显差距的原因是 PALEA 算法在使用深度强化学习方法时会在搜索过程中及时调整策略，在全局搜索的同时也会考虑在一定搜索范围内寻找局部最优解。而其他对比算法则很容易由于问题复杂影响算法的搜索效率和效果。

4. 算法改进策略分析

本部分实验检验了使用精英个体保留策略对算法求解表现是否具有提升作用。其中，不使用精英个体保留策略的 PALEA 简写为 PALEA-WES。算法是否使用改进策略的对比实验结果如图 5.10 所示。

从图 5.10 中可以看出，在 PALEA 中使用精英个体保留策略可以让算法更容易找到更高质量的解，除个别场景外使用精英个体保留策略的 PALEA 均可以找到具有更高收益值的探测任务执行方案。保留精英个体可以加快算法的探索表现，精英个体具有更高的被选中进行交叉和变异的可能性，更容易找到适应度函数值更高的解。并且当精英个体未能找到更优质解时，算法会将精英个体返回到搜索之前的状态，保证在精英个体上的进化过程一直是有效的。而 PALEA 在不使用精英个体保留策略后可能产生一定次数的无效搜索。而在算法总搜索次数一定的情况下，无效搜索很容易导致算法搜索结果不理想。

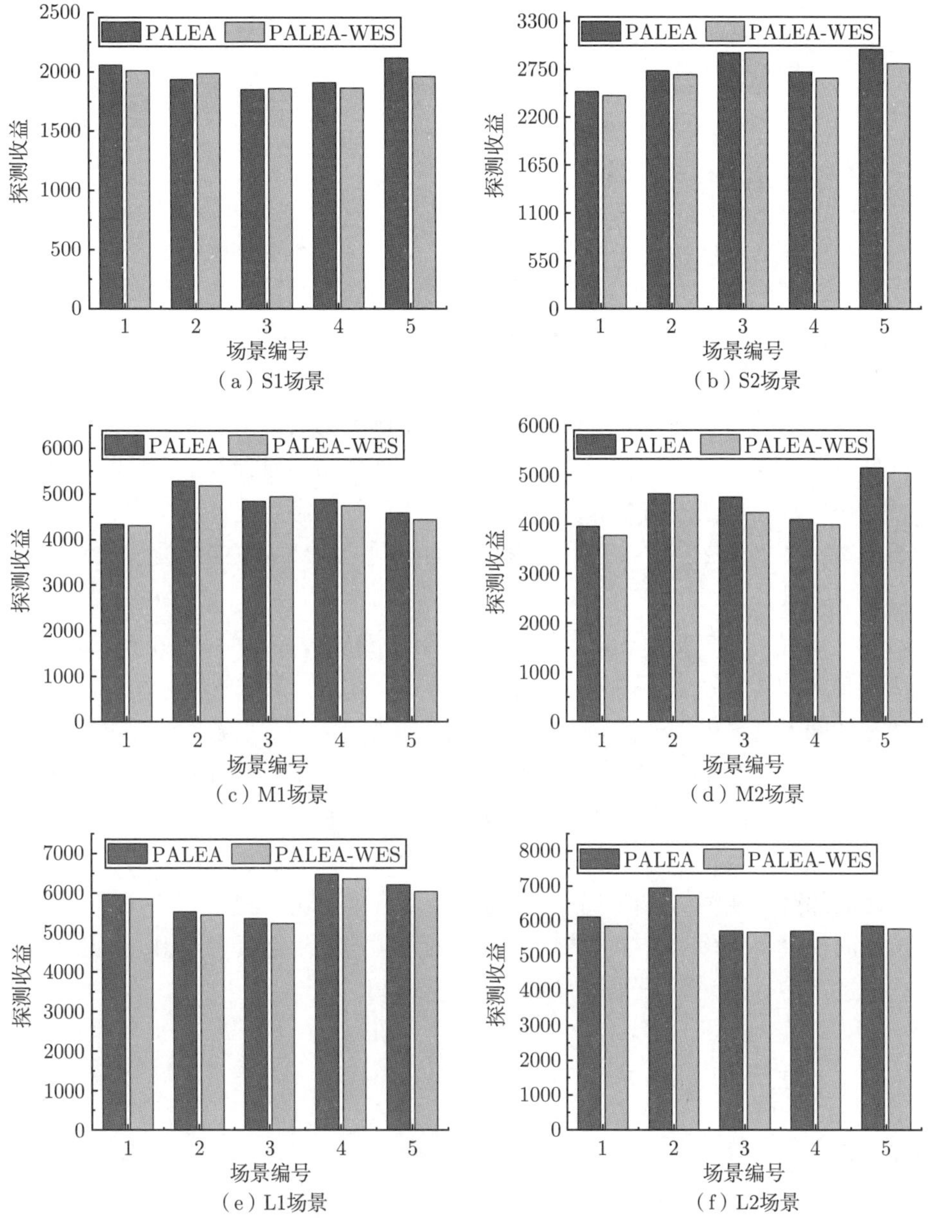

图 5.10 精英个体保留策略对探测收益影响结果图

综合以上实验结果可以看出，本章提出的 PALEA 可以解决高速移动目标协同探测任务规划问题。PALEA 中使用的深度强化学习方法、自适应交叉方法和精英个体保留策略可以有效提升得到解的质量。PALEA 在求解时还可以有效缩短同一个目标两次探测之间的间隔时间，尽可能降低卫星探测受到误差的影响。此外，本章提出的算法可以高效求解具有大量目标的卫星探测场景，满足实际应用中对高速移动目标探测规划的需要，具有广阔的应用前景。

5.5 本章小结

本章针对高速移动目标的协同规划问题构建了任务规划模型，并提出了一种基于参数自适应学习的进化算法。算法使用深度强化学习方法为种群进化提供合适的控制参数，动态调整算法搜索策略。大量的仿真实验验证了算法的求解效果。本章具体研究内容包括：

（1）在对高速移动目标过程描述分析的基础上构建面向高速移动目标探测的协同任务规划模型。任务规划模型以实现对目标探测同时提升探测精度为优化目标，并考虑了探测误差的影响，对任务优先级进行动态调整。模型中还结合探测的要求对一个目标探测次数进行更为有效的限制，缩减了算法的搜索范围，有利于算法规划求解。

（2）提出了一种基于参数自适应学习的进化算法。该算法采用深度强化学习方法控制交叉和变异概率，采用 GRU 模型基于在线信息预测得到种群进化的控制参数。同时，提出了一种基于策略梯度的训练方法用于更新 GRU 网络模型参数。PALEA 中还设计了启发式初始化方法、自适应交叉、精英策略和邻域搜索方法等一系列改进策略以提升算法搜寻高质量解的能力。

（3）设计了大量的仿真实验检验所提出模型及算法求解高速移动目标协同规划问题的效果。通过与其他对比算法规划结果进行比较，验证了 PALEA 算法在求解不同规模高速移动目标的协同任务规划问题的效果上更为理想，并检验了算法中改进策略对提升算法搜索表现的有效性。

第6章

总结与展望

6.1 研究工作总结

大量的电磁探测卫星发射升空推动了我国卫星探测事业的蓬勃发展。而在卫星探测的实际应用过程中，需要解决的规划问题往往伴随着复杂的约束条件、种类繁多的需求、有限的资源等诸多客观条件限制，这使得任务规划必须面对许多可知和未知的难题。加之大量的探测任务需求与复杂的电磁环境影响，给任务规划提出了必须充分响应需求与高效准确探测的更高要求。多种类型卫星资源相互配合可以发挥载荷各自的特性，同时提供多种类型数据以提升任务的完成效果。为充分发挥不同类型探测卫星各自的优势，应对用户复杂需求带来的挑战，推动卫星管控朝着精细化、智能化方向发展，本书以低轨电磁探测卫星协同任务规划为背景，围绕三类目标的协同探测任务规划模型与求解算法展开深入研究，设计了相应的协同规划模型与学习型进化算法。主要工作和结论包括以下四点：

1）构建了低轨电磁探测卫星协同任务规划基础模型，建立了学习型进化算法框架

在低轨电磁探测协同规划研究过程中，首先从卫星资源、探测任务等角度分析了问题特点，并梳理出问题的难点，介绍了业务处理流程。其次，基于对各类问题场景下的共性特征构建了协同探测任务规划基础模型，模型采用混合整数规划模型形式，清晰而直观地表示一般问题场景下所涉及的优化目标、变量、约束等内容，为构建针对具体问题的协同规划模型提供了依据。再次为了科学地评价协同探测的表现，采用了一种统一化探测收益描述方法，同时，还考虑姿态机动、电量消耗、固存消耗等因素，分析规划问题的上界，边界分析可以让规划模型构建更为精准、求解更为高效。最后依照任务规划基础模型的构建思路，考虑规划算法对不同问题场景的适用性和求解高效性，建立了学习型进化算法框架，算法框架中使用深度强化学习方法根据环境与搜索获得的信息为进化算法生成解或提供决策。算法框架中学习方法的使用让进化算法搜索能够更加高效，提升了算法的求解表现。解决具体问题的模型和算法可以在任务规划基础模型和算法框架的基础上根据问题特点进一步扩展获得，提出的任务规划基础模型和算法框架为解决三类目标协同探测任务规划问题提供了理论支撑。

2）构建了静止目标协同探测任务规划模型，提出了一种基于自适应选择的进化算法

对静止目标探测是低轨电磁探测卫星能够完成的一类典型任务，首先针对静止目标协同探测任务规划问题，基于任务规划基础模型构建了静止目标协同探测任务规划模型，设计了考虑区域探测基本与额外收益的目标函数，补充了与每一个区域任务执行次数相关的约束条件。其次，针对这一规划问题，提出了一种基于自适应选择的进化算法。该算法搜索的算子选择过程由深度强化学习方法完成。再次，为了实现确定合适的搜索算子，设计了相应的 MDP 过程、DQN 决策方法以及网络模型的训练方法。算法使用了个体淘汰策略实现种群内个体构成的及时调整，当种群搜索表现不理想时，适应度函数值最低的个体会被以随机生成方式生成的新个体替换掉。然后，为了将进化算法中的个体解码为探测任务执行方案，提出了一种探测任务时间窗选择方法，时间窗选择算法可以快速调整任务执行时刻以满足约束条件要求。最后，分别对算法的整体表现、算法策略设计、算法对问题参数敏感程度、算法解决实际问题能力等多方面以仿真实验的方式进行检验。通过仿真实验结果可以看出，基于自适应选择的进化算法可以有效处理静止目标重复探测需求，该算法所采用的改进策略可以有效提升搜索表现。

3）构建了低速移动目标协同探测任务规划模型，提出了一种混合型学习进化算法

低速移动目标因其运动具有不确定性而存在一定的探测难度。首先，对低速移动目标运动特点分析并进行预测，基于任务规划基础模型构建了低速移动目标协同探测任务规划模型，设计了最大化任务收益的目标函数，补充了任务之间接续关系的约束条件。其次，为了求解这一规划问题，提出了一种混合型学习进化算法。该算法使用深度强化学习方法生成解，通过 DDQN 模型根据由评估指标构成的状态选择合适的任务。再次，为了实现高效率搜索，采用了一种基于聚类的交叉和变异方法，根据任务分类的结果选择合适的任务进行相应的个体进化操作。混合型学习进化算法采用种群扰动策略增加种群内个体的多样性，防止搜索陷入局部最优。最后，通过仿真实验对算法的改进策略进行验证，证明了使用混合型学习进化算法可以获得高质量的低速移动目标探测方案。

4）构建了高速移动目标协同探测任务规划模型，提出了一种基于参数自适应学习的进化算法

高速移动目标运动速度快，容易产生探测误差累积的情况。首先，在规划问题中考虑到这一因素对任务收益的影响，通过增加探测次数的方式降低误差增长的速度。其次，根据问题特征，基于任务规划基础模型构建了高速移动目标协同探测规划模型，设计了考虑误差影响的目标函数，补充了目标探测次数与间隔的约束条件。再次，为了得到科学合理的探测方案，提出了一种基于参数自适应学习的进化算法。该算法使用深度强化学习方法实现对进化算法种群搜索参数自适应控制，通过 GRU 模型预测交叉和变异概率。算法中使用了启发式种群初始化方法、自适应交叉方法、基于贪婪思想的邻域搜索方法以提升算法搜索表现。启发式初始化方法对初始种群中个体内一部分染色体通过启发式规则方式构造，而另一部分采用随机的方式得到。自适应交叉方法让算法根据算子表现尽可能选择有利于改进种群表现的交叉算子。最后，通过仿真实验检测所提出的算法的性能。从仿真实验结果可知，提出的基于参数自适应学习的进化算法规划表现要优于两种具有参数控制策略的对比算法。算法得到的任务方案可以明显缩短两次任务探测时间的间隔，降低探测误差，做到资源的充分利用。

6.2 工作展望

本书研究了低轨电磁探测卫星协同任务规划问题，构建了低轨电磁探测卫星协同任务规划基础模型，建立了学习型进化算法框架，针对三个具体协同规划问题在基础模型和算法框架的基础上分别构建了协同规划模型并提出了相应的学习型进化算法，同时通过实验检验了求解算法的有效性，取得了一定的研究成果。但是，一方面所研究的协同任务规划问题建立在一系列模型假设的基础之上，这些假设条件可能存在考虑因素有限的情况；另一方面学习型进化算法目前也正处于不断发展的阶段，算法框架、策略、机制等方面还有待于进一步深入研究。基于目前所研究得到的成果与结论，未来将继续在以下几个方面进一步开展相关的研究工作：

1）协同探测任务规划的算法机制升级

本书提出的算法所做的主要改进在于搜索策略方面，主要关注算法搜索效率和搜索表现的提升。而算法设计和改进的另外一种形式即优化速度有待于进一步深入研究。并行计算是可以有效加快算法运行速度的一种优化方法，且与进化算法中的种群设置具有很好的对应关系。引入并行计算需要相应的设计个体之间信息通信机制，保证种群整体搜索策略的有效性。另外，采用多个种群并通过较少的迭代次数实现种群搜索的进化机制也值得深入研究。这样的进化机制可以很好地适用于一些算法搜索时间受限的场景。

2）应用过程中的在线数据训练

本书提出的学习型进化算法中神经网络模型均采用离线训练的方式优化模型参数配置。这样的模型训练方式在实际工程项目应用中可以做进一步改进。在实际工程项目中，使用规划算法生成方案的频率基本为一天一次，甚至有时一天多次。这意味着会不断有与模型训练所采用的数据不同的新数据产生。这些数据同样可以用于算法模型的训练。想要做到模型在线训练需要设计训练触发机制，模型更新上线策略，并考虑采用联邦学习等分布式学习方法在保证模型安全的情况下实现智能协作。

3）综合考虑协同规划问题的其他因素影响

本书对协同规划问题的研究与分析是对于卫星规划常规情况而言的。而在实际应用过程中可能面临着更为复杂的情况，如卫星故障、任务临时到达、任务参数调整等。这些突发情况会对卫星的正常运行和任务完成造成不同程度的影响，如果不能找到合理的任务执行方案很容易导致用户需求无法满足。因此，在后续研究中可以将更多的因素考虑到模型设计环节，并通过相应的算法设计实现对各类复杂情况的有效应对。

4）算法模块化、标准化

将算法模块化和标准化处理一方面有利于算法进一步扩展和改进，另一方面也便于算法在实际工程项目中的应用。模块化构建的算法可以在原始版本的算法基础上调用和重写，保证算法新版本与原始版本之间的延续性，也为算法测试与上线提供服务降低难度。基于相同框架的算法可以使用协同开发的方式完成复杂项目构建，并可以做到算法之间互为备份，有效提升规划系统的稳定性和可靠性程度。当一个算法服务无法使用时，可以快速切换到其他的算法服务，确保规划业务不会受到影响。

参考文献

[1] LI J Q, LI C Y, WANG F. Automatic scheduling for earth observation satellite with temporal specifications [J]. IEEE Transactions on Aerospace and Electronic Systems, 2020, 56 (4): 3162–3169.

[2] KIM H, CHANG Y K. Mission scheduling optimization of SAR satellite constellation for minimizing system response time [J]. Aerospace Science and Technology, 2015, 40: 17–32.

[3] WANG X, WU J, SHI Z, et al. Deep reinforcement learning-based autonomous mission planning method for high and low orbit multiple agile earth observing satellites [J]. Advances in Space Research, 2022.

[4] WANG Y, SHENG M, ZHUANG W H, et al. Multi-resource coordinate scheduling for earth observation in space information networks [J]. IEEE Journal on Selected Areas in Communications, 2018, 36 (2): 268–279.

[5] YAO F, LI J T, CHEN Y N, et al. Task allocation strategies for cooperative task planning of multi-autonomous satellite constellation [J]. Advances in Space Research, 2019, 63 (2): 1073–1084.

[6] WANG X W, SONG G P, LEUS R, et al. Robust earth observation satellite scheduling with uncertainty of cloud coverage [J]. IEEE Transactions on Aerospace and Electronic Systems, 2019, 56 (3): 2450–2461.

[7] WANG X W, WU G H, XING L N, et al. Agile earth observation satellite scheduling over 20 years: formulations, methods, and future directions [J]. IEEE Systems Journal, 2020, 15 (3): 3881–3892.

[8] LIU X L, LAPORTE G, CHEN Y W, et al. An adaptive large neighborhood search metaheuristic for agile satellite scheduling with time-dependent transition time [J]. Computers & Operations Research, 2017, 86: 41–53.

[9] 徐欢，祝江汉，王慧林. 基于模拟退火算法的电子侦察卫星任务规划问题研究 [J]. 装备指挥技术学院学报, 2010，21 (3)：62–66.

[10] 王迪，祝江汉，薛波. 基于 GA 的电子侦察卫星任务规划问题研究 [J]. 计算机仿真, 2009 (8)：53–56.

[11] 陈浩，李军，景宁，等. 电磁探测卫星星上自主规划模型及优化算法 [J]. 航空学报, 2010 (5)：1045–1053.

[12] KLOTZ E, NEWMAN A M. Practical guidelines for solving difficult mixed integer linear programs [J]. Surveys in Operations Research and Management Science, 2013,

18 (1/2): 18–32.

[13] 王慧林，黄小军，马满好，等. 电子侦察卫星任务调度方法 [J]. 系统工程与电子技术, 2010，32 (8)：1695–1699.

[14] 黄小军，张利宁，邱涤珊，等. 电子侦察卫星动态调度问题的快速启发式算法 [J]. 小型微型计算机系统, 2010 (11)：2246–2250.

[15] QU Q Y, LIU K X, LI X J, et al. Satellite observation and data-transmission scheduling using imitation learning based on mixed integer linear programming [J]. IEEE Transactions on Aerospace and Electronic Systems, 2022, 59 (2): 1989–2001.

[16] 张冰. 面向多源信息协同探测的成像卫星任务规划及覆盖性能分析技术研究 [D]. 长沙: 国防科学技术大学, 2014.

[17] 宋彦杰，宋冰玉，邢立宁，等. 面向星地协同观测规划问题的改进人工蜂群算法 [J]. 控制与决策, 2022，37 (3)：555–564.

[18] LUO K P, WANG H H, LI Y J, et al. High-performance technique for satellite range scheduling [J]. Computers & Operations Research, 2017, 85: 12–21.

[19] FISHER M L. The lagrangian relaxation method for solving integer programming problems [J]. Management science, 2004, 50: 1861–1871.

[20] HOMAIFAR A, QI C X, LAI S H. Constrained optimization via genetic algorithms [J]. Simulation, 1994, 62 (4): 242–253.

[21] LIU Q H, LI X Y, GAO L, et al. A modified genetic algorithm with new encoding and decoding methods for integrated process planning and scheduling problem [J]. IEEE Transactions on Cybernetics, 2020, 51 (9): 4429–4438.

[22] FAN Y, SHEN J, XU K. A general model and thresholds for random constraint satisfaction problems [J]. Artificial Intelligence, 2012, 193: 1–17.

[23] 孙小兵. 电磁信号采集卫星任务规划模型求解与系统实现 [D]. 长沙: 国防科学技术大学, 2009.

[24] 刘浩. 多载荷电磁探测卫星协同任务规划方法研究 [D]. 长沙: 国防科学技术大学, 2012.

[25] HARRISON S, PRICE M, PHILPOTT M. Task scheduling for satellite based imagery [C]//Proceedings of the Eighteenth Workshop of the UK Planning and Scheduling Special Interest Group. UK, December 15-16 1999: 64–78.

[26] 祝江汉，黄维，李建军，等. 面向新任务插入的电子侦察卫星任务规划方法 [J]. 火力与指挥控制, 2011，36 (7)：174–177.

[27] 邱涤珊，王慧林，祝江汉，等. 面向区域普查的电子侦察卫星任务调度 [J]. 小型微型计算机系统, 2011，32 (2)：379–384.

[28] 李长春，祝江汉. 面向移动目标连续侦察的电子侦察卫星任务规划方法研究 [J]. 装备指挥技术学院学报, 2011，22 (1)：67–72.

[29] 李耀东，张静，江建军. 多区域多维覆盖联合优化卫星任务规划 [J]. 太赫兹科学与电子信息学报, 2019，17 (1)：40–45.

[30] SILVA M A L, DE Souza S R, SOUZA M J F, et al. A reinforcement learning-based

multi-agent framework applied for solving routing and scheduling problems [J]. Expert Systems with Applications, 2019, 131: 148–171.

[31] 徐瑞，徐晓飞，崔平远．基于时间约束网络的动态规划调度算法 [J]．计算机集成制造系统, 2004，10 (2)：188–194.

[32] BERGER J, LO N, BARKAOUI M. QUEST–a new quadratic decision model for the multi-satellite scheduling problem [J]. Computers & Operations Research, 2020, 115: 104822.

[33] 郭玉华，李军，赵珂，等．多星联合任务规划中的启发式求解方法研究 [J]．宇航学报, 2009，30 (2)：652–658.

[34] 王慧林，黄维，马满好，等．面向区域的电子侦察卫星规划系统设计与实现 [J]．计算机工程与应用, 2010，46 (27)：209–213.

[35] HALL N G, MAGAZINE M J. Maximizing the value of a space mission [J]. European Journal of Operational Research, 1994, 78 (2): 224–241.

[36] 李菊芳，谭跃进．卫星观测联合调度问题的 VRP 与 JSP 模型 [J]．系统工程, 2006，24 (6)：111–115.

[37] XIAO Y Y, ZHANG S Y, YANG P, et al. A two-stage flow-shop scheme for the multi-satellite observation and data-downlink scheduling problem considering weather uncertainties [J]. Reliability Engineering & System Safety, 2019, 188: 263–275.

[38] VAZQUEZ A J, ERWIN R S. On the tractability of satellite range scheduling [J]. Optimization Letters, 2015, 9 (2): 311–327.

[39] BARBULESCU L, HOWE A E, WATSON J P, et al. Satellite range scheduling: a comparison of genetic, heuristic and local search [C]//Parallel Problem Solving from Nature—PPSN VII: 7th International Conference Granada. Spain, September 7-11 2002: 611–620.

[40] IP A W, XHAFA F, DONG J Y, et al. An overview of optimization and resolution methods in satellite scheduling and spacecraft operation: description, modeling, and application [J]. IoT and Spacecraft Informatics, 2022: 157–217.

[41] RADHAKRISHNAN A, JEYAKUMAR G. Evolutionary algorithm for solving combinatorial optimization—a review [J]. Innovations in Computer Science and Engineering, 2021, 1: 539–545.

[42] KOLICI V, HERRERO X, XHAFA F, et al. Local search and genetic algorithms for satellite scheduling problems [C]//2013 Eighth International Conference on Broadband and Wireless Computing, Communication and Applications. France, October 28-30 2013: 328–335.

[43] SIVARAM M, BATRI K, MOHAMMED A S, et al. Data fusion using tabu crossover genetic algorithm in information retrieval [J]. Journal of Intelligent & Fuzzy Systems, 2020, 39 (4): 5407–5416.

[44] WU Q H, WANG Y, LÜ Z P. A tabu search based hybrid evolutionary algorithm for

the max-cut problem [J]. Applied Soft Computing, 2015, 34: 827–837.

[45] PAEK S W, KIM S, DE Weck O. Optimization of reconfigurable satellite constellations using simulated annealing and genetic algorithm [J]. Sensors, 2019, 19 (4): 765–793.

[46] 李龙梅. 基于偏好的进化多目标优化及其在卫星任务规划中的应用 [D]. 长沙: 国防科技大学, 2018.

[47] 杜永浩，向尚，邢立宁，等. 天临空协同对地观测任务规划模型与并行竞争模因算法 [J]. 控制与决策, 2021，36 (3)：523–533.

[48] 龙运军，李恒伟，尹谦，等. 基于多目标优化的中继卫星重调度方法 [J]. 无线电工程, 2022，52 (7)：1180–1189.

[49] 姜维，庞秀丽，郝会成. 成像卫星协同任务规划模型与算法 [J]. 系统工程与电子技术, 2013，35 (10)：2093–2101.

[50] TANGPATTANAKUL P, JOZEFOWIEZ N, LOPEZ P. A multi-objective local search heuristic for scheduling earth observations taken by an agile satellite [J]. European Journal of Operational Research, 2015, 245 (2): 542–554.

[51] LI Y Q, WANG R X, LIU Y, et al. Satellite range scheduling with the priority constraint: an improved genetic algorithm using a station ID encoding method [J]. Chinese Journal of Aeronautics, 2015, 28 (3): 789–803.

[52] 韩鹏，郭延宁，李传江，等. 基于相对成像时刻编码遗传算法的敏捷成像卫星任务规划 [J]. 宇航学报, 2021，42 (11)：1427–1438.

[53] ZHANG J W, XING L N. An improved genetic algorithm for the integrated satellite imaging and data transmission scheduling problem [J]. Computers & Operations Research, 2022, 139: 105626.

[54] SONG Y J, MA X, LI X J, et al. Learning-guided nondominated sorting genetic algorithm II for multi-objective satellite range scheduling problem [J]. Swarm and Evolutionary Computation, 2019, 49: 194–205.

[55] WEI L N, XING L N, WAN Q, et al. A multi-objective memetic approach for time-dependent agile earth observation satellite scheduling problem [J]. Computers & Industrial Engineering, 2021, 159: 107530.

[56] 王慧林，黄小军，李建军，等. 基于 MOEO 的电子侦察卫星多目标规划方法 [J]. 火力与指挥控制, 2011，36 (4)：191–194.

[57] HAN P, GUO Y N, LI C J, et al. Multiple GEO satellites on-orbit repairing mission planning using large neighborhood search-adaptive genetic algorithm [J]. Advances in Space Research, 2022, 70 (2): 286–302.

[58] LI H, ZHAO M, ZHANG C L, et al. Multi-satellite mission planning based on multi-population cooperative parallel evolutionary algorithm [C]//2021 IEEE 21st International Conference on Software Quality, Reliability and Security Companion (QRS-C). China, December 6-10 2021: 584–588.

[59] DU Y H, WANG L, XING L N, et al. Data-driven heuristic assisted memetic algorithm for efficient inter-satellite link scheduling in the BeiDou navigation satellite system [J]. IEEE/CAA Journal of Automatica Sinica, 2021, 8 (11): 1800–1816.

[60] SONG Y J, MA X, ZHANG Z S, et al. A hybrid dynamic population genetic algorithm for multi-satellite and multi-station mission planning system [C]//International Conference on Bio-Inspired Computing: Theories and Applications. China, November 2-4 2018: 444–453.

[61] SONG Y J, ZHANG Z S, SONG B Y, et al. Improved genetic algorithm with local search for satellite range scheduling system and its application in environmental monitoring [J]. Sustainable Computing: Informatics and Systems. 2019, 21: 19–27.

[62] CONFESSORE G, GENNARO M D, RICCIARDELLI S. A genetic algorithm to design satellite constellations for regional coverage [C]//Operations Research Proceedings. Germany, September 9-12 2001: 35–41.

[63] SONG Y J, XING L N, WANG M Y, et al. A knowledge-based evolutionary algorithm for relay satellite system mission scheduling problem [J]. Computers & Industrial Engineering, 2020, 150: 106830.

[64] ZHENG Z X, GUO J, GILL E. Swarm satellite mission scheduling & planning using hybrid dynamic mutation genetic algorithm [J]. Acta Astronautica. 2017, 137: 243–253.

[65] ZHENG Z X, GUO J, GILL E. Distributed onboard mission planning for multi-satellite systems [J]. Aerospace Science and Technology. 2019, 89: 111–122.

[66] LEE J, KIM H, CHUNG H, et al. Schedule optimization of imaging missions for multiple satellites and ground stations using genetic algorithm [J]. International Journal of Aeronautical and Space Sciences, 2018, 19 (1): 139–152.

[67] DU Y H, XING L N, ZHANG J W, et al. MOEA based memetic algorithms for multi-objective satellite range scheduling problem [J]. Swarm and Evolutionary Computation. 2019, 50: 100576.

[68] CHANG Z X, ZHOU Z B, XING L N, et al. Integrated scheduling problem for earth observation satellites based on three modeling frameworks: an adaptive bi-objective memetic algorithm [J]. Memetic Computing, 2021, 13 (2): 203–226.

[69] 张泽华，张加友，张嘉凯，等. 基于遗传禁忌算法的多星协同任务规划方法 [J]. 无线电工程. 2022，52 (7)：1127–1135.

[70] HEUILLET A, COUTHOUIS F, DIAZ-RODRIGUEZ N. Explainability in deep reinforcement learning [J]. Knowledge-Based Systems, 2021, 214: 106685.

[71] FRANÇOIS-LAVET V, HENDERSON P, ISLAM R, et al. An introduction to deep reinforcement learning [J]. Foundations and Trends® in Machine Learning, 2018, 11 (3/4): 219–354.

[72] VINYALS O, FORTUNATO M, JAITLY N. Pointer networks [C]//Advances in Neu-

ral Information Processing Systems. Canada, December 7-12 2015: 2692–2700.

[73] KHALIL E, DAI H J, ZHANG Y Y, et al. Learning combinatorial optimization algorithms over graphs [C]//Advances in Neural Information Processing Systems. USA, December 4-9 2017: 6351–6361.

[74] CHEN M, CHEN Y N, CHEN Y W, et al. Deep reinforcement learning for agile satellite scheduling problem [C]//2019 IEEE Symposium Series on Computational Intelligence (SSCI). China, December 6-9 2019: 126–132.

[75] ZHAO X X, WANG Z K, ZHENG G T. Two-phase neural combinatorial optimization with reinforcement learning for agile satellite scheduling [J]. Journal of Aerospace Information Systems, 2020, 17 (7): 346–357.

[76] 马一凡．基于深度强化学习的敏捷成像卫星任务规划方法 [D]．杭州：浙江大学，2021.

[77] WEI L N, CHEN Y N, CHEN M, et al. Deep reinforcement learning and parameter transfer based approach for the multi-objective agile earth observation satellite scheduling problem [J]. Applied Soft Computing, 2021, 110: 107607.

[78] LI J W, MA Y N, GAO R Z, et al. Deep reinforcement learning for solving the heterogeneous capacitated vehicle routing problem [J]. IEEE Transactions on Cybernetics, 2021, 52 (12): 13572–13585.

[79] PARK J, CHUN J, KIM S H, et al. Learning to schedule job-shop problems: representation and policy learning using graph neural network and reinforcement learning [J]. International Journal of Production Research, 2021, 59 (11): 3360–3377.

[80] 陈奇丰. 基于竞争学习策略的对地观测卫星任务规划问题研究 [D]. 杭州: 浙江大学, 2021.

[81] HE Y M, XING L N, CHEN Y W, et al. A generic Markov decision process model and reinforcement learning method for scheduling agile earth observation Satellites [J]. IEEE Transactions on Systems, Man, and Cybernetics: Systems, 2020, 52 (3): 1463–1474.

[82] HE Y M, WU G H, CHEN Y W, et al. A two-stage framework and reinforcement learning-based optimization algorithms for complex scheduling problems [J]. arXiv preprint arXiv:2103.05847. 2021.

[83] BASSO R, KULCSÁR B, SANCHEZ Diaz I, et al. Dynamic stochastic electric vehicle routing with safe reinforcement learning [J]. Transportation Research Part E: Logistics and Transportation Review, 2022, 157: 102496.

[84] LEE J H, KIM H J. Reinforcement learning for robotic flow shop scheduling with processing time variations [J]. International Journal of Production Research, 2022, 60 (7): 2346–2368.

[85] 吴迪. 基于深度强化学习的无关并行机混合流水动态调度研究 [D]. 哈尔滨: 哈尔滨理工大学, 2022.

[86] BRAMMER J, LUTZ B, NEUMANN D. Permutation flow shop scheduling with

multiple lines and demand plans using reinforcement learning [J]. European Journal of Operational Research, 2022, 299 (1): 75–86.

[87] TIAN Y, LI X P, MA H P, et al. Deep reinforcement learning based adaptive operator selection for evolutionary multi-objective optimization [J]. IEEE Transactions on Emerging Topics in Computational Intelligence, 2022, 7 (4): 1051–1064.

[88] TALBI E G. Machine learning into metaheuristics: a survey and taxonomy [J]. ACM Computing Surveys (CSUR), 2021, 54 (6): 1–32.

[89] SONG Y J, WEI L N, YANG Q, et al. RL-GA: a reinforcement learning-based genetic algorithm for electromagnetic detection satellite scheduling problem [J]. Swarm and Evolutionary Computation, 2023: 101236.

[90] ZHANG X Y, XIA S, LI X Z, et al. Multi-objective particle swarm optimization with multi-mode collaboration based on reinforcement learning for path planning of unmanned air vehicles [J]. Knowledge-Based Systems, 2022: 109075.

[91] KARIMI-MAMAGHAN M, MOHAMMADI M, PASDELOUP B, et al. Learning to select operators in meta-heuristics: an integration of Q-learning into the iterated greedy algorithm for the permutation flowshop scheduling problem [J]. European Journal of Operational Research, 2023, 304 (3): 1296–1330.

[92] ZHAO F Q, DI S L, WANG L. A hyperheuristic with Q-learning for the Multiobjective energy-efficient distributed blocking flow shop scheduling problem [J]. IEEE Transactions on Cybernetics, 2022, 53 (5): 3337–3350.

[93] ZHANG Y C, BAI R B, QU R, et al. A deep reinforcement learning based hyperheuristic for combinatorial optimisation with uncertainties [J]. European Journal of Operational Research, 2022, 300 (2): 418–427.

[94] DU Y, LI J Q, CHEN X L, et al. Knowledge-based reinforcement learning and estimation of distribution algorithm for flexible job shop scheduling problem [J]. IEEE Transactions on Emerging Topics in Computational Intelligence, 2022, 7 (4): 1036–1050.

[95] LIU W, WANG R, ZHANG T, et al. Hybridization of evolutionary algorithm and deep reinforcement learning for multi-objective orienteering optimization [J]. IEEE Transactions on Evolutionary Computation, 2022, 27 (5): 1260–1274.

[96] KARIMI-MAMAGHAN M, MOHAMMADI M, MEYER P, et al. Machine learning at the service of meta-heuristics for solving combinatorial optimization problems: A State-of-the-art [J]. European Journal of Operational Research. 2022, 296 (2): 393–422.

[97] HERRMANN A P, SCHAUB H. Monte carlo tree search methods for the earth-observing satellite scheduling problem [J]. Journal of Aerospace Information Systems. 2022, 19 (1): 70–82.

[98] VALICKA C G, GARCIA D, STAID A, et al. Mixed-integer programming models for

optimal constellation scheduling given cloud cover uncertainty [J]. European Journal of Operational Research, 2019, 275 (2): 431–445.

[99] SHE Y C, LI S, ZHAO Y B. Onboard mission planning for agile satellite using modified mixed-integer linear programming [J]. Aerospace Science and technology, 2018, 72: 204–216.

[100] CHEN X Y, REINELT G, DAI G M, et al. A mixed integer linear programming model for multi-satellite scheduling [J]. European Journal of Operational Research, 2019, 275 (2): 694–707.

[101] LI Z L, LI X J. A multi-objective binary-encoding differential evolution algorithm for proactive scheduling of agile earth observation satellites [J]. Advances in Space Research, 2019, 63 (10): 3258–3269.

[102] CUI K K, XIANG J H, ZHANG Y L. Mission planning optimization of video satellite for ground multi-object staring imaging [J]. Advances in Space Research, 2018, 61 (6): 1476–1489.

[103] 王慧林，伍国华，马满好. 多类异构对地观测平台协同任务规划方法 [J]. 航空学报, 2016, 37 (3)：997–1014.

[104] WU G H, LUO Q Z, DU X, et al. Ensemble of meta-heuristic and exact algorithm based on the divide and conquer framework for multi-satellite observation scheduling [J]. IEEE Transactions on Aerospace and Electronic Systems, 2022, 58 (5): 4396–4408.

[105] YANG W Y, HE L, LIU X L, et al. Onboard coordination and scheduling of multiple autonomous satellites in an uncertain environment [J]. Advances in Space Research. 2021, 68 (11): 4505–4524.

[106] 陈浩，景宁，李军，等. 基于外包合同网的自治电磁探测卫星群任务规划 [J]. 宇航学报. 2009 (6)：2285–2291.

[107] LIN Z H. Mission planning for electromagnetism environment monitors satellite based on genetic algorithm [C]//2015 IEEE International Conference on Mechatronics and Automation (ICMA). China, August 2-5 2015: 1253–1257.

[108] 张新，仵倩玉，程博，等. 顾及任务适宜度的时空谱多星协同观测方法研究 [J]. 传感技术学报, 2019，1：71–76.

[109] KIM H R, CHANG Y K. Optimal mission scheduling for hybrid synthetic aperture radar satellite constellation based on weighting factors [J]. Aerospace Science and Technology, 2020, 107: 106287.

[110] PANG C K, KUMAR A, GOH C H, et al. Nano-satellite swarm for SAR applications: design and robust scheduling [J]. IEEE Transactions on Aerospace and Electronic Systems, 2015, 51 (2): 853–865.

[111] XU Y J, LIU X L, HE R J, et al. Multi-satellite scheduling framework and algorithm for very large area observation [J]. Acta Astronautica, 2020, 167: 93–107.

[112] EDDY D. Task planning for earth observing satellite systems [M]. USA: Stanford University, 2021.

[113] GAO K Z, CAO Z G, ZHANG L, et al. A review on swarm intelligence and evolutionary algorithms for solving flexible job shop scheduling problems [J]. IEEE/CAA Journal of Automatica Sinica, 2019, 6 (4): 904–916.

[114] ZOU W Q, PAN Q K, WANG L. An effective multi-objective evolutionary algorithm for solving the AGV scheduling problem with pickup and delivery [J]. Knowledge-Based Systems, 2021, 218: 106881.

[115] SILVER D, SINGH S, PRECUP D, et al. reward is enough [J]. Artificial Intelligence, 2021, 299: 103535.

[116] MILLER D W, AHSUN U, RAMIREZ-RIBEROS J L. Control of electromagnetic satellite formations in near-earth orbits [J]. Journal of Guidance, Control, and Dynamics, 2010, 33 (6): 1883–1891.

[117] SHAO W S, SHAO Z S, PI D. Multi-objective evolutionary algorithm based on multiple neighborhoods local search for multi-objective distributed hybrid flow shop scheduling problem [J]. Expert Systems with Applications, 2021, 183: 115453.

[118] SALMAN A A, AHMAD I, OMRAN M G. A metaheuristic algorithm to solve satellite broadcast scheduling problem [J]. Information Sciences, 2015, 322: 72–91.

[119] MNIH V, KAVUKCUOGLU K, SILVER D, et al. Human-level control through deep reinforcement learning [J]. Nature, 2015, 518 (7540): 529–533.

[120] DEB K, ANAND A, JOSHI D. A computationally efficient evolutionary algorithm for real-parameter optimization [J]. Evolutionary Computation, 2002, 10 (4): 371–395.

[121] OLIVETO P S, YAO X. Runtime analysis of evolutionary algorithms for discrete optimization [M]. Singapore: World Scientific, 2011.

[122] CHEN M, WEN J, SONG Y J, et al. A population perturbation and elimination strategy based genetic algorithm for multi-satellite TT&C scheduling problem [J]. Swarm and Evolutionary Computation, 2021, 65: 100912.

[123] SONG Y J, WEI L N, XING L N, et al. Solving satellite range scheduling problem with learning-based artificial bee colony algorithm [C]//International Conference on Bio-Inspired Computing: Theories and Applications. China, December 17-19 2021: 43–57.

[124] HOLLANDER M, WOLFE D A, CHICKEN E. Nonparametric statistical methods [M]. USA: John Wiley & Sons, 2013.

[125] 温新, 顾玥. 基于数据驱动的移动目标卫星任务规划 [J]. 飞控与探测, 2021, 4 (3): 15–22.

[126] 梁星星，修保新，范长俊，等. 面向海上移动目标的空天协同连续观测模型 [J]. 系统工程理论与实践, 2018，38 (1)：229–240.

[127] 慈元卓，贺仁杰，徐一帆，等. 卫星搜索移动目标问题中的目标运动预测方法研究 [J]. 控制与决策, 2009 (7)：1007–1012.

[128] SHI Z, ZHAO F Y, WANG X, et al. Moving target trajectory prediction based on dropout-LSTM and bayesian inference for long-time multi-satellite observation [J]. International Journal of Remote Sensing, 2021, 42 (22): 8572–8596.

[129] 肖亚伦. 航空航天器运动的建模——飞行动力学的理论基础 [M]. 北京: 北京航空航天大学出版社, 2003.

[130] HAUGEN J, IMSLAND L. Monitoring moving objects using aerial mobile sensors [J]. IEEE Transactions on Control Systems Technology, 2015, 24 (2): 475–486.

[131] WANG Z Y, SCHAUL T, HESSEL M, et al. Dueling network architectures for deep reinforcement learning [C]//International Conference on Machine Learning. USA, June 19-24 2016: 1995–2003.

[132] LIKAS A, VLASSIS N, VERBEEK J J. The global K-means clustering algorithm [J]. Pattern Recognition. 2003, 36 (2): 451–461.

[133] STEINLEY D. K-means clustering: a half-century synthesis [J]. British Journal of Mathematical and Statistical Psychology, 2006, 59 (1): 1–34.

[134] AARTS E, AARTS E H, LENSTRA J K. Local search in combinatorial optimization [M]. Boston: Princeton University Press, 2003.

[135] MAHMUD S, CHAKRABORTTY R K, ABBASI A, et al. Switching strategy-based hybrid evolutionary algorithms for job shop scheduling problems [J]. Journal of Intelligent Manufacturing, 2022, 33 (7): 1939–1966.

[136] ZHANG H Z, LIU F, ZHOU Y Y, et al. A hybrid method integrating an elite genetic algorithm with tabu search for the quadratic assignment problem [J]. Information Sciences, 2020, 539: 347–374.

[137] HE L, Weerdt M, YORKE N, Smith. Tabu-based large neighbourhood search for time/sequence-dependent scheduling problems with time windows [C]//International Conference on Automated Planning and Scheduling. USA, July 11-15 2019: 45–52.

[138] HANSEN P, MLADENOVIĆ N, TODOSIJEVIĆ R, et al. Variable neighborhood search: basics and variants [J]. EURO Journal on Computational Optimization, 2017, 5 (3): 423–454.

[139] SHI Z, ZHAO F Y, WANG X, et al. Satellite attitude tracking control of moving targets combining deep reinforcement learning and predefined-time stability considering energy optimization [J]. Advances in Space Research, 2022, 69 (5): 2182–2196.

[140] 柏如龙，施健康，霍立寰，等. 基于遗传算法的卫星干扰源定位构型优化方法 [J]. 无线电通信技术. 2022，48 (3)：527–533.

[141] CHO K, VAN Merriënboer B, BAHDANAU D, et al. On the properties of neural machine translation: encoder–decoder approaches [C]//Proceedings of SSST-8, Eighth Workshop on Syntax, Semantics and Structure in Statistical Translation. Qatar, 2014: 103–111.

[142] CHUNG J Y, GULCEHRE C, CHO K, et al. Empirical evaluation of gated recurrent

neural networks on sequence modeling [C]//NIPS 2014 Workshop on Deep Learning, December 2014. Canada, 2014: 1–9.

[143] HOCHREITER S, SCHMIDHUBER J. Long short-term memory [J]. Neural Computation, 1997, 9 (8): 1735–1780.

[144] VAN Hasselt H, WIERING M A. Reinforcement learning in continuous action spaces [C]//2007 IEEE International Symposium on Approximate Dynamic Programming and Reinforcement Learning. USA, April 1-5 2007: 272–279.

[145] SILVER D, LEVER G, HEESS N, et al. Deterministic policy gradient algorithms [C]//International Conference on Machine Learning. China, June 21-26 2014: 387–395.

[146] CHEN Y N, LU J, HE R J, et al. An efficient local search heuristic for earth observation satellite integrated scheduling [J]. Applied Sciences, 2020, 10 (16): 1–12.

[147] MÁXIMO V R, NASCIMENTO M C. A hybrid adaptive iterated local search with diversification control to the capacitated vehicle routing problem [J]. European Journal of Operational Research, 2021, 294 (3): 1108–1119.

[148] HOUGARDY S, ZAISER F, ZHONG X H. The approximation ratio of the 2-Opt heuristic for the metric traveling salesman problem [J]. Operations Research Letters, 2020, 48 (4): 401–404.

[149] XIANG S, WANG L, XING L N, et al. Knowledge-based memetic algorithm for joint task planning of multi-platform earth observation system [J]. Computers & Industrial Engineering, 2021, 160: 107559.

[150] HE L, DE Weerdt M, YORKE S N. Time/sequence-dependent scheduling: the design and evaluation of a general purpose tabu-based adaptive large neighbourhood search algorithm [J]. Journal of Intelligent Manufacturing, 2020, 31 (4): 1051–1078.

[151] LU J, CHEN Y N, HAO J K, et al. The time-dependent electric vehicle routing problem: model and solution [J]. Expert Systems with Applications, 2020, 161: 113593.

附录

缩写词列表

缩写词	全称	含义
ABC	artificial bee colony algorithm	人工蜂群算法
ALNS-I	improved adaptive large neighborhood search algorithm	改进的自适应大邻域搜索算法
AOSEA	adaptive operators selection based evolutionary algorithm	基于算子自适应选择的进化算法
ALNS-T	tabu-based adaptive large neighborhood search algorithm	基于禁忌的自适应大邻域搜索算法
ANN	artificial neural network	人工神经网络
BM	backward movement	向后移动
CSP	constraint satisfaction problem	约束满足问题
DDPG	deep deterministic policy gradient	基于深度确定性策略梯度
DPEA	dynamic population based evolutionary algorithm	基于动态种群的进化算法
DDQN	dueling deep Q network	对抗深度 Q 网络
DQN	deep Q network	深度 Q 神经网络
DRL	deep reinforcement learning	深度强化学习
DTTWSM	detection task time window selection method	探测任务时间窗选择方法
EA	evolutionary algorithm	进化算法
EA-EI	elite individual strategy based evolutionary algorithm	采用精英策略的进化算法
EA-PE	population perturbation and elimination strategy based evolutionary algorithm	基于种群扰动的进化算法

续表

缩写词	全称	含义
ECEF	earth centered earth fixed	地心固连直角坐标系
FM	forward movement	向前移动
ECI	earth centered inertial	地心惯性坐标系
GCS	geodetic coordinate system	大地坐标系
GRU	gate recurrent unit	门循环单元
GNN	graph neural network	图神经网络
HSTHESCSP	high speed moving target-heterogeneous electromagnetic satellite cooperative scheduling problem	面向高速移动目标的异构电磁探测卫星协同任务规划问题
HLEA	hybrid learning based evolutionary algorithm	混合型学习进化算法
IEA	improved evolutionary algorithm	改进的进化算法
IP	integer programming	整数规划
KBEA	knowledge-based evolutionary algorithm	基于知识的进化算法
KMM	K-means method	K 均值方法
LO	local optimum	局部最优解
LS	local search	局部搜索
LSTHESSP	low speed moving target-heterogeneous electromagnetic satellite scheduling problem	面向低速移动目标的异构电磁探测卫星协同任务规划问题
LSTM	long short term memory	长短记忆网络
MA	memetic algorithm	模因算法
MDP	Markov decision process	马尔可夫决策过程
MIP	mixed integer programming	混合整数规划
MOEA	multi-objective evolutionary algorithm	多目标进化算法
NS	neighborhood search algorithm	邻域搜索算法
PALEA	parameter adaptive learning based evolutionary algorithm	基于参数自适应学习的进化算法
PDCEA	parameter dynamic control based evolutionary algorithm	基于参数动态控制的进化算法
PDPTW	pickup and delivery problem with time windows	带时间窗约束的车辆装卸货问题
PN	pointer network	指针网络
QJS	quick judgment strategy	快速判断策略
RB	relay buffer	回放缓存
RNN	recurrent neural network	循环神经网络
PPO	proximal policy optimization	近端策略优化

续表

缩写词	全称	含义
STIESSP	stationary target-isomorphic electromagnetic satellite scheduling problem	面向静止目标持续探测的同构电磁探测卫星协同任务规划问题
SAR	synthetic aperture radar	合成孔径雷达
TS	trajectory sampling	轨迹采样
VF	value function	价值函数
VNS	variable neighborhood search algorithm	变邻域搜索算法
VRP	vehicle route problem	车辆路径问题
WR	Wilcoxon rank-sum test	Wilcoxon 秩和指标

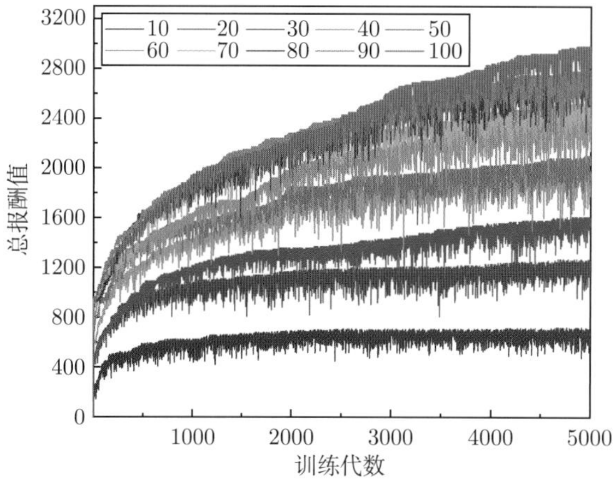

图 3.8　AOSEA 训练结果图

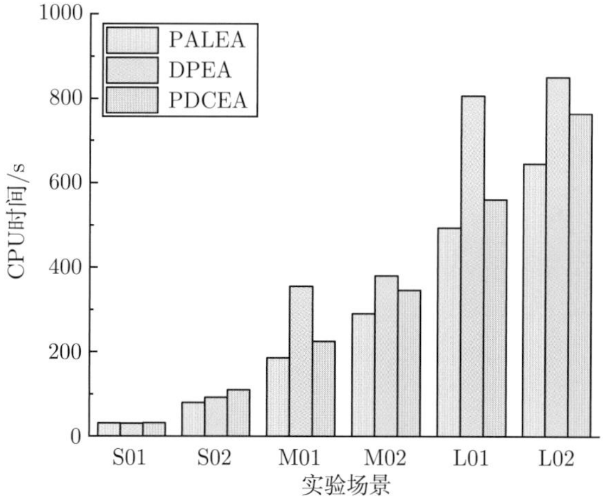

图 3.9　算法运行时间结果图

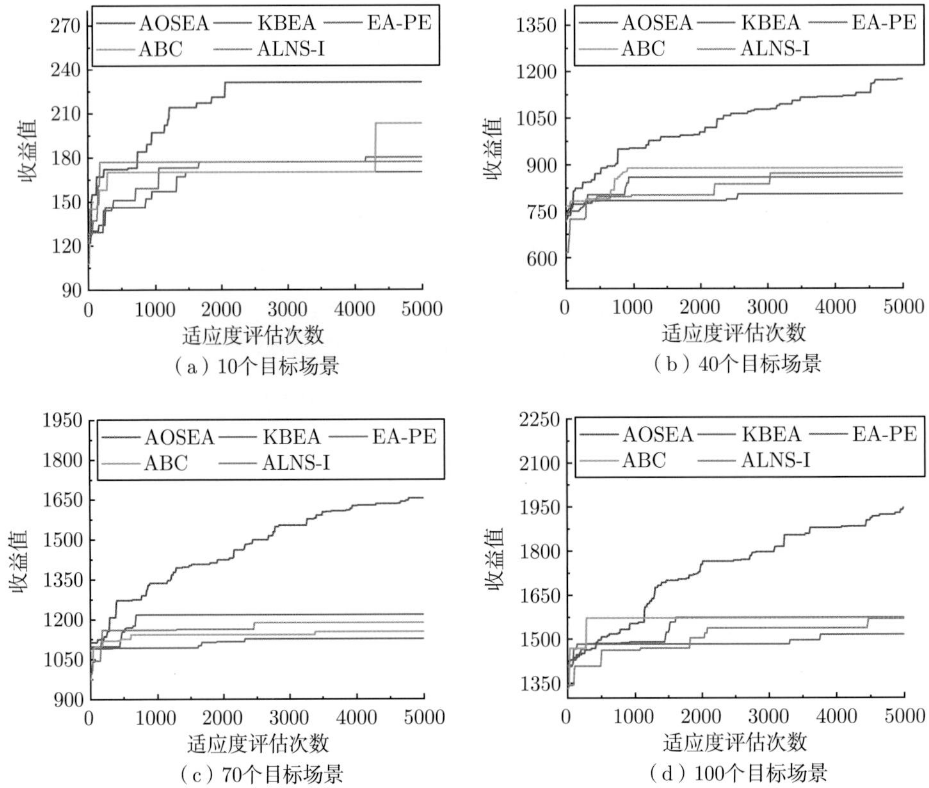

图 3.10　算法收敛曲线图

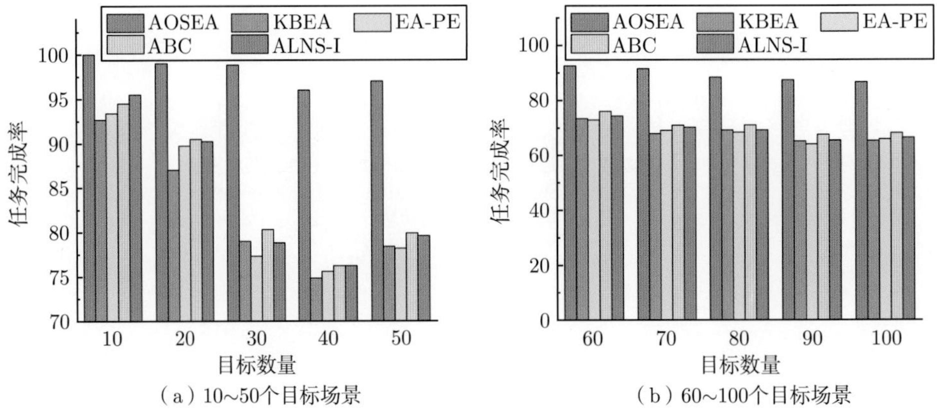

图 3.11　不同算法对目标探测成功率结果图

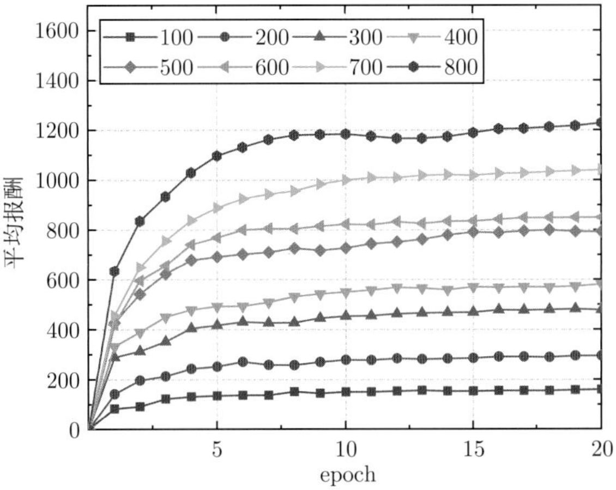

图 4.5　DDQN 训练结果图

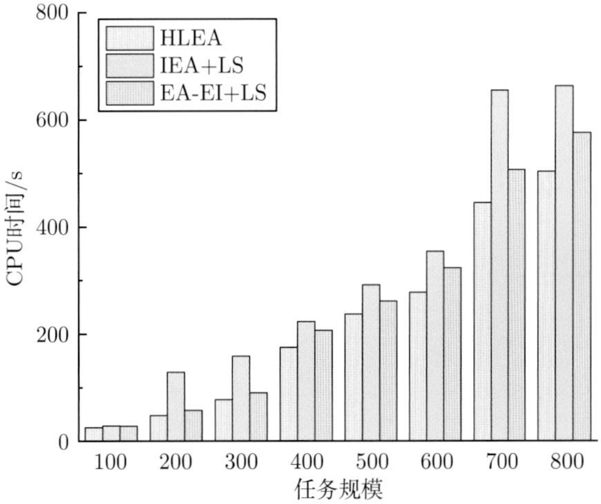

图 4.7　算法运行时间结果图

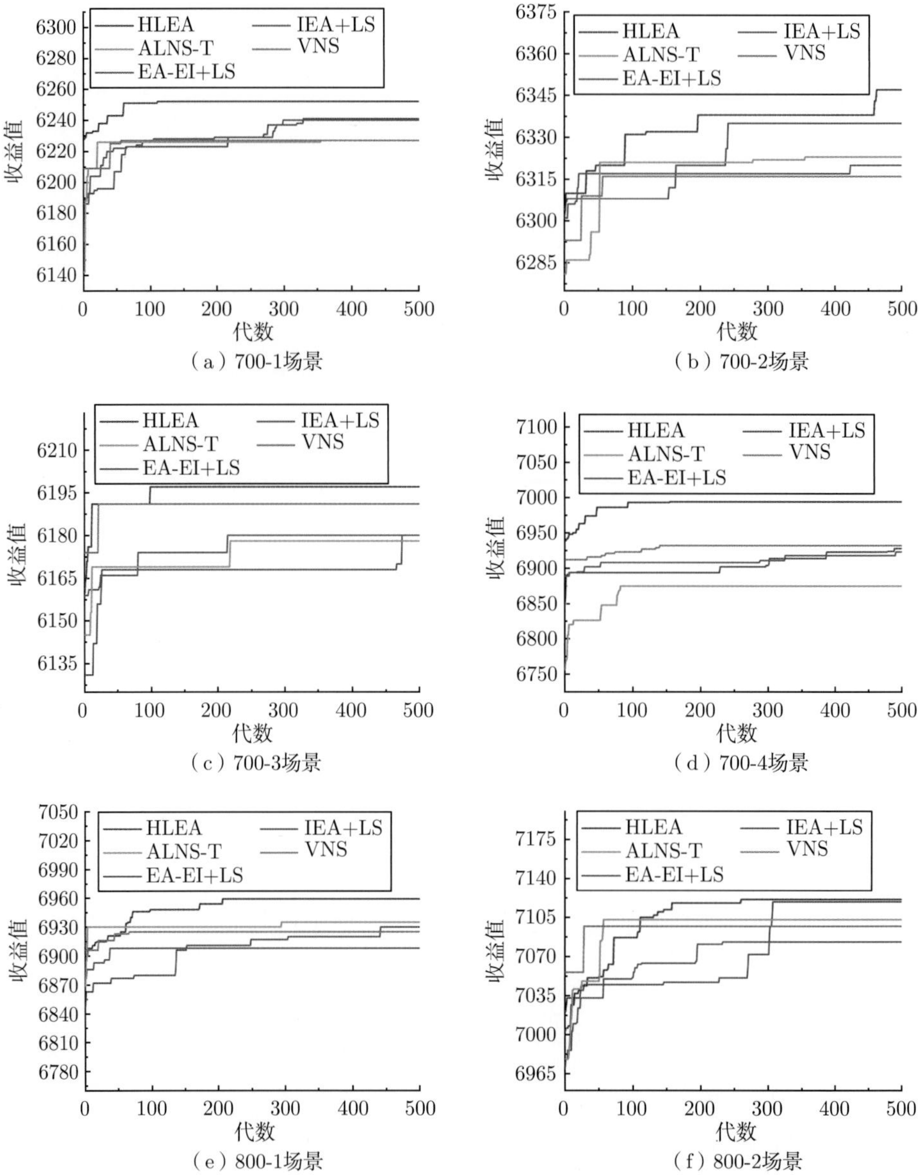

（a）700-1场景 （b）700-2场景

（c）700-3场景 （d）700-4场景

（e）800-1场景 （f）800-2场景

图 4.8 算法收敛曲线图

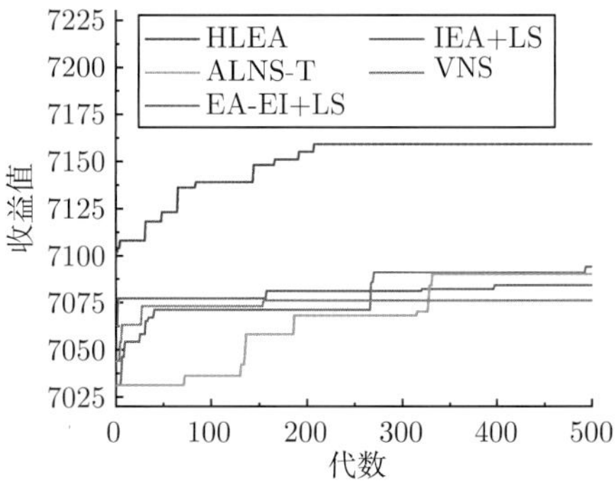

（g）800-3场景

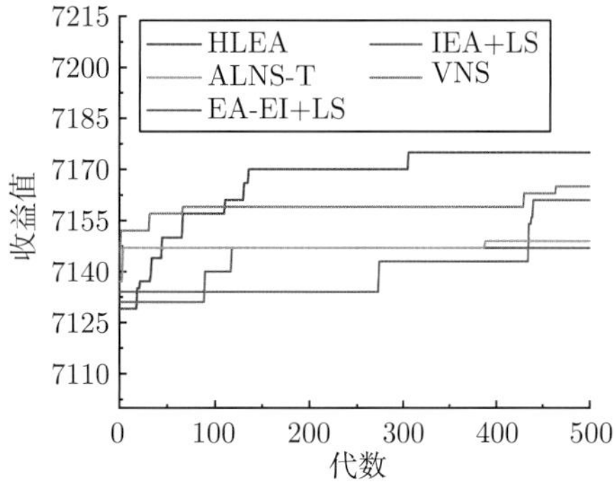

（h）800-4场景

图 4.8 （续）

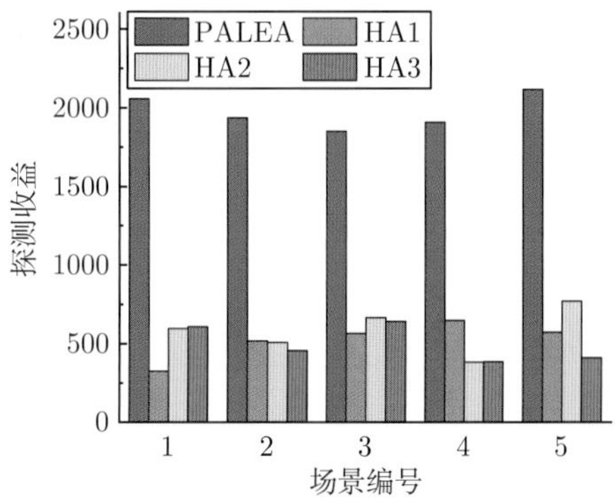

（a）S1场景

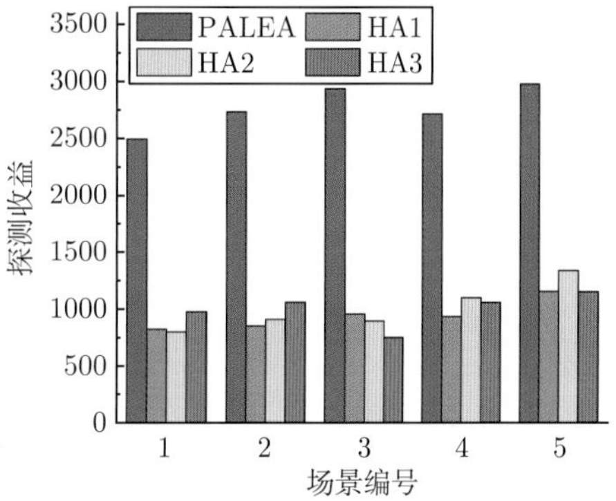

（b）S2场景

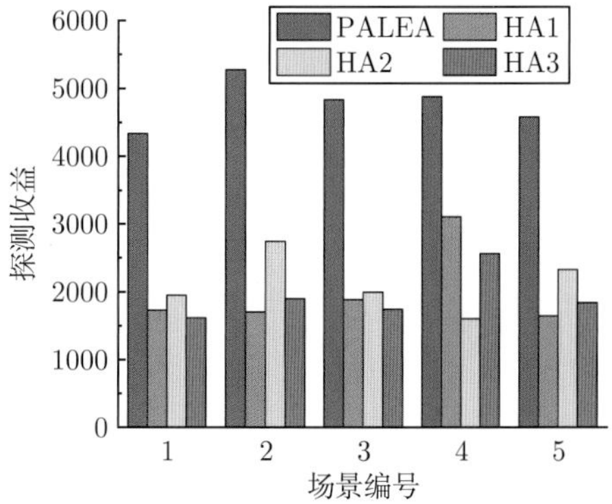

（c）M1场景

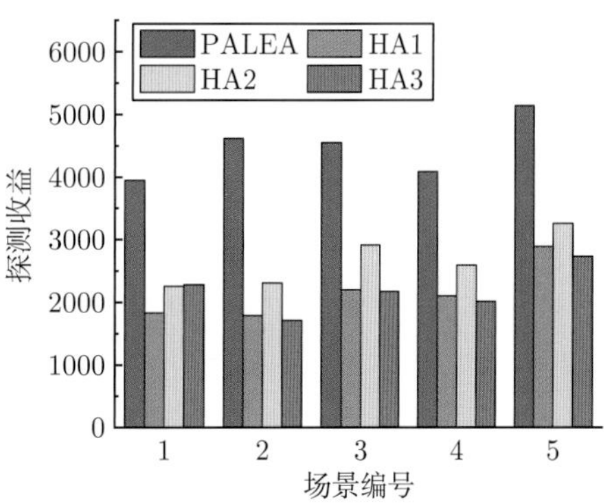

（d）M2场景

图 5.7 PALEA 算法与三种启发式算法对比结果图

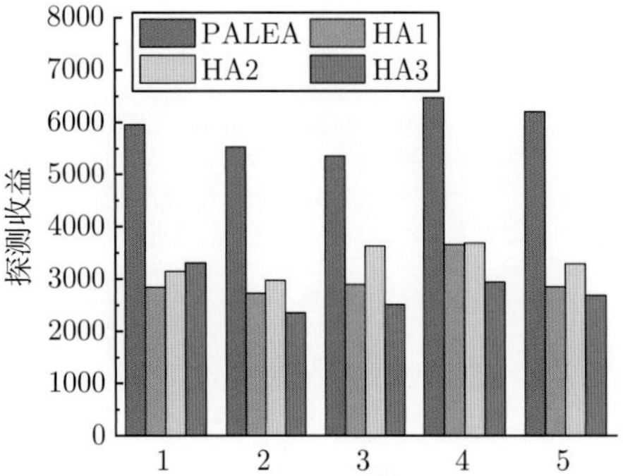

（e）L1场景

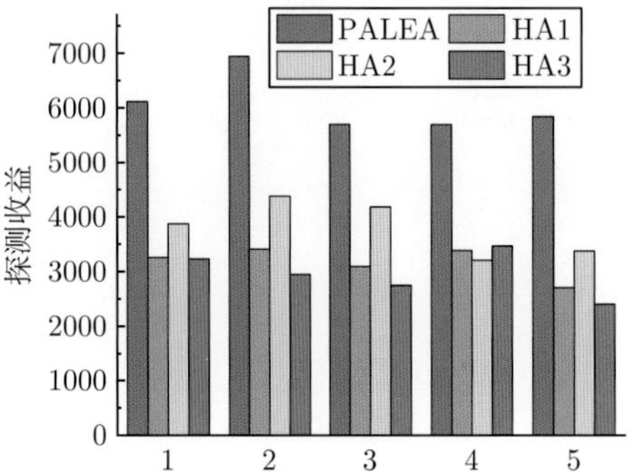

（f）L2场景

图 5.7 （续）

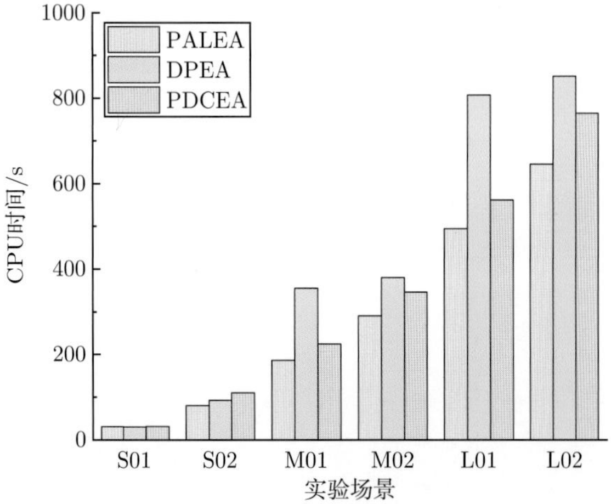

图 5.8 算法运行时间结果图

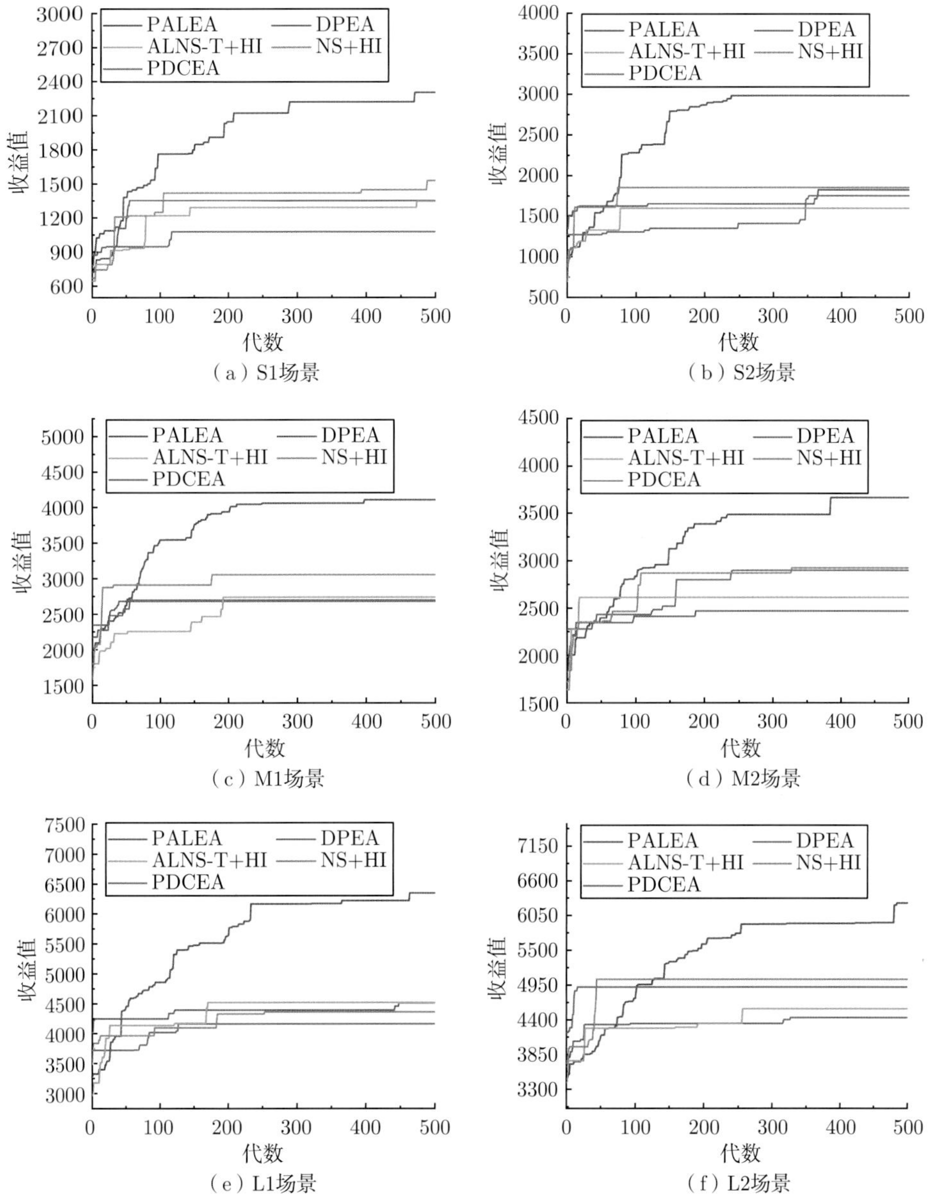
PALEA
DPEA
ALNS-T+HI
NS+HI
PDCEA
收益值
代数
（a）S1场景
（b）S2场景
（c）M1场景
（d）M2场景
（e）L1场景
（f）L2场景

图 5.9　算法收敛曲线图